JN061515

根底から分かる 物理化学

PHYSICAL CHEMISTRY
Principles and Applications

Isamu Inamura

稲村 勇
Inamura Isamu

風詠社

まえがき

本書は、私自身の島根大学、広島大学大学院での研究体験、㈱クラレ技術研究所・同中央研究所での企業研究体験、島根大学での研究・講義体験に基づき、さらに巻末に載せている参考文献（1 −69）を参考にさせて頂いて作成した「物理化学１講義ノート　第３版」が基礎になっております。この度、この講義ノートを「根底から分かる物理化学」のタイトルで本に致しました。

私は本書を分かり易く書くことに、特に力を入れました。たとえ、文系の方が本書をお読みになったとしても、物理化学の本質をある程度、理解して頂けるように努力した積りです。これからの社会は、理系と文系の融合がより一層強く求められるようになると思うからです。

本書の１章－５章は、熱力学について書かれています。さらに、６章：分子間力、７章：溶液化学、８章：束一的性質、９章：相平衡、10 章：電解質溶液、11 章：電池、12 章：半導体、が書かれています。物理化学の他の分野、例えば、量子化学，分光学，分子構造，固体構造，反応速度などについては、他の本を参照して頂きたく存じます。(ただし、12 章：半導体は「量子化学」の内容を踏まえて説明がなされており、量子化学への理解が進むことが期待されます。)

熱力学は人類の経験に基づいて、発展・完成された学問です。従って、熱力学は本来、“根底” から理解出来るはずです。しかし、「熱力学は難しくて、何が書かれているか、よく分からない‼」と言う声を多くの学生さんから聞きます。このような事情を配慮して、本書の１章－５章では、膨大な熱力学の内容から、特に大切な項目だけを取り上げました。そして、熱力学の根幹を成すエントロピー S，自由エネルギー G，化学ポテンシャル μ については、最も根源的な所から飛躍なしで書き尽くしました。

従来の物理化学の教科書には、半導体についての記述はほとんど有りません。しかし、今の社会は半導体に大きく依存しています。例えば、コンピューター，人工知能（AI），テレビ，携帯電話，スマートフォン，半導体レーザー，発光ダイオード，太陽光電池，半導体電極、光触媒、等々は全て根底に半導体が関与しています。従って、化学の学生さんも半導体をきちんと勉強しておく必要が有るように思われます。そこで、本書の 12 章で、半導体の基礎と応用について、出来るだけ根底から、かつ、分かり易く記述致しました。

本来、物理化学という学問は、「理論」を習得することを目的としています。従って、この本をお読みになった方が、原理・法則から考えて行く習慣が自ずと身に付くように配慮しました。理論は一本の道筋に沿って展開して行き、文章は読み易く書きました。理系の文章は厳密性が要求される為、とかく読みづらくなりがちです。そこで本書では、本文の途中に、（注意）……、［参考］……などを挿入することによって、厳密性と読み易さの両立を図りました。

６章 分子間力、７章 溶液化学、９章 相平衡、12 章 半導体においては、著者（稲村）らの研究結果も記述しております。お目を通して頂けましたら、幸甚に存じます。

細心の注意を払っている積りではありますが、なお誤りが有るかもしれません。その時は、是非ご教示頂きたく存じます。ともあれ、本書が物理化学を理解する為の一助となれば、これに勝る喜びは有りません。

生物物理化学がご専門の東京大学名誉教授、野田春彦先生（1922 年－2021 年）には、私がクロロフィル研究を始めた 1977 年頃から、つい最近まで何かとご指導を賜って参りました。野田先生から、私の講義ノートを本にするように勧めて頂いたことは、私の大きな自信となりました。

最後に、島根大学文理学部 理科 物理化学研究室での恩師、後に上司であられた土岐堅次教授（1921 年－1991 年頃：東京大学で、野田春彦先生とのご学友）に厚くお礼を申し上げたいと思います。

さらに、私の物理化学の講義ノートを本に仕上げて頂いた風詠社の大杉剛代表とスタッフの皆様方にも厚くお礼を申し上げます。

2023 年 6 月 14 日

稲 村　勇

目　次

1章　熱力学の基礎事項

この章では、この本を読み進むときに、参考になると思われる“熱力学の基礎事項”を記述しておきます。なお、2章以降においても、時々この章に立ち返って、関連か所をお読み頂くと、より効果が上がると思います。

Ⅰ．熱力学の歩み

Sadi Carnot（サジ カルノー）は、当時の工業化に貢献していた“蒸気機関”の効率 η（イータ）に関心を持っていた。彼は可逆過程で進むカルノーサイクルを考案し、その効率が $\eta = (T_1 - T_2)/T_1$ と表されることを発見した（1824年）。その後、R.J.E. Clausius（クラウジウス）が、この式からエントロピー S（≡ q/T）を導入した（1865年）。さらに、L.E. Boltzmann（ボルツマン）は、エントロピー S が乱雑度を表すこと（$S = k\ln W$）を発見した（1896年）。この発見によって、巨視的な研究から始まった熱力学が、原子・分子レベルでの化学研究に応用可能になった。

一方、R.J.E. Clausius（クラウジウス）は、“エントロピー増大の原理”―自然変化は、宇宙のエントロピーが増大する方向に進む―を発見していた（1865年）。この発見に基づいて、J.W. Gibbs（ギブズ）は自然変化（化学反応）の方向を示す自由エネルギー $G(\equiv H - TS)$ を導入した。さらに、彼は、その部分モル量である化学ポテンシャル $\mu\ [=(\partial G/\partial n_{\rm i})_{T,P,n{\rm j}}]$ を導入した（1878年）。

自由エネルギー G と化学ポテンシャル μ は、“物理化学的な山の高さ”である。これらは、自然変化（あるいは化学反応）の“方向”と“起こり易さ”を私たちに教えてくれる。電気化学においては、標準電極電位 E° と電気化学ポテンシャル $\bar{\mu}$ が、それぞれ G と μ に対応する。これら4つの熱力学関数は、熱力学の最終成果と言える。

現在、熱力学は量子化学，構造化学，反応速度論，有機電子論などと共に、現代化学にとって、無くてはならない学問領域になっている。

Ⅱ．系の種類

熱力学では、私たちが観測している物質系を系と呼び、系以外の部分を外界と呼ぶ。さらに、[系＋外界] を宇宙あるいは孤立系と呼ぶ。

（注意）系以外の部分を“周囲”と記述されている場合があるが、その場合は、“外界”と読みかえて頂きたい。“周囲”でも間違いではないが、使用される頻度が低い！

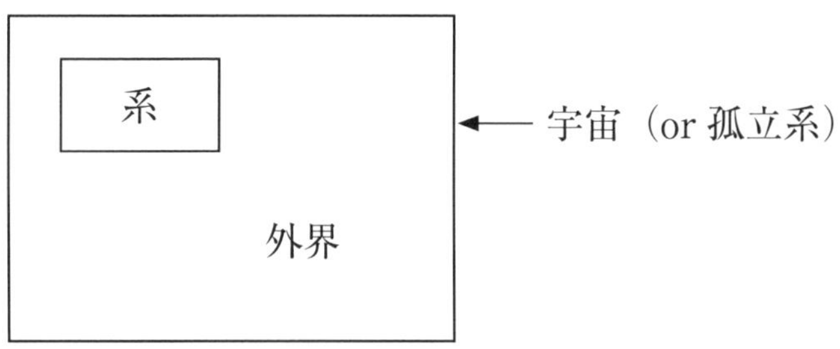

図 1-1　系，外界，宇宙（or 孤立系）

系には、次の３種類がある。

(1) 開いた系（開放系）

外界との間で、エネルギーと物質が出入り出来る系は、“開いた系”あるいは“開放系”と呼ばれる。

熱力学で、この系はあまり扱われない!!　この本でも、この系は出て来ない。

（例）　・蒸発している液体
　　　　・生命体

(2) 閉じた系（閉鎖系）

外界との間で、エネルギーは出入り出来るが、物質は出入り出来ない系は、“閉じた系”あるいは“閉鎖系”と呼ばれる。

熱力学で、この系は最もよく扱われる!!
この本で出て来る系は、ほとんどこの系である。単に“系”と記述している場合は、この系を指している。

（例）　・ピストン付きシリンダー内の気体
　　　　・質量変化が無い“化学反応系”

(3) 孤立系

外界との間で、エネルギーと物質が共に出入り出来ない系は、“孤立系”と呼ばれる。

（例）　・堅い断熱壁で出来た容器内の気体。

・[系＋外界]＝宇宙 or 孤立系

（エントロピー増大の原理　参照）

Ⅲ. 物理量の単位，記号

物理化学において、単位の習得は大切である。例えば、求めた値が正しくても、単位が間違っていたら台無しです。また、単位に関心を持つことで、物理量への認識が深まる。さらに、式の両辺の単位が同一であることを確かめることによって、その式が正しいことを確認できる。

(1) 国際単位系（SI 単位系）

交際単位系は“SI 単位系”とも呼ばれ、1960 年の“国際度量衡総会”で採択された。その後 1969 年、“国際純正・応用化学連合”（IUPAC）が SI 単位系を使用するように勧告した。現在では、SI 単位系が国際的に認められた単位として定着している。この本でも、出来るだけ SI 単位系を採用した。

[SI 基本単位]

SI 基本単位は、7 個の基本物理量の単位である。SI 基本単位は、他の単位の累乗(るいじょう)，積で定義することが出来ない“独立した”単位である。

表 1-1　SI 基本単位

物理量	記号	単位の名称	単位の記号
長さ	ℓ	メートル	m
質量	m	キログラム	kg
時間	t	秒	s
電流	I	アンペア	A
熱力学的温度	T	ケルビン	K
物質量	n	モル	mol
光度	I_V	カンデラ	cd

［参考］1 mol……質量数 12 の炭素 12g 中に含まれる ^{12}C 原子の数（即ち、6.02×10^{23} 個）の単位粒子（原子，分子，イオン，…）から成る物質の質量

$6.02 \times 10^{23}\,\mathrm{mol}^{-1}$：アボガドロ(定)数（$N_A$）

N_A…… 1 mol の純物質中に存在する分子の数

[SI 誘導単位]

SI 誘導単位は、SI 基本単位（長さ m, 質量kg, 時間 s, 電流 A）の累乗(るいじょう), 積で定義される単位である。

表 1-2　SI 誘導単位

物理量	単位の名称	単位の記号	SI 基本単位による定義（次元）
力	ニュートン	N	$mkgs^{-2}$
圧力	パスカル	Pa	$m^{-1}kgs^{-2}$ （$= Nm^{-2}$）
エネルギー	ジュール	J	$m^{2}kgs^{-2}$ （$= Nm$）
仕事率	ワット	W	$m^{2}kgs^{-3}$ （$= Js^{-1}$）
電気量（電荷）	クーロン	C	sA
電位差	ボルト	V	$m^{2}kgs^{-3}A^{-1}$ （$= JA^{-1}s^{-1}$）
電気抵抗	オーム	Ω	$m^{2}kgs^{-3}A^{-2}$ （$= VA^{-1}$）
電導度	ジーメンス	S	$m^{-2}kg^{-1}s^{3}A^{2}$ （$= AV^{-1} = \Omega^{-1}$）
電気容量	ファラッド	F	$m^{-2}kg^{-1}s^{4}A^{2}$ （$= AsV^{-1}$）
周波数	ヘルツ	Hz	s^{-1}

［参考］次元（ディメンション）：

次元（ディメンション）は、SI 誘導単位を定義するための“SI 基本単位の累乗，積”である。

上表の 4 列目が次元である。例えば、力の単位であるニュートン（N）は、$mkgs^{-2}$ で定義されるので、その次元は $mkgs^{-2}$ である。

次元は、式が正しいかどうか、確かめたいときによく使われる。両辺の次元が同一であれば、その式は正しい。同一でない時は、その式には、どこか誤りが有る。

[SI 接頭語]

SI 接頭語は、SI 単位の前に置かれ、10 の累乗（るいじょう）を表す。

表 1-3　SI 接頭語

累乗	接頭語	記号	累乗	接頭語	記号
10^{-1}	デシ（deci）	d	10^{1}	デカ（deka）	da
10^{-2}	センチ（centi）	c	10^{2}	ヘクト（hecto）	h
10^{-3}	ミリ（milli）	m	10^{3}	キロ（kilo）	k
10^{-6}	マイクロ（micro）	μ	10^{6}	メガ（mega）	M
10^{-9}	ナノ（nano）	n	10^{9}	ギガ（giga）	G
10^{-12}	ピコ（pico）	p	10^{12}	テラ（tera）	T

例えば、SI 接頭語は次のように使われている。

m（メートル）の場合：

1×10^{-1} m ⇒ 1 dm

1×10^{-2} m ⇒ 1 cm

1×10^{-6} m ⇒ 1 μm

1×10^{-9} m ⇒ 1 nm

Pa（パスカル）の場合：

1×10^{2}Pa ⇒ 1 hPa

1×10^{6}Pa ⇒ 1 MPa

[参考] 非 SI 単位の SI 単位への変換にも、SI 接頭語が使われる。

体積（リットル）：L（ℓ）⇒（10^{-1}m$)^{3}$ = dm^{3}

圧力（気圧）：atm ⇒ 101325Pa ≒ 1013hPa ≒ 0.1MPa

(2) 非 SI 単位

非 SI 単位は、IUPAC から使用しないように勧告されている。しかし、次の非 SI 単位は、当分の間、使用が認められている。

表 1-4　非 SI 単位

物理量	単位の名称	単位の記号	SI 単位による定義
長　さ	オングストローム	Å	10^{-10}m
体　積	リットル	L（ℓ）	10^{-3}m³（＝dm^3）
圧　力	バール	bar	10^5Pa
圧　力	気圧	atm	101325Pa ≒ 0.1MPa
圧　力	トル	Torr	(101325/760) Pa ≒ 133.3Pa
圧　力	ミリメートル水銀柱	mmHg	13.595 × 9.80665Pa ≒ 133.3Pa
エネルギー	キロワット時	kWh	3.6×10^6J
エネルギー	カロリー	cal	4.184J
エネルギー	電子ボルト	eV	1.602×10^{-19}J
エネルギー	エルグ	erg	10^{-7}J

［参考］摂氏(せっし)温度 ℃(ド) と熱力学的温度（絶対温度）K(ケルビン) の関係：

（摂氏温度）　0℃ = 273.15K（熱力学的温度，絶対温度）

両者で、目盛り間隔は等しい !!

従って、次の関係が成立する。

t℃ ⇒ (t + 273.15)K

例えば、

25℃ ⇒ (25 + 273.15)K = 298.15K

100℃ ⇒ (100 + 273.15)K = 373.15K

［参考］クーロン（C）：

クーロンは電気量の単位であり、記号は C である。フランスの物理学者 C. Coulomb（クーロン）（1736～1806 年）の名に因（ちな）んで、命名されている。

1C は、1A の電流が 1 秒間に運ぶ電気量である。

故に、$1C = 1As = 1sA$（表 1-2 参照）

［参考］電気素量：$e = 1.602 \times 10^{-19} C$（$C$：クーロン）

電気素量 e は、電子の負電荷、あるいは陽子の正電荷である。e は電気量の最小単位であり、全ての電気量は e の整数倍になる。

電気量＝電荷（量）＝荷電（量）

［参考］電子ボルト：

$$\begin{aligned} eV &= (1.602 \times 10^{-19} C)\,V \\ &= 1.602 \times 10^{-19} CV \\ &= 1.602 \times 10^{-19} (sA)(J\,A^{-1}\,s^{-1}) \quad \text{（表 1-2 参照）} \\ &= 1.602 \times 10^{-19} J \quad \text{（表 1-4 参照）} \end{aligned}$$

電子ボルト（eV）は、エネルギーの単位である。主に、素粒子，原子核，原子，分子などのエネルギーを表す時に用いられる。

1eV は、電気素量 e の電荷を持つ粒子が、真空中で電位差 1V の 2 点間で加速される時に得るエネルギーである。

Ⅳ．状態量と経路関数

物理量は、状態量と経路関数に分類される。

(1) 状態量

系の状態が決まれば、全ての状態量の値は一義的に決まる。即ち、状態量は“状態関数”とも呼ばれる。

（例）圧力 P, 体積 V, 温度 T, 物理量 n, モル分率 x,
内部エネルギー U, エンタルピー H, エントロピー S,
自由エネルギー G, 化学ポテンシャル μ, ……等々

(2) 経路関数

経路関数は、系が状態変化するときの“経路”に依存する。従って、経路関数は経路に固有な値を取り、系の状態には依存しない。

（例）熱 q, 仕事 w

V．示量性状態量と示強性状態量

状態量は、示量性状態量と示強性状態量に分類される。

(1) 示量性状態量

系の“量”によって値が変わる状態量は、“示量性状態量”である。示量性状態量は加成性を持つので、足し算した値に意味が有る。

示量性状態量を変数と見なす場合は、“示量性変数”と呼ぶ。

（例）体積 V, 物質量 n, 内部エネルギー U, エンタルピー H,
エントロピー S, 自由エネルギー G,……

(2) 示強性状態量

系の“量”によって値が変わらない状態量は、“示強性状態量”である。示強性状態量は加成性を持たないので、足し算した値に意味が無い。

示強性状態量を変数と見なす場合は、“示強性変数”と呼ぶ。

（例）圧力 P, 温度 T, モル分率 x, 化学ポテンシャル μ, ……

Ⅵ. エネルギーの性質

エネルギーは“仕事をする能力”と定義される物理量である。

エネルギーのSI誘導単位はジュール(J)である。

1Jは、1Nの力で物体を1m移動させるエネルギーである。

$\therefore J = N$m　ここで1Nは、1kgの物体に、1m s^{-2} の加速度を生じさせる力である。

$\therefore N$ = $kgms^{-2}$　従って、ジュール(J)の次元は、J=Nm=($kgms^{-2}$)m = m^2 kgs^{-2}) である。(表1-2参照)

以下 (1), (2) に、エネルギーの性質を記述しておく。これら2つのエネルギーの性質は、熱力学を勉強する時、非常に役に立つ。

(1) エネルギー=示強性状態量×示量性状態量

自然界には、いろいろな種類のエネルギーが存在している。

表1-5　エネルギーの種類

エネルギーの種類	示強性状態量		示量性状態量		エネルギー
力学的エネルギー	力	F	距離	ℓ	Fℓ
体積変化のエネルギー	圧力	P	体積	V	PV
表面積変化のエネルギー	表面張力	γ	表面積	A	γA
熱エネルギー	温度	T	エントロピー	S	TS
電気的エネルギー	電位	V	電気量	C	CV
磁気的エネルギー	磁場	H	電気モーメント	M	HM

上表の4列目「エネルギー」から、次の関係が成立していることが分かる!!

エネルギー＝示強性状態量×示量性状態量

さらに、次のことが言える。

熱力学の式の中に、$F\ell$，PV，γ A，TS，CV，HMが出たら、それらはエネルギーと考えて良い‼

（注意）特に、PV，TSはよく出る!!

［参考］上表のエネルギー以外に､位置エネルギー（ポテンシャル エネルギー），運動エネルギー，化学エネルギー，電子エネルギー，光エネルギー，核エネルギー，……が存在する。

［*RT*，*kT* ＝エネルギー］

気体定数：$R = 8.314 JK^{-1}\mathrm{mol}^{-1}$

ボルツマン定数：$k = R/N_{\mathrm{A}} = 1.38 \times 10^{-23} JK^{-1}$

エントロピー：$\Delta S = q/T = JK^{-1}$

上式から、Rとkが、エントロピーSと同じ単位（JK^{-1}）を持つことが分かる!!　エントロピーSは示量性状態量より、Rとkも示量性状態量と考えられる。一方、温度Tは示強性状態量である。

故に、RTとkTは示強性状態量×示量性状態量より、一種のエネルギーと考えられる!!

以上より、次のことが言える。

***PV*, *TS*, *RT*, *kT* をエネルギーと考えると、**
熱力学の式が理解し易くなる‼

(2) エネルギーは安定性を反映する‼

一般に、エネルギーと安定性には次の関係がある。

高エネルギー … 不安定

低エネルギー … 安定

以下、この関係を水の三態（水蒸気，水，氷）で説明する。

水蒸気は蒸発熱を吸収しているので、水より“高エネルギー”

水蒸気は分子間力が小さく、分子運動が大きいので、水より“不安定”

氷は凝固熱を放出しているので、水より“低エネルギー”

氷は分子間力が大きく、分子運動が小さいので、水より“安定”

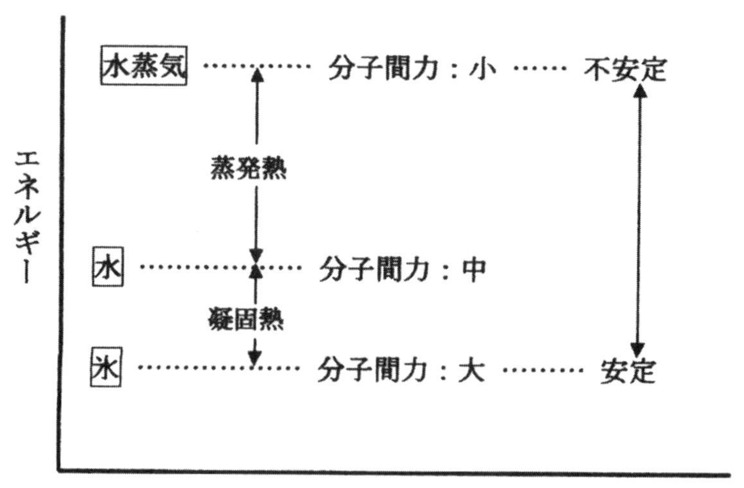

図 1-2　エネルギーは安定性を反映する！

上図より、次のことが言える。

★　分子間力が小さい場合は、高エネルギーで不安定!!

★　分子間力が大きい場合は、低エネルギーで安定!!

さらに、電気化学の場合には、次のことが言える。

★　＋と＋が接近すると、反発力が働き、高エネルギーで不安定!!

★　＋と－が接近すると、引力が働き、低エネルギーで安定!!

［参考］分子間力の種類：

クーロン力，配向力，誘起力，分散力，水素結合，

ファン デル ワールス力，疎水性相互作用，

π/π スタッキング，配位結合力，電荷移動相互作用

(6章　分子間力　参照)

［参考］結合エネルギー

表1-6　結合エネルギー

結　合	結合エネルギー〔kJ・mol^{-1}〕	結　合	結合エネルギー〔kJ・mol^{-1}〕
H-H	436	H-F	563
C-C	344	H-Cl	432
C=C	615	H-Br	366
C ≡ C	812	H-I	299
O-O	143	C-O	350
S-S	266	C=O	725
F-F	158	C-Cl	328
Cl-Cl	243	C-N	292
Br-Br	193	N-N	159
I-I	151	N=N	418
C-H	415	N ≡ N	946
N-H	391	Si-Si	187
O-H	463	Si-O	432
S-H	368	Si-Cl	396

Ⅶ．理想気体

理想気体は、“分子体積”と“分子間力”を持たない気体である。それ故、理想気体はシンプルな状態方程式に従う。

$PV = nRT$ ……… 理想気体の状態方程式

ここで、n：物理量（モル数）

R：気体定数

（$R = 0.082\ \ell\ \mathrm{atm}\ K^{-1}\mathrm{mol}^{-1} = 8.314JK^{-1}\mathrm{mol}^{-1}$）

［参考］分子体積と分子間を持つ“実在気体”は、$PV = nRT$ を補正して作られた“ファン デル ワールス状態方程式”に従う。

（6 章 Ⅱ．ファン デル　ワールス力　参照）

理想気体は最もシンプルな物質であり、熱力学の基準物質となる。実際、物質の熱力学的性質を記述する際、理想気体との比較による場合が多い。

もちろん、理想気体は実在しない気体である。しかし、極性がそれ程強くない“普通の気体”は、理想気体に近い性質を示すので、理想気体として扱われる場合が多い。

Ⅷ．熱—モル熱容量，比熱

(1) 熱

熱は、物質構成粒子（原子、分子、イオンなど）の“運動エネルギー”の総和である。このような熱が物質の中に入ると、物質の温度を上げ、同時に、内部エネルギー U を増加させる !!

（1章，X．熱力学第一法則，［内部エネルギー U の内訳］参照）

(2) モル熱容量

定圧モル熱容量（C_p）：定圧下で、物質 1mol の温度を 1K 上げるのに要する熱量（単位：$JK^{-1}mol^{-1}$）

定容モル熱容量（C_v）：定容下で、物質 1mol の温度を 1K 上げるのに要する熱量（単位：$JK^{-1}mol^{-1}$）

従って、温度変化 ΔT を測定すれば、熱 q は次式で求まる。

定圧下での熱：$q_p = nC_p \Delta T$

定容下での熱：$q_v = nC_v \Delta T$

ここで、n：物質量（モル数）

(3) 比熱

定圧比熱（c_p）：定圧下で、物質 1g の温度を 1K 上げるのに要する熱量（単位：$JK^{-1}g^{-1}$）

定容比熱（c_v）：定容下で、物質 1g の温度を $1K$ 上げるのに要する熱量

（単位：$JK^{-1}g^{-1}$）

従って、温度変化 ΔT を測定すれば、熱 q は次式で求まる。

定圧下での熱：$q_p = mc_p \Delta T$

定容下での熱：$q_v = mc_v \Delta T$

ここで、m：質量（g）

Ⅸ．可逆変化と不可逆変化

可逆変化（可逆過程）：無限の時間をかけて、平衡状態を保ちながら進む変化

（注意）可逆変化は、現実的には不可能である !!

不可逆変化（不可逆過程）：有限の時間内で、平衡状態を保たずに進む変化

（注意）自然変化は全て不可逆変化である !!

∴自然変化＝自発的変化＝不可逆変化＝化学反応

次の図は可逆変化と不可逆変化で、系（理想気体）を状態 1（P_1,V_1）から状態 2（P_2,V_2）へ定温膨張させる場合を示している。

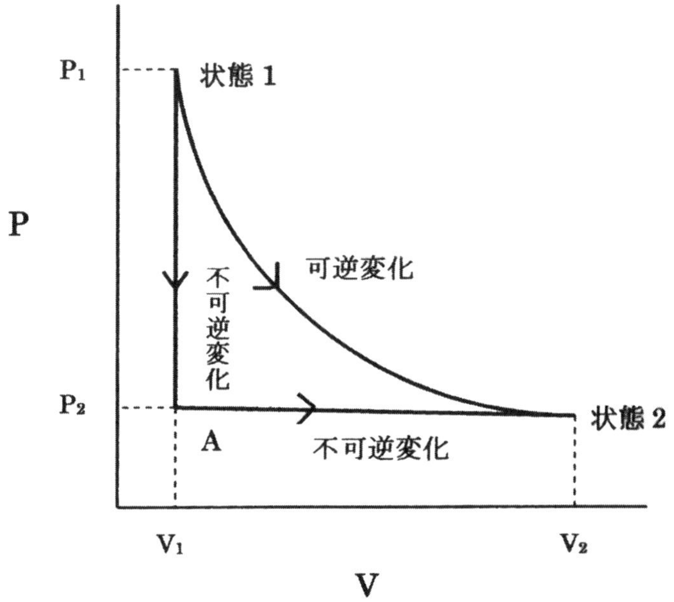

図 1-3　可逆変化（可逆過程）と不可逆変化（不可逆過程）

可逆変化では、系は曲線に沿って、状態 1 から状態 2 へ膨張する。この時、外界の圧力は系の圧力より無限小だけ小さくされ、系は常に平衡状態を保ちながら、無限の時間をかけて膨張する。

系が外界になす仕事は、$-\mathrm{w}=\int_1^2 PdV$ となり、曲線から下の面積（状態 1，状態 2，V_2，V_1）になる。

不可逆変化では、外界の圧力を P_1 から P_2 へ瞬時に落とし、系を状態 1 から状態 2 へ膨張させる。系が辿る経路は、状態 1 → A →状態 2 である。

系が外界になす仕事は、$-\mathrm{w} = P_2(V_2 - V_1)$ となり、長方形の面積（A，状態 2，V_2，V_1）になる。

2 つの面積を比較すると、

“可逆変化” で系が外界になす仕事 ＞

“不可逆変化” で系が外界になす仕事

系が辿る経路は必ず曲線より下になるから、この不等式は、不可逆変化がどんな経路を辿っても成立する。

⇒ 系が外界になす仕事は、可逆変化で“最大”になる‼

［参考］可逆電池は最大効率である !!

理由：可逆電池（系）は、最小エネルギーで充電され、放電時に最大仕事を外界になすから。

X．熱力学第一法則

熱力学第一法則：エネルギーは、別種のエネルギーに変換されるが、その時、エネルギーは生成も消滅もしない。（エネルギー保存の法則）

（注意）熱力学第一法則は、人類の長い間の経験に基づいた原理であり、これを証明することは出来ない !!

例えば、熱 q と仕事 w のエネルギーは、次のように変換される。

$$(\text{熱 } q)\ 1\ \mathrm{cal} \rightleftarrows 4.184J\ (\text{仕事 } w)$$

$$\text{熱の仕事当量}：J = w/q = 4.184J\ \mathrm{cal}^{-1}$$

また、熱力学第一法則は、次式によっても表現される。

$$\Delta U = q + w$$ …… 熱力学第一法則

式の意味：熱 q と仕事 w が系に入ると、系の内部エネルギーが ΔU だけ増加する !!

［内部エネルギー U の内訳］

内部エネルギー U は、系の全エネルギーである。では、内部エネルギーは、どのようなエネルギーで構成されているだろうか ??

内部エネルギー U は、分子の並進・回転・振動の運動エネルギー、分子間相互作用エネルギー、結合エネルギー、電子エネルギー、核エネルギー、……等々から構成されていると考えられる。

しかし、熱力学では、内部エネルギー U の絶対値は問題にされず、その変化量（ΔU）だけが問題にされる。従って、今、注目している自然変化（あるいは化学反応）で変化しないエネルギーは、考える必要が無い。

［q，w の符号］

熱力学を講ずる場合、先ず最初に、熱 q と仕事 w の符号（＋，−）を決めておく必要がある。この本では、次のように決めている。

（注意）ほとんど全ての教科書が、これと同様に決めている。

系に熱が入る場合、q ＞ 0

系に仕事がなされる場合、w ＞ 0

（下図の左に対応）

系から熱が出る場合、q ＜ 0

系が仕事をなす場合、w ＜ 0

（下図の右に対応）

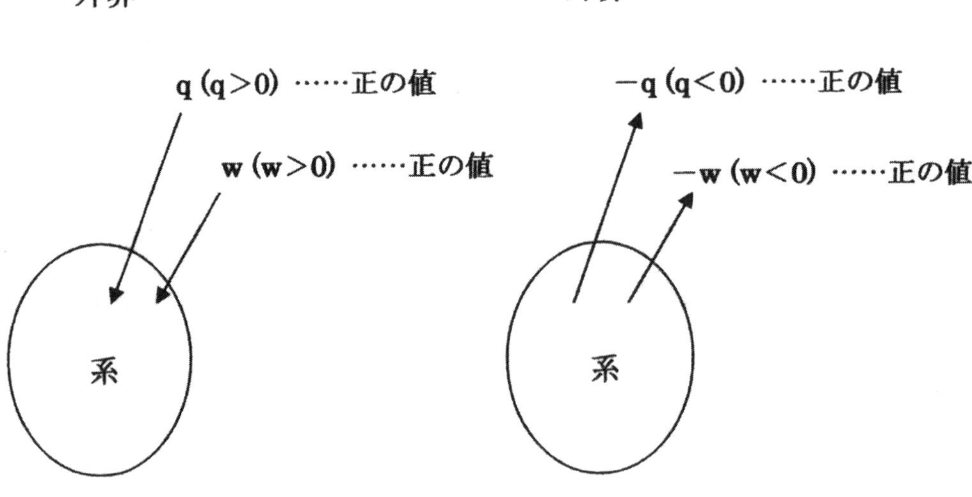

図 1-4　熱 q と仕事 w の符号（+，−）についての約束

Ⅺ．定容変化と定圧変化

(1) 定容変化

定容変化の場合、$\Delta V = 0$ より、膨張仕事（$-P\Delta V$）は存在しない。ここで、膨張仕事以外に、（モーター回転などの）他の力学的仕事が存在しないとすると、仕事 w は次のように表される。

$$w = -P\Delta V = 0$$

熱力学第一法則より、$\Delta U = q_v + w = q_v$

$$\therefore q_v = \Delta U \quad (q_v：\text{定容変化での熱})$$

従って、定容変化で系に入った熱 q_v は、系の内部エネルギー増加（ΔU）に使われる。

しかし、高校・大学の化学実験で、定容変化を扱う場合は非常に少ない。従って、定容変化の重要性は低いと言える。

(2) 定圧変化

化学実験は、ほとんどの場合、大気圧下の“圧力一定”で行われる。従って、定圧変化は重要である。

この場合は、膨張仕事（$-P\Delta V < 0$）が存在する。ここで、膨張仕事以外に、（モーター回転などの）他の力学的仕事が存在しないとすると、仕事 w は次のように表される。

$$w = -P\Delta V$$

熱力学第一法則より、$\Delta U = q_p + w = q_p - P\Delta V$

$$\therefore q_p = \Delta U + P\Delta V \quad (q_p：\text{定圧変化での熱}) \cdots\cdots (1)$$

従って、定圧変化で系に入った熱 q_p は、系の内部エネルギー増加（ΔU）と膨張仕事（$P\Delta V>0$）に使われる。従って、q_p は q_v より膨張仕事（$P\Delta V>0$）だけ大きくなる。

$$q_p > q_v$$

ここで、$H \equiv U+PV$ と定義されるエンタルピー H を導入すると、便利である。この定義式を微分すると、

$$\Delta H = \Delta(U+PV) = \Delta U + \Delta(PV)$$

$$= \Delta U + P\Delta V + V\Delta P \quad （定圧より、\Delta P = 0）$$

$$= \Delta U + P\Delta V$$

$$\therefore \Delta H = \Delta U + P\Delta V \quad \cdots\cdots (2)$$

式(2)を式(1)に代入すると、

$$\boxed{q_p = \Delta H} \quad （q_p：定圧変化での熱） \quad \cdots\cdots (3)$$

従って、定圧変化で系に入った熱 q_p は、系のエンタルピー増加（ΔH）に使われる。

(3) ΔHとΔUの差

ΔH と ΔU の差は、式(2)によって表現される。

$$\Delta H = \Delta U + P\Delta V \quad \cdots\cdots (2)$$

$$\therefore \Delta H - \Delta U = P\Delta V \quad \cdots\cdots (4)$$

式(4)から、ΔH と ΔU の差は膨張仕事（$P\Delta V>0$）であり $\Delta H > \Delta U$ であることが分かる !!

系が液体、固体の場合は、膨張仕事（$P\Delta V>0$）が小さいので、ΔH と ΔU の差は無視できる。

しかし、系に気体が関与すると、膨張仕事（$P\Delta V>0$）が大きくなり、両者の差は無視できなくなる !!

ここで、定圧下での化学反応によって、（理想気体と見なせる）気体が Δn mol 生じた場合を考える。

$$PV = \mathrm{n}RT \quad \text{（理想気体の状態方程式）}$$

$$\therefore \Delta(PV) = P\Delta V + V\Delta P \quad \text{（定圧より、} \Delta P = 0\text{）}$$

$$= P\Delta V = \Delta \mathrm{n}RT$$

$$\therefore P\Delta V = \Delta \mathrm{n}RT \quad \cdots\cdots (5)$$

式(5)を式(2)と式(4)に代入すると、

$$\Delta H = \Delta U + \Delta \mathrm{n}RT \quad \cdots\cdots (6)$$

$$\Delta H - \Delta U = \Delta \mathrm{n}RT \quad \cdots\cdots (7)$$

式(7)から、ΔH と ΔU の差は $\Delta \mathrm{n}RT$ である !!

ここで、標準状態（298K，1atm）での化学反応で、気体 1 mol が生じる場合を想定すると、

$$\Delta H - \Delta U = \Delta \mathrm{n}RT$$

$$= 1\,\mathrm{mol} \times 8.314 JK^{-1}\mathrm{mol}^{-1} \times 298K = 2476J$$

$$\fallingdotseq 2.5kJ$$

2.5kJ は、前出の結合エネルギー（表 1-6）と比べて、2 桁小さい !!
この例から分かるように、ΔH と ΔU の差はそれ程大きくない !!

式(6)を使って、定容条件（例えば、ボンベ熱量計）で測定された ΔU の値から、ΔH を計算で求めることが出来る。

Ⅻ. 熱力学第二法則

熱力学第二法則は、自然変化（自発的変化、不可逆変化、化学反応）の方向を示す法則である。この法則は、何人かの科学者によって、いろいろな表現で提出されている。以下、代表的な4つの表現（★……）を記述しておく。しかし、これらの表現は、本質的には同一のことを主張していることに注意しなければならない。

これらの熱力学第二法則の表現の中で、最初に記述している“エントロピー増大の原理”が最も重要であると考えられる。この原理に基づいて、自由エネルギーGが導入され、これにより熱力学は自然科学に大きく貢献することになった!!

（注意）熱力学第二法則は人類の長い間の経験に基づいた原理であり、これを証明することは出来ない!!

★　エントロピー増大の原理：自然変化は、宇宙のエントロピーが増大する方向に進む。

（注意）エントロピーは“乱雑度”を表す。(2章，Ⅱ.“分子レベル”でのエントロピーの意味　参照)

（注意）自然変化＝自発的変化＝不可逆変化＝化学反応
宇宙＝孤立系（図1-1参照）

［参考］このエントロピー増大の原理は R.J.E. Clausius（クラウジウス）によって発見され（1865年）、後に、J.W. Gibbs（ギブズ）がこれに基づいて、自由エネルギー G を導入した。（3章　自由エネルギー（*G*）参照）

★　トムソンの原理：一つの熱源から熱を吸収し、それと等価な仕事を外界になす熱機関は存在しない。

もし、このような熱機関が存在すれば、船は海水の熱エネルギーを使って航海できるので、燃料は不要となる !!（下図 参照）

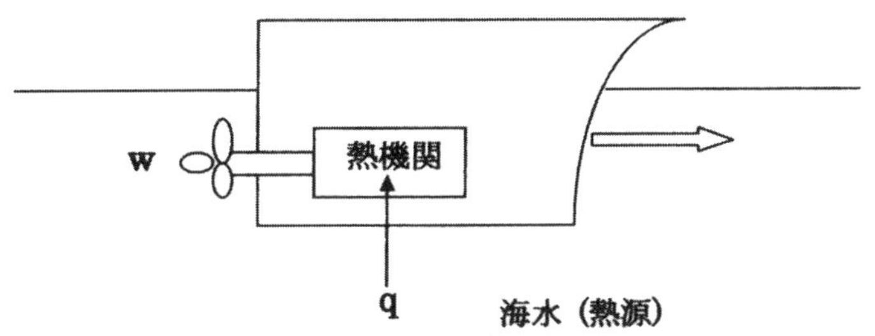

図 1-5　トムソンの原理：２つの熱源は必須である！

この原理によれば、熱機関は“高熱源”から得た熱の一部を“低熱源”に捨てなければ仕事をしない。従って、“高熱源”と“低熱源”の２つの熱源が必要となる !!（2章 I .（1）熱機関の特徴　参照）

［参考］熱の一部は低熱源に捨てられるので、熱を仕事に変換するとき、必ずロスが出る。しかし、熱以外の他のエネルギーは 100％仕事に変換できる。その意味で、熱は効率の悪いエネルギーである。

［参考］この原理を発見した Thomson（トムソン）（1824-1907 年）はイギリスの物理学者であったが、後に Kelvin（ケルビン）と呼ばれた。

★　クラウジウスの原理：エネルギーを与えずに、熱を低温から高温へ移動させることは出来ない。

クーラー、冷蔵庫には、必ず電気エネルギーが必要である !!

［参考］この原理は「熱は、必ず高温から低温に流れる !!」と表現することも出来る。この表現も熱力学第二法則の一表現である。

★　自然変化は、不可逆（一方通行）である !!

（例）1. 気体が混合した後、分離状態に戻ることは無い !!

2. インクが水中に広がった後、インク滴に戻ることは無い !!

3. 煙突から出た煙が、その煙突に帰って来ることは無い !!

：

：

∞　例は無限に存在する !!

XIII. 熱力学の数学

(1) 指数と対数

［指数］

指数とは、数字（記号）の右肩に書く小さな数字（記号）である。例えば、10^2, e^3, e^x における 2, 3, x が指数である。指数は、その数字（記号）を掛(か)け合わす回数を表す。

指数計算の例：

$10^0 = 1$　　$10^1 = 10$　　$10^2 = 10 \times 10 = 100$

$e^0 = 1$　　$e^1 = e$　　$e^2 = e \times e$

$10^{-1} = 1/10 = 0.1$　　$10^{-2} = 1/10^2 = 1/100 = 0.01$

$10^4 \times 10^6 = 10^{4+6} = 10^{10}$　　$10^4 \times 10^{-2} = 10^{4-2} = 10^2$

exp の使用：

次のように、exp を用いて指数を表すことも出来る !!

$e^x = \exp x$　　$e^{-Ea/RT} = \exp(-E_a/RT)$

［常用対数］　$y = \log_{10} x$（あるいは $y = \log x$）

上式において、$_{10}$ は底(てい)と呼ばれ、$10^y = x$ の関係が成立している。
ただし普通には、$_{10}$ は省略され、$y = \log x$ と表される。

常用対数の計算例：

$$\log 1 = 0 \qquad \log 10 = 1 \qquad \log 10^2 = 2$$

$$\log xy = \log x + \log y \qquad \log \frac{x}{y} = \log x - \log y$$

$$\log x^b = b \log x$$

（実際の例）

（1）水素イオン指数：$pH = -\log [H^+]$

ここで、$[H^+]$：水素イオン濃度（mol/L）

$$\boxed{pH = 11.5} \Rightarrow -\log[H^+] = 11.5$$

$$\therefore \log[H^+] = -11.5$$

$$\therefore \boxed{[H^+] = 10^{-11.5}\text{mol/L}}$$

$$\boxed{[H^+] = 10^{-6.2}\text{mol/L}} \Rightarrow pH = -\log 10^{-6.2}$$

$$= -(-6.2)\log 10 = 6.2$$

$$\therefore \boxed{pH = 6.2}$$

（2）解離指数：$pK = -\log K$　　ここで、K：解離定数

［自然対数］　$y = \ln_e x$（あるいは $y = \ln x$）

上式において、$_e$ は底（てい）と呼ばれ、$e^y = x$ が成立している。ただし普通には、$_e$ は省略され、$y = \ln x$ と表される。

自然対数の計算例：

$$\ln 1 = 0 \qquad \ln e = 1 \qquad \ln e^2 = 2\ln e = 2$$

$$\ln xy = \ln x + \ln y \qquad \ln \frac{x}{y} = \ln x - \ln y$$

$$\ln x^b = b\ln x$$

［参考］自然対数の底である e は Napier（ネーピア）の数と呼ばれ、小数点以下が無限に続く無理数である。

$$\text{定義式：} e = \lim_{n\to\infty}\left(1 + \frac{1}{n}\right)^n = 2.71828\cdots\cdots \fallingdotseq 2.7$$

また、e は階乗（かいじょう）（!）の逆数の無限級数でもある。

$$e = 1 + \frac{1}{1!} + \frac{1}{2!} + \frac{1}{3!} + \cdots\cdots = 2.71828\cdots\cdots \fallingdotseq 2.7$$

［参考］自然対数と常用対数は、次式で換算できる。

$$\ln x = 2.303\log x \fallingdotseq 2.3\log x$$

(2) 微分と積分

熱力学において、微分と積分は大切である。特に、次の二つの事項をしっかり認識しておく必要がある !!

微分は“傾き”である !!

積分は“面積”である !!

［微分］

微分の基本公式：$y = x^n \Rightarrow y' = nx^{n-1}$

積の微分公式：$y = f(x)g(x) \Rightarrow y' = f'(x)g(x) + f(x)g'(x)$

例えば、PV の微分は次のようになる !!

$d(PV) = VdP + PdV = PdV + VdP$　（微視的変化の場合）

$\Delta(PV) = V\Delta P + P\Delta V = P\Delta V + V\Delta P$　（巨視的変化の場合）

よく出る公式：

$$\frac{d\ln x}{dx} = \frac{1}{x}$$

……理想気体の定温膨張での q，－w を求める式で出る !!

（2 章，Ⅰ.（3）［1］定温膨張　参照）

［積分］

（ⅰ）不定積分

$$\int x^n dx = \frac{1}{n+1}x^{n+1} + C$$ …… 不定積分の基本公式

ここで、C：積分定数

（ⅱ）定積分

$a \leqq x \leqq b$ における、f(x) の定積分 $\int_a^b f(x)dx$ は次式で求められる。

$$\int_a^b f(x)dx = [F(x)]_a^b = F(b) - F(a)$$

ここで、F(x)：f(x) の不定積分（ただし、C ＝ 0）

定積分　$\int_a^b f(x)dx$：f(x) 曲線から下の面積（ただし、a ≦ x ≦ b）

（定積分の例）

x^2 の不定積分は $\frac{1}{3}x^3$ である（ただし、C＝0)。故に、1 ≦ x ≦ 2 における、x^2 の定積分 $\int_1^2 x^2dx$ は次式で求められる。

$$\int_1^2 x^2dx = \left[\frac{1}{3}x^3\right]_1^2 = \frac{8}{3} - \frac{1}{3} = \frac{7}{3}$$

(3) 偏微分

z＝f (x, y, ……) のように、独立変数 (x, y, ……) が２個以上ある関数の微分が偏微分である。

一例として、z＝f(x, y) の偏微分を考えてみる。
y を一定にすると、z は x だけの関数となり、z は x で微分可能となる。この時の微分 $\left(\frac{\partial z}{\partial x}\right)_y$ が偏微分であり、次式で定義される。

$$\left(\frac{\partial z}{\partial x}\right)_y = \lim_{\Delta x \to 0} \frac{f(x+\Delta x, y) - f(x, y)}{\Delta x}$$

偏微分 $\left(\frac{\partial z}{\partial x}\right)_y$：y 一定の下(もと)で、x が１（または単位量）だけ増えたときの z の増加量

従って、偏微分も普通の微分と同様に、“傾き” を与える !!

（4 章　化学ポテンシャル，７章　溶液　参照）

(4) 全微分式

Z ＝ f（x, y）の x と y が同時に dx，dy だけ変化したとき、z の変化量 dz は、次の全微分式で与えられる。

$$dz = \left(\frac{\partial z}{\partial x}\right)_y dx + \left(\frac{\partial z}{\partial y}\right)_x dy \quad \cdots\cdots \text{全微分式}$$

（5 章　熱力学関数の間の関係式　参照）

XIV. 記号と略号

表 1-7　記号と略号

記号	意味	記号	意味
P	圧力	σ	伝導度
V	体積	Λ_m	モル伝導度
T	温度	Λ	当量伝導度
R	気体定数	Λ_0	無限希釈 - 当量伝導度
N_A	アボガドロ定数	$\lambda^{\pm}$	イオン当量伝導度
q	熱，電気量（電荷）	$\lambda_0^{\pm}$	無限希釈イオン当量伝導度
w	仕事	α	解離度（電離度）
U	内部エネルギー	V	電位差（電圧）
	ポテンシャルエネルギー	I	電流
H	エンタルピー	R	抵抗
G	ギブズの自由エネルギー	E	起電力
μ	化学ポテンシャル，双極子モーメント	E°	標準電極電位，起電力
$\bar{\mu}$	電気化学ポテンシャル	i	van’t Hoff 係数
K	平衡定数，解離定数（電離定数）	$u^{\pm}$	イオン移動度
π	浸透圧	F	ファラデー定数
f	自由度	$t^{\pm}$	輸率
C	濃度	ρ	密度
x	モル分率	η	粘度，カルノーサイクルの効率

wt%	質量パーセント	D	拡散係数
m	質量モル濃度	pH	水素イオン指数
ΔH_{mix}	混合熱	pK	解離指数
$\bar{V}$	部分モル体積	SHE	標準水素電極
V^{∞}	極限部分モル体積	NHE	標準水素電極
$\bar{v}$	部分比容	E_g	エネルギー（バンド）ギャップ
κ	伝導度	E_F	フェルミ準位
h^+	正孔	Chl a	クロロフィル a
μ	電気化学ポテンシャル	H_2Q	ヒドロキノン
λ	波長	D	色素（dye）
ν	波数	S	エントロピー
c	光速	k	ボルツマン定数
h	プランク定数	C^*	当量濃度（eq./L）

［その他の記号］

≡：定義

（例）$H \equiv U+PV$　⇒ H は「$U+PV$」と定義される。

$G \equiv H-TS$　⇒ G は「$H-TS$」と定義される。

∞：無限大

（例）V^{∞}：極限部分モル体積

d：状態量の“微視的変化”

（例）dP ⇒ P の微視的変化

dV ⇒ V の微視的変化

dU ⇒ U の微視的変化

［参考］微視的：原子、分子レベルの小さな……

“ミクロ”とも言う。

デルタ
Δ：状態量の“巨視的変化”

（例）$\Delta P \Rightarrow P$ の巨視的変化

$\Delta V \Rightarrow V$ の巨視的変化

$\Delta U \Rightarrow U$ の巨視的変化

［参考］巨視的：人の感覚で識別できる程度に大きな……

“マクロ”とも言う。

デルタ
δ，d'：経路関数の“微視的変化”

（例）δq，d'q ⇒ q の微視的変化

δw，d'w ⇒ w の微視的変化

2章　エントロピー(S)

R.J.E. Clausius（クラウジウス）は、カルノーサイクル〔2章，I，(3) 参照〕の効率 η（イータ）が $\eta = \dfrac{T_1 - T_2}{T_1}$ と表されることから、$\Delta S = \dfrac{q}{T}$ と定義されるエントロピー S を導入した（1865 年)。さらに彼は、“エントロピー増大の原理”— 自然変化は、宇宙のエントロピーが増大する方向に進む —も発見していた(1865 年)。その発見に基づいて、J.W. Gibbs（ギブズ）が自然変化の方向を与える自由エネルギー $G(\equiv H - TS)$、および、その部分モル量である化学ポテンシャル μ（ミュー）を導入した（1878 年)。

一方、L.E. Boltzmann（ボルツマン）がエントロピーを統計力学的に解析し、$S = k\ln W$ を導き、エントロピーが“乱雑度”を表すことを初めて報告した（1896 年)。

この章では、以上述べたエントロピー S についての変遷を、出来るだけ詳しく、かつ簡潔に記述して行くことにする。

熱力学はエネルギーとエントロピーの科学である。従って、エントロピーを理解することが、熱力学を征服するための第一歩である。

Ⅰ．エントロピーの定義式（$\Delta S = q/T$）の誘導

$$\Delta S = \frac{q}{T}$$ …… エントロピーの定義式

ここで、q：熱　　T：温度

以下、この式をカルノーサイクルの効率η（イータ）から誘導する。

(1) 熱機関の特徴

熱機関とは、作業物質にサイクル（循環過程）を行わせることによって、高熱源から熱を吸収し、その一部を低熱源に捨て、周囲に仕事をなす装置である。

（注意 -1）サイクルは、熱機関が継続的に仕事を行うために必要である。

（注意 -2）高熱源と低熱源の二つの熱源は、“トムソンの原理”を満足させる為に必要である。

トムソンの原理（熱力学第二法則）：一つの熱源から熱を吸収し、それと等価な仕事を外界になす熱機関は存在しない。

いま、図 2-1 で示すような熱機関を考える。1 サイクルの間に高熱源（T_1）から熱 $q_1(q_1 > 0)$ を吸収し、低熱源（T_2）に熱 $-q_2(q_2 < 0)$ を放出し、周囲に仕事 $-w(w < 0)$ をなす。

ここで、熱機関は“系”として考え、二つの熱源は“外界”の一部として考える。（図 1-1 参照）

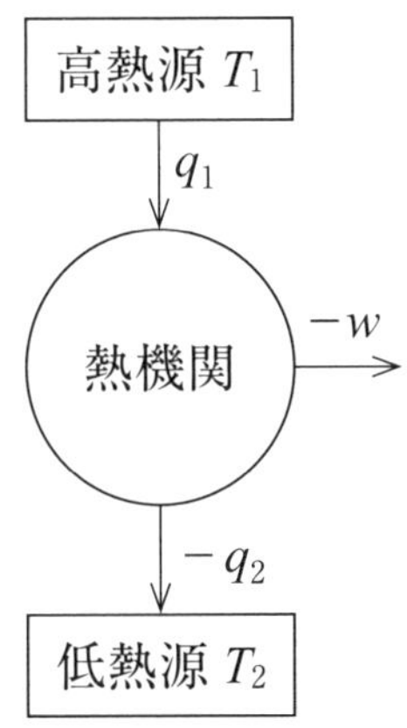

図 2-1　熱機関

熱力学第一法則、即ち、エネルギー保存則より、熱機関が１サイクルしたときの内部エネルギーの変化 ΔU は次式で表される。

$$\Delta U = \text{熱} + \text{仕事} = q_1 + q_2 + w \quad \cdots\cdots(1)$$

［参考］内部エネルギー U：

系の中の全分子が持つ運動エネルギー（並進運動、回転運動、振動運動）とポテンシャル エネルギー（分子間相互作用に基づくポテンシャル エネルギー）の総和を内部エネルギー U と言う。

エンタルピー H：

$H \equiv U + PV$ と定義される。従って、エンタルピー H は、内部エネルギー U に体積変化のエネルギー（PV）を加えた熱力学関数（状態量）である。H は体積変化が可能な定圧過程で扱われる !!

ここで、内部エネルギー U は、状態が決まれば一義的に値が定まる“状態量”である。従って、熱機関が１サイクルして元の状態に戻れば、内部エネルギーUは元の値に戻る。従って、式(1)で表される内部エネルギーの変化ΔUは、必ずゼロになるはずである。

$$\Delta U = q_1 + q_2 + w = 0 \quad \cdots\cdots (2)$$

$$\therefore -w = q_1 + q_2 \quad \cdots\cdots (3)$$

⇒ 従って、熱機関が周囲になす仕事$-w$は、熱機関が2つの熱源から“結果的に”吸収する熱$q_1 + q_2$に等しい!!

“熱機関の効率η”は、熱機関が高熱源から吸収する熱q_1に対する、熱機関が周囲になす仕事$-w(w < 0)$の割合と定義される。従って、式(3)を考慮して、次式が成立する。

$$\text{熱機関の効率}\ \eta = \frac{-w}{q_1} = \frac{q_1 + q_2}{q_1} \quad \cdots\cdots (4)$$

(2) “状態量”とは、どんな物理量か??

“状態量”とは、状態が決まれば一義的に値が定まる物理量である。従って、系の状態が変化したときの状態量の変化は、初めの状態と終わりの状態だけで決まり、状態変化の“経路”には依存しない。例えば、図2-2において、状態が状態1から状態2へ変化する経路は、Ⅰ，Ⅱ，Ⅲ，……と、いろいろ有るが、“状態量”である体積Vの変化ΔVは、それらの経路に依存せず、状態2の体積V_2と状態1の体積V_1の差で与えられる。

$$\Delta V = V_2 - V_1 \quad \cdots\cdots (5)$$

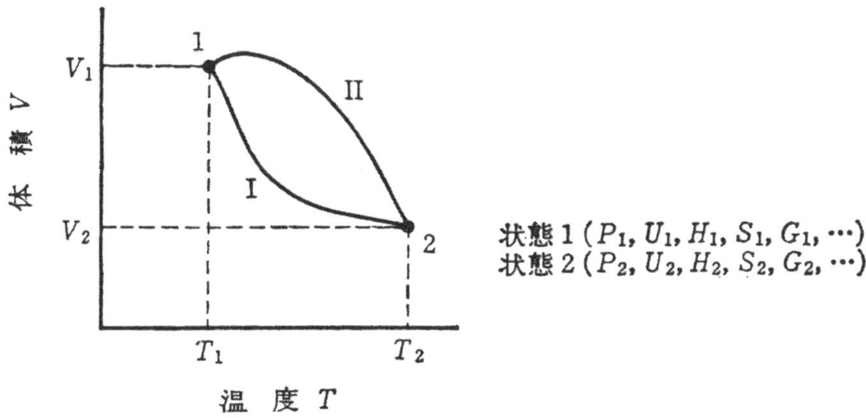

図 2-2　系の状態（1，2）と状態変化の経路（Ⅰ，Ⅱ）の図示

また、この図において、系が状態1から適当な経路を経て状態2に移り、その後、別の経路を経て再び状態1に戻ったとき、系が“サイクル”（循環過程）を行ったと言う。

ここでも、“状態量”である体積Vは経路に依存しないので、1サイクルしたときの体積Vの変化ΔVは、次式で示されるように、ゼロになる。

$$\Delta V = (V_2 - V_1) + (V_1 - V_2) = 0 \quad \cdots\cdots (6)$$

また、この式は一周積分$\oint$を用いると、次のように表される。

$$\oint \mathrm{d}V = \int_1^2 \mathrm{d}V + \int_2^1 \mathrm{d}V = (V_2 - V_1) + (V_1 - V_2) = 0 \quad \cdots\cdots (7)$$

上式(5)～(7)は状態量の数学的表現であり、これらの式は体積Vに限らず、全ての状態量に適用される。

上記とは逆に、系が1サイクルした後、ある物理量の変化がゼロであったならば、その物理量は“状態量”であると言える。

このようにして、$\Delta S = q/T$ と定義される状態量、“エントロピー S”が、カルノーサイクルの効率 η から誘導された !!（2章，Ⅰ，(4) 参照）

代表的な状態量として、圧力 P, 体積 V, 温度 T, 内部エネルギー U, エンタルピー H, エントロピー S, 自由エネルギー G などがある。これらは熱力学にとって非常に大切な物理量であり、“熱力学関数”と呼ばれている。

このように、状態量は“熱力学関数”であると考えてもよい。

反対に、経路に依存する物理量は“経路関数”と呼ばれる。経路関数としては、熱 q と仕事 w がある。（この本では、q，w 以外の経路関数は出て来ない！）

(3) カルノーサイクル

N.L.S. Carnot（カルノー）は可逆過程で進むカルノーサイクルを理論的に考案し、その効率 η（イータ）が高熱源の温度（T_1）と低熱源の温度（T_2）と次のような関係にあることを発見した（1824年）。

$$\eta = \frac{T_1 - T_2}{T_1}$$

後に、R.J.E. Clausius（クラウジウス）が、この式から、前述の“状態量の性質”に基づいて、$\Delta S \equiv q/T$ と定義される“エントロピー”を導入した（1865年）。それ以来、“エントロピー”は、“エネルギー”と共に、熱力学で中心的な役割を果たすことになる。

カルノーサイクルは、2つの熱源の間で、熱機関が2つの定温過程と2つの断熱過程を辿(たど)るサイクルである。ここで、4つの過程は可逆過程であり、熱機関の作業物質は1molの理想気体である。

図2-3はカルノーサイクルを説明している。この図から、カルノーサイクルが、［1］定温膨張,［2］断熱膨張,［3］定温圧縮,［4］断熱圧縮　の4つの可逆過程から成ることが分かる。

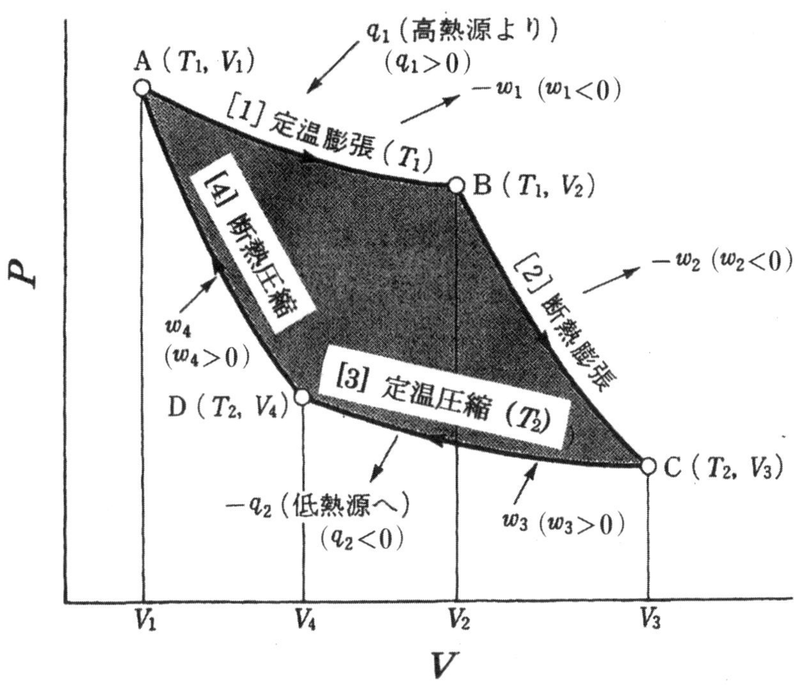

図2-3　カルノーサイクル
：A→B→C→D→A

[4つの可逆過程の説明]

以下、図2-3を参照しながら、カルノーサイクルの4つの可逆過程を順を追って説明して行く。

［1］**定温膨張**

$V_1 \to V_2$（定温：T_1）

状態A（T_1，V_1）→状態B（T_1，V_2）

高熱源（T_1）から熱 q_1 ($q_1 > 0$) を吸収し、これと等価の仕事［$-w_1$ ($w_1 < 0$)］を周囲になす。

$$q_1 = -w_1 = RT_1 \ln \frac{V_2}{V_1} \quad \cdots\cdots(8)$$

［参考］この式は、理想気体の“定温膨張/圧縮”についての公式である。以下、この式を誘導してみる。

T_1 =一定の条件下では、$\Delta U = 0$

$\therefore \Delta U = q + w = 0$

また、$P = \dfrac{RT_1}{V}$

$\therefore \delta q = -\delta w = P\mathrm{d}V = RT_1 \dfrac{dV}{V}$

ここで、数学公式：$\dfrac{dV}{V} = \mathrm{dln}V$〔1章，XIII，(2) 参照〕より、

$\delta q = -\delta w = RT_1 \mathrm{dln}V$　が成立する。

この式を状態1から状態2まで積分すると、

$$q = -w = RT_1\int_1^2 \mathrm{d}\ln V = RT_1[\ln V]_1^2$$

$$= RT_1(\ln V_2 - \ln V_1) = RT_1 \ln \frac{V_2}{V_1}$$

（誘導おわり）

⇒従って、理想気体が定温膨張した場合、
熱源から吸収した熱 q（$q > 0$）と等価の仕事 $-w$（$w < 0$）を周囲になす!!

逆に、理想気体が定温圧縮された場合、
周囲からなされた仕事 w（$w > 0$）と等価の熱 $-q$（$q < 0$）を熱源へ放出する。

［2］断熱膨張

$V_2 \to V_3$（断熱：$q = 0$）
状態B（T_1, V_2）→状態C（T_2, V_3）

膨張による仕事 $-w_2$（$w_2 < 0$）を周囲になす。
この時、熱の出入りが無いので、温度は T_1 から T_2 に下がる。

$$w_2 = C_\mathrm{v}(T_2 - T_1) \quad \cdots\cdots (9)$$

［参考］この式は、理想気体の"断熱膨張/圧縮"に関する公式である。
以下、この式を誘導してみる。

$$定容熱容量\ C_v = \frac{\delta q_v}{dT} = \left(\frac{\partial U}{\partial T}\right)_v$$

$$\therefore \Delta U = q + w = C_v \Delta T = C_v (T_2 - T_1)$$

ここで、断熱過程より、$q = 0$

$$\therefore w = C_v (T_2 - T_1)$$

（誘導おわり）

［3］定温圧縮

$V_3 \rightarrow V_4$（定温：T_2）

状態 C $(T_2,\ V_3)$ → 状態 D $(T_2,\ V_4)$

周囲から仕事 w_3 $(w_3 > 0)$ をなされ、これと等価な熱［$-q_2$ $(q_2 < 0)$］を低熱源 (T_2) に放出する。

$$q_2 = -w_3 = RT_2 \ln \frac{V_4}{V_3} \quad \cdots\cdots (10)$$

［4］断熱圧縮

$V_4 \rightarrow V_1$（断熱：$q = 0$）

状態 D $(T_2,\ V_4)$ → 状態 A $(T_1,\ V_1)$

圧縮による仕事 w_4 $(w_4 > 0)$ を周囲からなされる。

この時、熱の出入りが無いので、温度は T_2 から T_1 に上がる。

$$w_4 = C_v (T_1 - T_2) \quad \cdots\cdots (11)$$

（以上で、カルノーサイクルの４つの可逆過程の説明は終了 !!）

［効率 η（イータ）＝ $(T_1 - T_2)/T_1$ の誘導］

系が１サイクルしたとき、系が２つの熱源から“結果的に”吸収する熱は、式(8)と式(10)より、

$$q_1 + q_2 = RT_1 \ln \frac{V_2}{V_1} + RT_2 \ln \frac{V_4}{V_3} \quad \cdots\cdots (12)$$

式(12)は、断熱膨張 / 圧縮の場合の温度Ｔと体積Ｖの関係［式(13)］を考慮すれば、もっと簡単な式になる !!

［参考］理想気体の断熱膨張 / 圧縮の場合の
温度Ｔと体積Ｖの関係

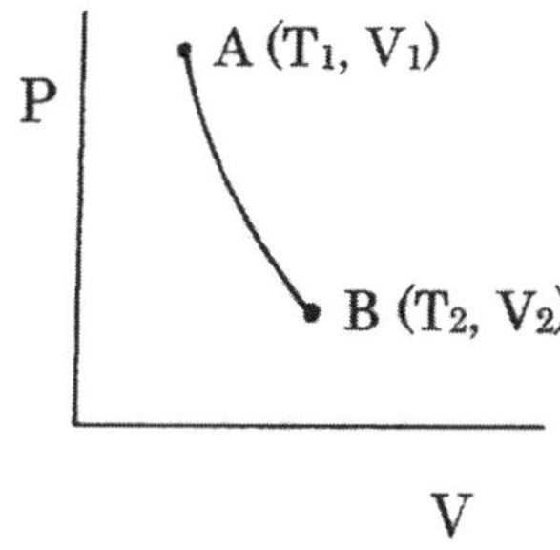

$$\frac{T_2}{T_1} = \left(\frac{V_1}{V_2}\right)^{\gamma - 1} \quad \cdots\cdots (13)$$

ここで、

$\gamma = C_p/C_v = 5/3 \fallingdotseq 1.7$

ただし、C_p：定圧熱容量　C_v：定容熱容量

式(13)より、カルノーサイクルの［2］断熱膨張と［4］断熱圧縮に対して、次式が成立する。

$$\frac{T_2}{T_1} = \left(\frac{V_2}{V_3}\right)^{\gamma-1} = \left(\frac{V_1}{V_4}\right)^{\gamma-1} \quad \cdots\cdots (14)$$

故に、次式が成立する。

$$\frac{V_4}{V_3}=\frac{V_1}{V_2} \quad \cdots\cdots (15)$$

この関係を用いると、式⑿は次のように簡単な式になる。

$$q_1+q_2 = RT_1\ln\frac{V_2}{V_1} + RT_2\ln\frac{V_1}{V_2} = RT_1\ln\frac{V_2}{V_1} - RT_2\ln\frac{V_2}{V_1}$$

$$= R\,(T_1 - T_2)\ln\frac{V_2}{V_1}$$

$$\therefore q_1+q_2 = R\,(T_1 - T_2)\ln\frac{V_2}{V_1} \quad \cdots\cdots (16)$$

一方、式⑶を考慮すれば、系が１サイクルしたとき、系が“結果的に”周囲になす仕事 $-w\,(w<0)$ は、系が２つの熱源から“結果的に”吸収する熱 q_1+q_2 に等しい。故に、次式が成立する。

$$-w = q_1+q_2 = R(T_1-T_2)\ln\frac{V_2}{V_1} \quad \cdots\cdots (17)$$

従って、“効率 η”は、式⑷，式⑻，式⒃より、次式で表される。

$$\eta = \frac{-w}{q_1} = \frac{q_1+q_2}{q_1}$$

$$= \frac{R(T_1 - T_2)\ln\dfrac{V_2}{V_1}}{RT_1\ln\dfrac{V_2}{V_1}} = \frac{T_1 - T_2}{T_1} \quad \cdots\cdots (18)$$

$$\therefore \eta = \frac{T_1 - T_2}{T_1} \quad \cdots\cdots (19)$$

（誘導おわり）

“カルノーサイクルの効率 η” の最終的な式、式(19)から、次の３つのことが言える。

①効率 η は、高熱源（T_1）の温度と低熱源（T_2）の温度だけで決まる。

②高熱源（T_1）と低熱源（T_2）の温度の差が大きい程、効率 η は大きい。

③低熱源（T_2）の温度が０Ｋのとき、$\eta = 1$（即ち、100％の効率）となる。しかし、熱力学第三法則より、０Ｋは実現不可能。故に、$\eta = 1$ は実現不可能である。

熱機関から仕事を得るためには、高熱源から吸収した熱の一部を必ず低熱源に捨てなければならない。（このことは、“トムソンの原理”（p.27）も主張している !!）

(4) $\eta=(T_1-T_2)/T_1$ から、エントロピーの定義式 $\Delta S = q/T$ の誘導

カルノーサイクルの効率：$\eta=\dfrac{q_1+q_2}{q_1}=\dfrac{T_1-T_2}{T_1}$ ………………… ⒅ or ⒇

この式は変形して、次のように表される。

$$1+\frac{q_2}{q_1}=1-\frac{T_2}{T_1}$$

$$\therefore\ \frac{q_2}{q_1}=-\frac{T_2}{T_1} \qquad \therefore\ \frac{q_2}{T_2}=-\frac{q_1}{T_1}$$

$$\therefore\ \frac{q_1}{T_1}+\frac{q_2}{T_2}=0$$ ……………………………………………………………… ㉑

式㉑は、図 2-3 において、系が状態 A → B → C → D → A の経路を辿って 1 サイクルしたとき、物理量 q/T の変化はゼロになる（物理量 q/T は変化しない）ことを示している。

従って、既に、「2 章，Ⅰ，(2)“状態量”とは、どんな物理量か ??」で述べている理由から、物理量 q/T は“状態量”であると言える。

クラウジウス（R.J.E. Clausius）はこの状態量 q/T に“エントロピー S”と命名し、次のようにエントロピーを定義した。（1860 年頃）

$\Delta S=\dfrac{q}{T}$ ……エントロピーの定義式

Ⅱ．“分子レベル”でのエントロピーの意味

ここまでの記述で分かるように、エントロピーは元もと熱機関を出発とした“巨視的”な熱力学から導入された状態量であった。しかし、化学の分野では、“微視的”、即ち、“分子レベル”での事象を扱う場合が圧倒的に多い。従って、化学者にとっては、分子レベルでのエントロピーの意味がより大切になって来る。

分子レベルで、エントロピーが何を意味しているかを明らかにしたのはL.E. Boltzmann（ボルツマン）であった。彼はエントロピーを統計力学によって解析し、“ボルツマンの関係式”を発表した（1896年）。この式によって、彼は分子レベルで、エントロピーが“乱雑さの程度”、即ち、“乱雑度”を表すことを明らかにした。

(1) ボルツマンの関係式

$S = k \ln W$ …… ボルツマンの関係式

ここで、

k：ボルツマン定数

$$k = \frac{R}{N_A} = \frac{8.314 JK^{-1}mol^{-1}}{6.022 \times 10^{23} mol^{-1}} = 1.38 \times 10^{-23} JK^{-1}$$

R：気体定数　　N_A：アボガドロ定数

W：（巨視的状態に含まれる）微視的状態の数

or（巨視的状態の）出現確率

(2) エントロピーSは“乱雑度”を表す

次に示す、トランプの“状態 A”と“状態 B”を比較すると、ボルツマンの関係式の中のWが“乱雑度”を表していることが理解できる。

状態 A：順番通り重ねられているトランプの状態

トランプの配列の仕方、即ち、微視的状態の数は 1 個である。従って、トランプを切った後での、状態 A の出現確率は小さい。

$$W = 1$$

状態 A のトランプは順番通りで、“乱雑度”は小さい。

状態 B：切った後のトランプの状態

トランプの配列の仕方、即ち、微視的状態の数は 52! 個である。従って、トランプを切った後での、状態 B の出現確率は大きい。

$$W = 52!$$

（注意）再度、トランプを切っても、また別の状態 B が出て、状態 A が出る可能性はほとんど無い。

状態 B のトランプは順番通りになっていなく、“乱雑度”は大きい。

⇒ 以上より、Wが“乱雑度”を表すことが理解できる !!

一方、$S = k\ln W$より、Sは$\ln W$と比例する !!

⇒ 従って、エントロピーSは“乱雑度”を表す !!

［参考］私たちがトランプを切ったとき、乱雑配列が序秩配列より出現確率が高いのは、配列の仕方（微視的状態の数：W）が前者では52! 個と非常に多いのに対し、後者では1個しかないことによる。

(3) $S = k \ln W$ の誘導

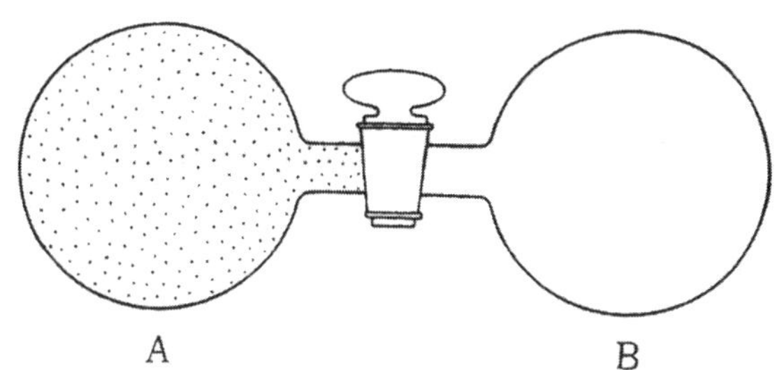

図2-4　気体の真空膨張

上図で示されているような“気体の真空膨張”を考えてみよう。コックを開くと、気体分子がBの方へ拡散し、“平衡状態”になる。Bに移った全ての気体分子が、再びコックを通ってAに戻り、“初めの状態”に帰ることは無い。即ち、“気体の真空膨張”は自発的に起こる“不可逆変化(不可逆過程)”である。

ここで、“不可逆変化”になる理由は、出現確率Wによって説明できる。全ての気体分子がA + Bに配分される“平衡状態(2)”の出現確率は、

$$W_2 = \left(\frac{V_A + V_B}{V_A + V_B}\right)^{N_A} = 1$$

ここで、N_A：アボガドロ（定）数

一方、全ての気体分子がAだけに配分される“初めの状態(1)”の出現確率は、

$$W_1 = \left(\frac{V_A}{V_A + V_B} \right)^{N_A} \ll 1$$

“初めの状態(1)”の出現確率 W_1 は、“平衡状態(2)”の出現確率 W_2（= 1）に比べて極めて小さい。このように、出現確率 W が大きく異なることが、“気体の真空膨張”が不可逆変化になる理由である。

以上、見てきたように、自発的に起こる不可逆変化は、必ず、出現確率 W の大きい方向に進む !!

他方、「エントロピー増大の原理」（後述）により、自発的に起こる不可逆変化では、必ず、エントロピー S が大きくなる !!

⇒ 従って、エントロピー S と出現確率 W には関係が有り、両者を結び付ける何らかの関係式が存在すると予測される。

この関係式を求める為には、和を求める時に、S と W に違いが有ることに注目する必要がある。即ち、S については加成性が成立し、$S = S_\alpha + S_\beta$ と表せるが、W については加成性が成立せず、$W = W_\alpha W_\beta$ と表される。従って、S と W との関係は“対数関係”でなくてはならない。そこで、ボルツマンは次のような式が存在すると仮定した。

$$S = \mathrm{a} \ln W \quad \cdots\cdots (22)$$

次に、定数aの値を求めなければならない。その為には、1 mol の理想

気体が真空膨張（$V_1 \rightarrow V_1 + V_2$）する時のエントロピー変化$\Delta S$を、（ｉ）熱力学による方法と（ⅱ）確率による方法の２つの方法で求め、両者の結果を比較すればよい。

（ｉ）熱力学による方法

1molの理想気体が真空膨張（$V_1 \rightarrow V_1 + V_2$）するときに吸収する熱は、式(8)から、次のように表される。

$$q = RT \ln \frac{V_1 + V_2}{V_1}$$

故に、1molの理想気体が真空膨張（$V_1 \rightarrow V_1 + V_2$）するときのエントロピー変化$\Delta S$は次式で表される。

$$\Delta S = S_2 - S_1 = \frac{q}{T} = R \ln \frac{V_1 + V_2}{V_1}$$

$$= kN_{\mathrm{A}} \ln \frac{V_1 + V_2}{V_1} = k \ln \left(\frac{V_1}{V_1 + V_2} \right)^{-N_A} \quad \cdots\cdots (23)$$

（注意）$k = R/N_{\mathrm{A}}$　　$\therefore R = kN_{\mathrm{A}}$

（Ⅱ.（1）ボルツマンの関係式　参照）

（ⅱ）確率による方法

（注意）ここでは、コックを開いた状態での確率を考えている!!

初めの状態(1)の出現確率：$W_1 = \left(\frac{V_1}{V_1 + V_2} \right)^{N_A}$

平衡状態(2)の出現確率：$W_2 = \left(\frac{V_1 + V_2}{V_1 + V_2} \right)^{N_A} = 1$

故に、2つの確率の比は次のようになる。

$$\frac{W_2}{W_1} = \left(\frac{V_1}{V_1 + V_2}\right)^{-N_A}$$

一方、SとWには、$S = a\ln W$の関係があると仮定しているから、

初めの状態(1)のエントロピー：$S_1 = a\ln W_1$

平衡状態(2)のエントロピー：$S_2 = a\ln W_2$

故に、1molの理想気体が真空膨張（$V_1 \rightarrow V_1 + V_2$）するときのエントロピー変化$\Delta S$は次式で表される。

$$\Delta S = S_2 - S_1 = a\ln W_2 - a\ln W_1 = a(\ln W_2 - \ln W_1)$$

$$= a\ln\frac{W_2}{W_1} = a\ln\left(\frac{V_1}{V_1 + V_2}\right)^{-N_A} \quad \cdots\cdots (24)$$

式(23)と式(24)を比較すると、<u>定数aはボルツマン定数kである</u>ことが分かる。

$$a = k \ (= 1.38 \times 10^{-23} JK^{-1})$$

⇒ 従って、式(22)より、<u>$S = k\ln W$</u>が導かれた!!

［参考］$\Delta S = q/T$と乱雑度の関係

$\Delta S = q/T$で定義されるエントロピーが、どうして“乱雑度”を表すことになるのか？……と考えると、誰しも、多かれ少なかれ、直感的な理解に苦しむのではなかろうか??

そこで、次の2つの“たとえ話”を出してみたいと思います。これら

を読めば、いくらか、$\Delta S = q/T$への理解と親しみが増すのではないでしょうか…!?

「裕福な（T：高い）時と貧困な（T：低い）時とで、同じ1万円（q）をもらっても、喜び（ΔS）は貧困な時が大きい!!」

「乱れた（T：高い）時と整然とした（T：低い）時とで、同じ熱量qが与えられたとしても、乱れの増加（ΔS）は整然とした時が大きい!!」

Ⅲ．エントロピー増大の原理

「エントロピー増大の原理」は、R.J.E. Clausius（クラウジウス）が1865年に発見した原理である。クラウジウスは、「自然変化は、宇宙のエントロピーが増大する方向に進む」ことを発見した。現在、これを「エントロピー増大の原理」と呼んでいる。

「エントロピー増大の原理」は、熱力学第二法則のいくつかの表現の中の、一つの表現である。しかし、この原理の発見によって、熱力学は自然科学に大きく貢献することになった。その点で、この表現が最も大切であると言える。

エントロピー増大の原理：

自然変化は、宇宙のエントロピーが増大する方向に進む

（注意）宇宙のエントロピー＝系のエントロピー＋外界のエントロピー

（注意）自然変化＝自発的変化＝不可逆変化＝化学反応

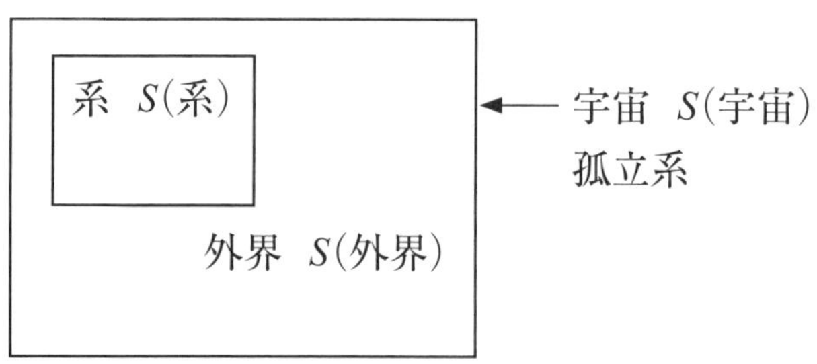

「エントロピー増大の原理」の例

(1) 部屋を整理しても、何日か経つと散らかった部屋になってしまう。

(2) 煙突から出る煙はどこまでも広がって行き、再び、その煙突に帰って来ることは無い。

(3) 下図のように、各々、異なった種類の気体が入っている二つの容器の間の栓を開くと、2種類の気体は均一になるまで混合が進む。
しかし、一度(ひとたび)、混合した気体が自発的に最初の分離状態に返ることは無い。

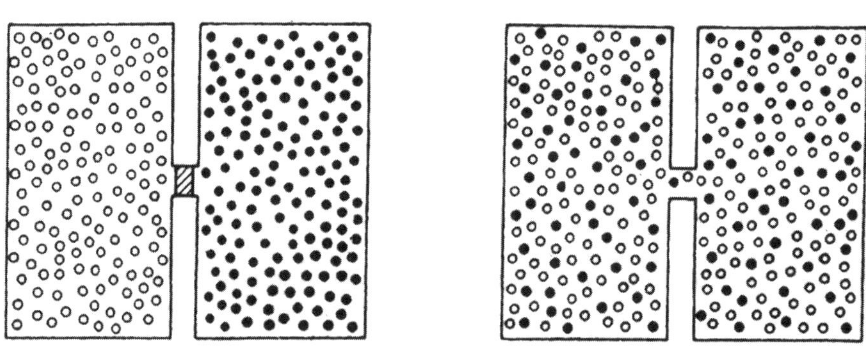

(4) コップの水の中にインクを一滴落とした場合、インクは全体に広がって行く。

（∞）例は無限に挙げられる !!

結論：

「エントロピー増大の原理」が自然変化の方向を決める唯一の条件である !!（他の条件は、一切考える必要が無い。）

［参考］「エントロピー増大の原理」に基づいて、自然変化（or 化学反応）の方向を示す“自由エネルギー G”が導入された !!　　$G \equiv H - TS$

（3章　自由エネルギー（G）参照）

Ⅳ．相転移に伴うエントロピー変化

$\Delta S = \dfrac{\Delta H_{tr}}{T_{tr}}$　　参考：phase transition（相転移）

ここで、ΔH_{tr}：転移熱（融解熱，蒸発熱，昇華熱）

T_{tr}：転移点（融点，沸点，昇華点）

個体 ⇒ 液体　：　融解（melting）

融解熱　ΔH_m

融点　T_m

液体 ⇒ 気体　：　蒸発（vaporization, boiling）

蒸発熱　ΔH_{vap} or ΔH_b

沸点　T_{vap} or T_b

個体 ⇒ 気体　：　昇華（sublimation）

昇華熱　ΔH_{sub}

昇華点　T_{sub}

（例）氷が融解するときのエントロピー変化

氷の融解熱：$\Delta H_m = 5.98 kJ\mathrm{mol}^{-1}$

氷の融点：$T_m = 273K$

$$\Delta S_m = \frac{\Delta H_m}{T_m} = \frac{5980J\mathrm{mol}^{-1}}{273K} = 21.9JK^{-1}\mathrm{mol}^{-1}$$ （融解エントロピー）

（表 2-1 参照）

（例）水が蒸発するときのエントロピー変化

水の蒸発熱：$\Delta H_{vap} = 40.7 kJ\mathrm{mol}^{-1}$

水の沸点：$T_{vap} = 373K$

$$\Delta S_b = \frac{\Delta H_{vap}}{T_{vap}} = \frac{40700J\mathrm{mol}^{-1}}{373K} = 109JK^{-1}\mathrm{mol}^{-1}$$ （蒸発エントロピー）

（例）ベンゼンが蒸発するときのエントロピー変化

ベンゼンの蒸発熱：$\Delta H_{vap} = 30.8 kJ\mathrm{mol}^{-1}$

ベンゼンの沸点：$T_{vap} = 353K$

$$\Delta S_b = \frac{\Delta H_{vap}}{T_{vap}} = \frac{30800J\mathrm{mol}^{-1}}{353K} = 87.3JK^{-1}\mathrm{mol}^{-1}$$ （蒸発エントロピー）

表 2-1　融解熱と融解エントロピー（at 1atm）

物質名		融解温度 T_m（K）	ΔH_m（kJ/mol）	ΔS_m〔J/(K mol)〕
ナトリウム	Na	371	2.63	7.09
鉛	Pb	600.6	4.77	7.94
銀	Ag	1234.0	11.3	9.16
金	Au	1336.2	12.7	9.50
塩化ナトリウム	NaCl	1081	28.2	26.1
フッ化ナトリウム	NaF	1268	33.1	26.1
塩化銀	AgCl	728	13.2	18.1
塩化カルシウム	$CaCl_2$	1055	28.4	26.9
フッ化カルシウム	CaF_2	1691	29.7	17.6
塩化鉛	$PbCl_2$	771	23.8	30.9
水	H_2O	273.15	6.01	22.0
エタノール	C_2H_5OH	158.6	5.02	31.7
ベンゼン	C_6H_6	278.69	9.837	35.3
フェノール	C_6H_5OH	314.06	11.3	36.0
ナフタレン	$C_{10}H_8$	353.41	18.80	53.2

表 2-2　蒸発熱と蒸発エントロピー（at 1atm）

物質名		T_{vap}（K）	ΔH_{vap}（kJ/mol）	ΔS_b〔J/(K mol)〕
水素	H_2	20.39	0.904	44.34
窒素	N_2	77.34	5.58	72.15
酸素	O_2	90.19	6.82	75.62
アルゴン	Ar	87.29	6.519	74.68
ナトリウム	Na	1163	89.1	76.61
水銀	Hg	629.73	58.1	92.26
四塩化炭素	CCl_4	349.9	30.0	85.74
塩化スズ	$SnCl_4$	386	34.7	89.90
水	H_2O	373.15	40.66	108.96
アンモニア	NH_3	195.5	23.35	119.44
メタン	CH_4	111.67	8.180	73.25
エタン	C_2H_6	184.53	14.72	79.77
プロパン	C_3H_8	231.09	18.77	81.22
シクロヘキサン	C_6H_{12}	353.85	30.08	85.01
ベンゼン	C_6H_6	353.25	30.76	87.08
クロロホルム	$CHCl_3$	334.4	29.4	87.92
トルエン	C_7H_9	383.76	33.5	87.29
メタノール	CH_3OH	337.9	35.27	104.4
エタノール	C_2H_5OH	351.7	38.6	109.8

［トルートンの規則］

非会合性液体が蒸発する際のエントロピー変化は、

$$\Delta S = \frac{\Delta H_{\mathrm{vap}}}{T_{\mathrm{vap}}} \fallingdotseq 85JK^{-1}\mathrm{mol}^{-1}$$ となる。

（例）：ベンゼン，トルエン，クロロホルム，四塩化炭素，シクロヘキサン，等々

従って、これらの非会合性液体では、蒸発に際して、ほぼ同程度の“乱雑さ”が生ずる !!

しかし、水素結合によって会合し、高い構造性を持つ（即ち、エントロピーの低い）液体では、蒸発に際しての ΔS は $85JK^{-1}\mathrm{mol}^{-1}$ より大きくなる。

（例）：水　$\Delta S = 109JK^{-1}\mathrm{mol}^{-1}$
アンモニア　$\Delta S = 119JK^{-1}\mathrm{mol}^{-1}$
メタノール　$\Delta S = 104JK^{-1}\mathrm{mol}^{-1}$
エタノール　$\Delta S = 110JK^{-1}\mathrm{mol}^{-1}$

［参考］気体状態では分子間力は無視し得るので、全ての液体の蒸発後のエントロピーは同一であると見なせる。従って、蒸発前の液体状態のエントロピーの大小によって ΔS の大きさが決まる。

この事実に注意すれば、上記の記述は理解できる。

V．混合エントロピー

体積変化（$V_1 \rightarrow V_2$）によるエントロピー変化は、

式(8)　$q = nRT\ln\dfrac{V_2}{V_1}$ より、$\Delta S = \dfrac{q}{T} = nR\ln\dfrac{V_2}{V_1}$

この式より、混合エントロピーの式を誘導することができる。

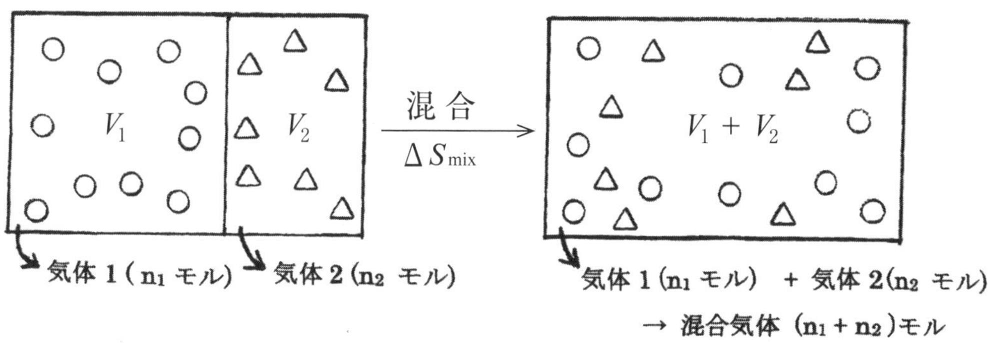

気体 1，n_1 モルの体積変化によるエントロピー変化は、

$$\Delta S_1 = n_1R\ln\frac{V_1 + V_2}{V_1}$$

気体 2，n_2 モルの体積変化によるエントロピー変化は、

$$\Delta S_2 = n_2R\ln\frac{V_1 + V_2}{V_2}$$

混合エントロピーはこれらの和として求められる。

$$\Delta S_{mix} = \Delta S_1 + \Delta S_2 = n_1 R\ln\frac{V_1+V_2}{V_1} + n_2 R\ln\frac{V_1+V_2}{V_2}$$

$$= -R[n_1\ln\frac{V_1}{V_1+V_2} + n_2\ln\frac{V_2}{V_1+V_2}]$$

ここで、$\frac{V_1}{V_1+V_2}$と$\frac{V_2}{V_1+V_2}$は、気体１と気体２の体積分率である。

アボガドロの法則より、$\frac{V_1}{V_1+V_2} = x_1$（気体１のモル分率）

$\frac{V_2}{V_1+V_2} = x_2$（気体２のモル分率）

［参考］アボガドロの法則：

同温，同圧において、同体積の気体は気体の種類によらず、同数の分子を含む。

故に、体積分率＝モル分率

従って、混合気体（$n_1 + n_2$）モル当たりの混合エントロピーは、

$$\Delta S_{mix} = -R(n_1\ln x_1 + n_2\ln x_2) \quad \cdots\cdots\cdots\cdots\cdots \text{公式①}$$

混合気体１モル当たりの混合エントロピーは、上式を（$n_1 + n_2$）で割ることによって求められる。

$$\Delta S_{mix} = -R[\frac{n_1}{n_1+n_2}\ln x_1 + \frac{n_2}{n_1+n_2}\ln x_2]$$

$$= -R(x_1\ln x_1 + x_2\ln x_2) \quad \cdots\cdots\cdots\cdots\cdots\cdots \text{公式②}$$

これらの混合エントロピーの公式は、理想気体のみならず、理想溶液にも適用される。従って、<u>これらの式は溶液化学において大切である。</u>

Ⅵ．エントロピー変化のまとめ

（1）相転移によるエントロピー変化（固体⇄液体⇄気体）

$$\Delta S = \frac{q}{T}$$

（2）体積・圧力変化によるエントロピー変化（$V_1 \rightarrow V_2$，$P_1 \rightarrow P_2$）

$$\Delta S = nR\ln\frac{V_2}{V_1} = nR\ln\frac{P_1}{P_2}$$

（3）混合エントロピー

混合気体（$n_1 + n_2$）モル当たり　$\Delta S_{mix} = -R(n_1\ln x_1 + n_2\ln x_2)$

混合気体1モル当たり　$\Delta S_{mix} = -R(x_1\ln x_1 + x_2\ln x_2)$

3章　自由エネルギー(G)

“エントロピー増大の原理”より、化学反応（あるいは自然変化、自発的変化）は、宇宙のエントロピーS（宇宙）が増大する方向に進むはずである。ここで、S（宇宙）$=$ S（系）$+$$S$（外界）である。従って、$S$（宇宙）によって、化学反応の方向を示す為には、$S$（系）と$S$（外界）の両方を求める必要があるので、非常に不便である。そこで、もっと簡単に、化学反応の方向を示す目的で、S（系）だけを含む“自由エネルギー”が導入された。

自由エネルギーには、定圧・定温条件下での“ギブズの自由エネルギーG”と、定容・定温条件下での“ヘルムホルツの自由エネルギーA”の2種類がある。それぞれの定義式は、$G \equiv H-TS$, $A \equiv U-TS$である。

高校・大学の化学実験は、定圧・定温条件下で行われる場合が非常に多いので、Gの方がAより重要と考えられる。そこで、この本では、“ギブズの自由エネルギーG”のみを記述することにした。

Ⅰ．化学反応が起こる条件

化学反応はS（宇宙）が増大する方向に進む。換言すれば、化学反応が起こる条件は、“S（宇宙）の増大”である。

以下、化学反応（A＋B→C）が系の中で起こり、熱q（外界）が系から外界へ放出される場合を考える。（下図参照）

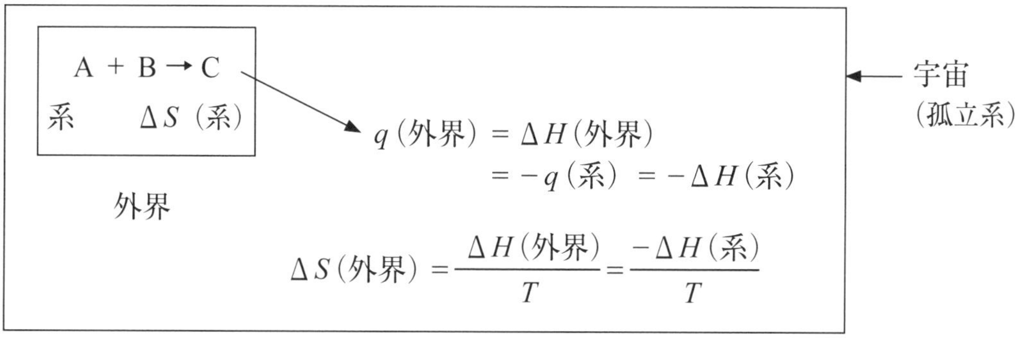

A＋B→C
系　　ΔS（系）

q（外界）$= \Delta H$（外界）
$= -q$（系）$= -\Delta H$（系）

外界

ΔS（外界）$= \dfrac{\Delta H(\text{外界})}{T} = \dfrac{-\Delta H(\text{系})}{T}$

← 宇宙
（孤立系）

T＝一定　　P＝一定

化学反応（A＋B→C）が起こる条件（以下、反応条件と記す）は、S（宇宙）の増大である。従って、次式が成立する。

$$\text{反応条件：}\Delta S(\text{宇宙}) = \Delta S(\text{系}) + \Delta S(\text{外界}) > 0$$

上図に示されているように、ΔS（外界）$= \dfrac{-\Delta H(\text{系})}{T}$ が成立する。
故に、

$$\text{反応条件：}\Delta S(\text{系}) - \frac{\Delta H(\text{系})}{T} > 0$$

この不等式は、全ての項に（系）が付いているので、普通の熱力学の式と同じである。故に、（系）の記述は不要となり、反応条件は次のように表される。

$$反応条件：\Delta S - \frac{\Delta H}{T} > 0$$

（注意）反応条件が“系”の熱力学関数だけで表されたことより、反応条件（あるいは化学反応の方向）を示すのが容易になった !!

両辺に $-T$（必ず負）を掛(か)けると、不等号が逆になる。

$$反応条件：\Delta H - T\Delta S < 0 \quad \cdots\cdots (1)$$

ここで、定圧・定温条件下で、$G \equiv H - TS$ と定義される“自由エネルギー G”を導入する。この定義式を微分すると、

$$\begin{aligned}\Delta G &= \Delta(H - TS) = \Delta H - \Delta(TS)\\ &= \Delta H - T\Delta S - S\Delta T \quad （定温より、\Delta T = 0）\\ &= \Delta H - T\Delta S\end{aligned}$$

$$\therefore \Delta G = \Delta H - T\Delta S \quad (p,\ T = 一定) \cdots\cdots (2)$$

式(2)を式(1)に代入すると、

$$反応条件：\Delta G < 0 （即ち、G の減少）$$

（ただし、$P, T = 一定$）

（注意）$\Delta G = G_2（反応後）- G_1（反応前）< 0$

$\therefore G_1（反応前）> G_2（反応後）$

故に、$\Delta G < 0$ は G の減少を意味する。

さらに、この結果は次のようにも言える。

<u>化学反応は、自由エネルギー G が減少する方向へ進む !!</u>

（ただし、P, T = 一定）

［**ΔG と化学反応の関係**］

$\Delta G < 0$（G の減少）のとき、化学反応（A + B → C）は起こる !!

さらに、

$\Delta G > 0$（G の増大）のときは、逆反応（C → A + B）が起こる !!

$\Delta G = 0$ のときは、平衡状態（A + B ⇄ C）になる !!

Ⅱ．エネルギー項とエントロピー項による考察

反応条件：$\Delta G = \Delta H - T\Delta S < 0$

$T\Delta S$ ……エントロピー項

ΔH ……エネルギー項（エンタルピー項）

ΔG は、エネルギー項（ΔH）とエントロピー項（$T\Delta S$）から成る !!

以下、これら２つの項によって、反応条件を考察してみる。

(1) 発熱反応（$\Delta H < 0$）がエネルギー的に有利である !!

反応条件：$\Delta G = \Delta H - T\Delta S < 0$ を満足させるのに、発熱反応（$\Delta H <$ 0）が有利である !!（次ページの図 参照）

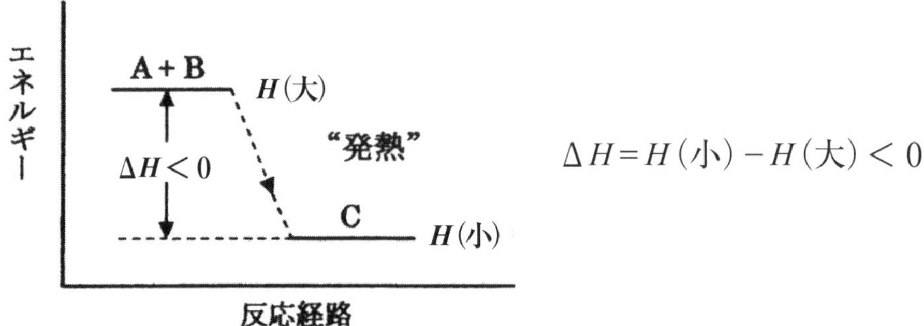

“燃焼”は典型的な発熱反応（$\Delta H < 0$）である。確かに、自然界で、発熱反応は非常に多い !!　この事実から、発熱反応がエネルギー的に有利であることは納得できる。

しかし、自然界で、吸熱反応（$\Delta H > 0$）も結構起こっている。例えば、次に述べる「NH_4Cl の水への溶解」がある。また、2種類の液体を混合したとき、容器が冷たくなったと感じることがよくある。この時の混合も吸熱反応である。さらに、普通に見られる“融解”、“蒸発”などの現象も吸熱反応である。

(2) 乱雑化（$\Delta S > 0$）がエントロピー的に有利である !!

T は必ず“正”の値を取るので、反応条件：$\Delta G = \Delta H - T\Delta S < 0$ を満足させるのに、乱雑化（$\Delta S > 0$）が有利である。確かに、自然界で、乱雑化は非常に多い !!

しかし、自然界で、秩序化（$\Delta S < 0$）も結構起こっている。例えば、普通に見られる“液化”,“凝固”,“結晶化”などは、明らかに秩序化である。

（注意）上記のΔSは系のエントロピー変化、即ちΔS(系)であることに注意しなければならない。自然界で、秩序化［ΔS(系)< 0］が起こっても、宇宙のエントロピーの増大［ΔS(宇宙)> 0］を主張する“エントロピー増大の原理”に違反することは無い。

(3) 反応条件：エネルギー項（ΔH）＜エントロピー項（$T\Delta S$）

結局、化学反応が起こるか、起こらないかは、エネルギー項（ΔH）とエントロピー項（$T\Delta S$）の釣り合いで決まる。

エネルギー項（ΔH）＜エントロピー項（$T\Delta S$）のとき、化学反応は起こる !!

従って、次のことが言える。

エネルギー的に不利な“吸熱反応（$\Delta H > 0$）”も起こり得る !!

エントロピー的に不利な“秩序化（$\Delta S < 0$）”も起こり得る !!

［吸熱反応（$\Delta H>0$）の例］　NH_4Clの水への溶解

NH_4Cl + aq → NH_4Cl・aq　　298K, 1atm

$\Delta H = 34.7 kJmol^{-1} > 0$ …… 吸熱反応

$\Delta S = 167 JK^{-1}mol^{-1}$　　…… $\Delta S \gg 0$

$\Delta H > 0$ より、エネルギー的に、不利 !!

$\Delta S \gg 0$ より、エントロピー的に、非常に有利 !!

［参考］$\Delta S = 167 JK^{-1}mol^{-1}$ の値は、液体の蒸発エントロピーより大きい !!

（p.61 の表 2-2 参照）

実際に、ΔG を計算してみると、

$$\Delta G = \Delta H - T\Delta S$$
$$= 34.7 kJmol^{-1} - (298K)(0.167 kJK^{-1}mol^{-1})$$
$$= -15.1 kJmol^{-1} < 0$$

故に、溶解可能 !!

⇒ 吸熱反応（$\Delta H > 0$）にも関わらず、乱雑化が非常に大きい（$\Delta S \gg 0$）ために、反応条件：$\Delta H < T\Delta S$ が満足された !!

［参考］$\Delta S \gg 0$ の原因は次のように考えられている。

溶解後に生ずる NH_4^+ の体積は、非常に大きい !!　その為、S の小さな規則性が高い水和水が少なくなり、S の大きな規則性が低い非水和水が多くなるから、全体のエントロピー変化 ΔS は非常に大きくなる。

（6 章，Ⅴ，（2）“構造水”参照）

Ⅲ．化学反応から得られる最大有効仕事

私たちは、化学反応から生じる化学エネルギーをいろいろな形態のエネルギーに変換し、最終的に有効仕事（$w_{有効}$）として利用している。例えば、私たちは電池によって化学エネルギーを電気エネルギーに変え、さらに、

それをモーター回転などの有効仕事（$w_{有効}$）に変えて利用している。この節では、化学反応から得られる最大有効仕事（$w_{有効,\ 最大}$）を求める。

最初に、次の３つを前提として考え、これらは正しいとする。

［前提］

①熱 q は、外界のあちこちへ散らばって消失する（即ち、散逸（さんいつ）する）から、利用できないエネルギーである。

②系の膨張による仕事 $w_{膨張}$（$-P\Delta V$）は、単に、系の周りの空気を押しやるだけなので、利用できないエネルギーである。

③仕事 w は、利用できない膨張仕事 $w_{膨張}$（$-P\Delta V$）と利用できる（モーター回転などの）有効仕事 $w_{有効}$から成る。

$$w = w_{膨張}(-P\Delta V) + w_{有効} = -P\Delta V + w_{有効}$$

化学反応が定圧・定温条件下で進むとき、自由エネルギー変化（ΔG）は、前出の式(2)で与えられる。

$$\Delta G = \Delta H - T\Delta S \qquad (P, T = 一定) \quad \cdots\cdots(2)$$

ここで、エンタルピー $H(\equiv U+PV)$ の変化 ΔH は、次式で与えられる。

$$\Delta H = \Delta(U+PV) = \Delta U + \Delta(PV)$$
$$= \Delta U + P\Delta V + V\Delta P \qquad (定圧より、\Delta P = 0)$$
$$= \Delta U + P\Delta V \quad \cdots\cdots(3)$$

式(3)を式(2)に代入すると、

$$\Delta G = \Delta U + P\Delta V - T\Delta S \quad \cdots\cdots(4)$$

熱力学第一法則より、$\Delta U = q + w$ ……(5)

以下、化学反応が“可逆変化”で進む場合を考える。

［参考］可逆変化：無限の時間をかけて、平衡状態を保ちながら進む変化

可逆変化は“電池反応”では可能である。しかし、燃焼，フラスコ内の化学反応のような“普通の化学反応”では不可能である !!

可逆変化では、系が外界になす仕事 w は最大になる !!

（1 章，Ⅸ．可逆変化と不可逆変化　参照）

故に、式(5)は次式で表される。

$$\Delta U = q + w_{最大} \quad （可逆変化） \cdots\cdots (6)$$

ここで、$w_{最大}$：最大仕事

式(6)を式(4)に代入すると、

$$\Delta G = q + w_{最大} + P\Delta V - T\Delta S \cdots\cdots (7)$$

$\Delta S \equiv q/T$ より、$q = T\Delta S$ ……(8)

式(8)を式(7)に代入すると

$$\Delta G = T\Delta S + w_{最大} + P\Delta V - T\Delta S$$

$$= w_{最大} + P\Delta V \cdots\cdots (9)$$

前述の［前提］③より、$w_{最大} = -P\Delta V + w_{有効，最大}$ ……(10)

式(10)を式(9)に代入すると、

$$\Delta G = -P\Delta V + w_{有効，最大} + P\Delta V$$

$$= w_{有効，最大} \cdots\cdots (11)$$

$$\therefore\ -w_{有効,\ 最大} = -\Delta G$$ （定圧・定温，可逆変化）

⇒ 化学反応から得られる最大有効仕事（$-w_{有効,\ 最大}$）は、自由エネルギーの減少量（$-\Delta G$）に等しい !!（ただし、定圧・定温，可逆変化）

［最大有効仕事の計算例］

可逆電池反応から得られる最大有効仕事（$-w_{有効,\ 最大}$）は、電池反応の自由エネルギー減少量（$-\Delta G$）に等しい。

$$-\Delta G = zFE$$

ここで、

z：電池反応で移動する電子数

F：ファラデー定数（96,500Cmol^{-1}）（C: クーロン）

E：電池の起電力（V）

例えば、次の電池の最大有効仕事を計算してみる。

電池：Pt｜H_2(g)｜HCl(aq)｜AgCl(s)｜Ag

左側の電極（酸化反応）：$(1/2)H_2(g) = H^+ + e^-$

右側の電極（還元反応）：$AgCl(s) + e^- = Ag + Cl^-$

電池反応式：$AgCl(s) + (1/2)H_2(g) = Ag + H^+ + Cl^-$

この電池反応で、移動する電子数は1個である。

$\therefore z = 1$

この電池の起電力は0.22Vである。

$\therefore E = 0.22V$　（p.306の表11-1　参照）

従って、この電池反応の自由エネルギー減少量（$-\Delta G$）は、次式で求められる。

$$-\Delta G = zFE = 1\times 96{,}500Cmol^{-1}\times 0.22V$$
$$= 21{,}230CVmol^{-1}$$
$$= 21{,}230Jmol^{-1}$$
$$\fallingdotseq 21kJmol^{-1}$$

（注意）$CV = (sA)(JA^{-1}s^{-1}) = J$

（1章Ⅲ.（1）国際単位系［SI単位系］表1-2　参照）

⇒この電池から得られる最大有効仕事は、21$kJmol^{-1}$である。

（注意）現実の電池反応は、必ず“不可逆性”を含む!!

従って、自由エネルギー減少量（$-\Delta G$）の一部は、利用できない“熱”となり、得られる“有効仕事”は21$kJmol^{-1}$より小さくなる。

［参考］$-\Delta G = zFE$

この式によって、$\Delta G \rightleftarrows E$の換算が可能である。

実際に、一方から他方を計算で求めることは、よく行われている。

この事実から、ΔGとEは等価であると考えられる!!

（11章Ⅵ.起電力EとΔGの関係　参照）

Ⅳ．化学反応で生ずる全エネルギー（ΔH）は、どのようなエネルギーで構成されているか??

$\Delta G = \Delta H - T\Delta S$ を次式のように書き換えると、化学反応で生じる全エネルギー（ΔH）が、自由エネルギー変化（ΔG）部分と束縛エネルギー（$T\Delta S$）部分から構成されていることが分かる。

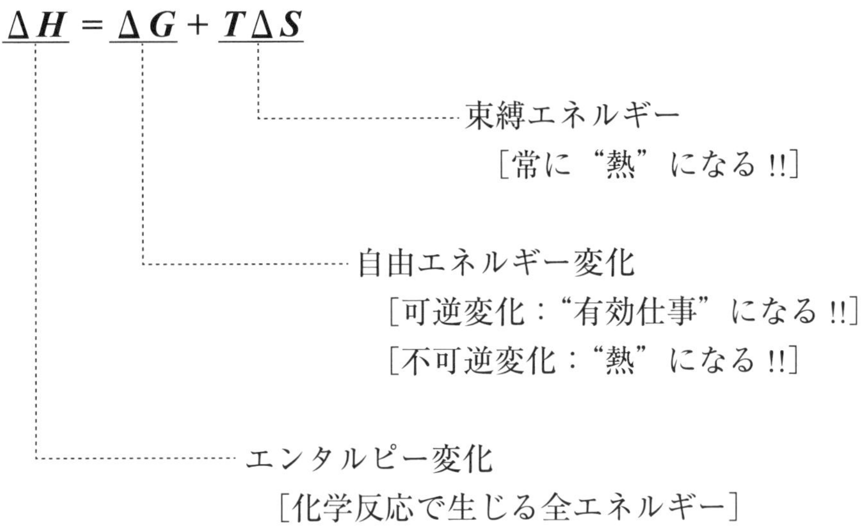

★ ΔG 部分は、化学反応が可逆変化で進む場合は“有効仕事”になり、不可逆変化で進む場合は利用できない“熱”になる。

★ $T\Delta S$ 部分は、常に熱になる。この熱は、系のエントロピー変化（ΔS）に由来する。
$T\Delta S$ は、私たちが自由に利用することが出来ないエネルギーである。その意味で、$T\Delta S$ は“束縛エネルギー”と命名された。

Ｖ．可逆変化と不可逆変化の比較

次の化学反応を“可逆変化”と“不可逆変化”で行わせた場合を比較する。

$$H_2(g) + (1/2)O_2(g) \rightarrow H_2O(\ell) \quad (\text{at } 298K,\ 1atm)$$

$$\Delta H(\text{系}) = -286kJ$$

$$\Delta G(\text{系}) = -237kJ$$

$$\Delta S(\text{系}) = -163JK^{-1}$$

可逆変化（可逆電池反応）：

水素を負極に、酸素を正極に用いた“燃料電池”で水を作る。

（11 章，Ⅷ．燃料電池　参照）

不可逆変化（普通の化学反応）：

水素と酸素を“燃焼”させて水を作る。

（注意）燃焼，フラスコ内の化学反応などの“普通の化学反応”は、有限の時間内で進むから、不可逆変化である。

H，G，S は状態量より、反応前と反応後の“状態”が（上記の化学反応式で示されているように）決まっていれば、この化学反応を可逆変化で行わせた場合でも、不可逆変化で行わせた場合でも、ΔH（系），ΔG（系），ΔS（系）の値は両者で一致するはずである。その為、次に示す２つの図において、$\Delta H(\text{系}) = -286kJ$，$\Delta G(\text{系}) = -237kJ$，$\Delta S(\text{系}) = -163JK^{-1}$

はそのまま採用されている。（下記の２つの図　参照）

しかし、化学反応で生じた全エネルギーΔH（系）のうち、ΔG（系）部分と$T\Delta S$（系）部分が外界へどのように配分されるかについては、可逆変化と不可逆変化で大きく異なって来る!!

以下、その様子を、２つの図によって説明する。
<u>これらの説明は、前節Ⅳを参照しながら読むと、分かり易い。</u>

(1) 可逆変化（可逆電池反応）の場合

$$\Delta H(\text{系}) = \Delta G(\text{系}) + T\Delta S(\text{系})\ (\text{at}\ 298K,\ 1\,\text{atm})$$

←宇宙（孤立系）

系
$\Delta H(\text{系}) = -286kJ$　$\Delta G(\text{系}) = -237kJ$　$\Delta S(\text{系}) = -163JK^{-1}$

外界

q(外界)	$w_{\text{有効, 最大}}$(外界)	ΔS(外界)
$= -q(\text{系}) = -T\Delta S(\text{系})$	$= -\Delta G(\text{系})$	$= q(\text{外界})/T$
$= -(298K)(-0.163kJK^{-1})$	$= 237kJ$	$= 49000J/298K$
$= 49kJ$		$\fallingdotseq 163JK^{-1}$

$$\Delta S(\text{宇宙}) = \Delta S(\text{系}) + \Delta S(\text{外界}) = -163JK^{-1} + 163JK^{-1} = 0$$

ΔG（系）部分は、$w_{\text{有効, 最大}}(\text{外界}) = -\Delta G(\text{系}) = 237kJ$の“最大有効仕事”として外界に与えられる。一方、$T\Delta S$（系）部分は、$q(\text{外界}) = -q(\text{系}) = -T\Delta S(\text{系}) = -(298K)(-0.163kJK^{-1}) = 49kJ$の“熱”として外界へ放出される。

この場合、$\Delta S(\text{宇宙}) = \Delta S(\text{系}) + \Delta S(\text{外界}) = -163JK^{-1} + 163JK^{-1} = 0$であり、宇宙のエントロピーは変化しない。

(2) 不可逆変化（普通の化学反応）の場合

$$\Delta H(系) = \Delta G(系) + T\Delta S(系)\ (\mathrm{at}\,298K,\ 1\,\mathrm{atm})$$

系 $\Delta H(系) = -286kJ$　$\Delta G(系) = -237kJ$　$\Delta S(系) = -163JK^{-1}$	←宇宙（孤立系）
外界　$q(外界) = q'(外界) + q''(外界)$　$w_{有効}(外界) = 0$　$\Delta S(外界)$ $= -[\Delta G(系) + T\Delta S(系)]$　$= q(外界)/T$ $= 237kJ + 49kJ$　$= 286000J/298K$ $= 286kJ$　$= 959JK^{-1}$	

$$\Delta S(宇宙) = \Delta S(系) + \Delta S(外界) = -163JK^{-1} + 959JK^{-1} = 796JK^{-1} > 0$$

ΔG(系)部分は、q'(外界) $= -\Delta G$(系) $=$ 237kJの“熱”として外界へ放出される。また$T\Delta S$(系)部分も、q''(外界) $= -T\Delta S$(系) $=$ 49kJの“熱”として外界へ放出される。結局、全体では、q(外界) $= q'$(外界)$+ q''$(外界)$=$286kJの“熱”が外界へ放出される。この場合は、有効仕事$w_{有効}$は得られない。

このような不可逆変化は、普通にみられる“発熱反応”である。私たちはq(外界)$=$286kJを反応熱$\Delta H = -286kJ$として測定している。

この場合、ΔS(宇宙)$= 796JK^{-1} > 0$であり、宇宙のエントロピーは増大している。故に、この結果は、“エントロピー増大の原理”と一致している。

結論

(1) 可逆変化（可逆電池反応）の場合：

化学反応で生じた全エネルギーΔHのうち、ΔG部分は“最大有効仕事”として外界に与えられ、$T\Delta S$（系）部分は利用できない“熱”として外界へ放出される。

（2）不可逆変化（普通の化学反応）の場合：

化学反応で生じた全エネルギーΔHのうち、ΔGの部分も$T\Delta S$の部分も、利用できない“熱”として外界へ放出される。この場合、“有効仕事”は得られない。

（3）現実の電池反応の場合：

現実の電池反応は、可逆変化と不可逆変化をある一定の割合で含んでいる。従って、ΔGの一部は“有効仕事”として外界へ与えられるが、残りの部分は利用できない“熱”として外界へ放出される。従って、工業的には、“熱”に対する“有効仕事”の割合を上げることを目標に、開発がなされることになる。

Ⅵ．自由エネルギーGと平衡定数Kの関係

$$\mathrm{aA} + \mathrm{bB} + \cdots\cdots\cdots \rightleftarrows \mathrm{mM} + \mathrm{nN} + \cdots\cdots\cdots$$

$$\text{平衡定数}\,K = \frac{\text{右辺}}{\text{左辺}} = \frac{[\mathrm{M}]^{\mathrm{m}}[\mathrm{N}]^{\mathrm{n}}\cdots\cdots\cdots}{[\mathrm{A}]^{\mathrm{a}}[\mathrm{B}]^{\mathrm{b}}\cdots\cdots\cdots}$$

この化学平衡について、次式が成立する。

$$\Delta G^\circ = -RT\ln K$$

ここで、

ΔG°：標準自由エネルギー変化（1atm, 298KにおけるΔG）

上式は「$\Delta G < 0$が化学反応の起こる条件である。」と一致している!!

（理由）

上式$\Delta G° = -RT\ln K$において、$\Delta G° < 0$であれば、$\ln K > 0$となり、自然対数の性質から$K > 1$となる。

従って、この場合は平衡において、

原系（左辺）＜生成系（右辺）

となり、この化学反応は起こることになる。

［参考］平衡定数Kの“下付文字”について

気体の場合	$\Delta G° = -RT\ln K_p$
	K_p：分圧で表した平衡定数
理想溶液の場合	$\Delta G° = -RT\ln K_x$
	K_x：モル分率で表した平衡定数
実在溶液の場合	$\Delta G° = -RT\ln K_a$
	K_a：活量で表した平衡定数

［例題3－1］

下記の化学反応を燃焼で行わせる場合と、可逆過程で行わせる場合を比較してみたい。燃焼で放出される“利用できない熱”と、可逆過程で得られる“利用できる最大仕事”を計算せよ。また、これら2つのエネルギーの差は、何と呼ばれるエネルギーか、答えよ。

$$C_2H_6(g) + 3.5O_2(g) \rightarrow 2CO_2(g) + 3H_2O(l) \quad (\text{at } 298K,\ 1\text{atm})$$

$$\Delta H = -1560kJ,\ \Delta S = -310JK^{-1}$$

［解答］

自由エネルギー変化：$\Delta G = \Delta H - T\Delta S$

$= (-1560kJ) - (298K)(-0.31kJK^{-1})$

$= (-1560kJ) - (-92.4kJ) = -1468kJ$

ここで、$T\Delta S$ は束縛エネルギーと呼ばれ、常に熱となるので利用できない。

$T\Delta S = (298K) \times (-0.31kJK^{-1}) = -92.4kJ$

(1) 燃焼（不可逆過程）の場合、化学反応で生ずる全エネルギー（ΔH）は、全て“利用できない熱 q”として周囲へ放出される。

故に、燃焼で放出される“利用できない熱 q”$= -\Delta H = 1560kJ$

(2) 可逆過程の場合、得られる“利用できる最大仕事”は、自由エネルギーの減少量（$-\Delta G$）に等しい。

故に、“利用できる最大仕事”$= -\Delta G = 1468kJ$

(3) これら２つのエネルギーの差 $= (-\Delta G) - (-\Delta H) = \Delta H - \Delta G$

$= \Delta H - (\Delta H - T\Delta S) = T\Delta S = -92.4kJ$

故に、これら２つのエネルギー差は、束縛エネルギー（$T\Delta S$）である。

［例題３－２］

次のアンモニア合成における標準自由エネルギー変化 $\Delta G°$ を求めよ。

$$\frac{1}{2}N_2(g) + \frac{3}{2}H_2(g) \rightarrow NH_3(g)$$

また、この反応が自発的に進行する可能性を持っているかどうか答えよ。

ただし、標準生成自由エネルギーΔG_f°が物性表に次のように与えられている。

物質	$N_2(g)$	$H_2(g)$	$NH_3(g)$
ΔG_f° /$kJmol^{-1}$	0	0	−16.3

［解答］

ΔG°とΔG_f°の間には、次の関係がある。

$$\Delta G^\circ = [\text{右辺の}\Delta G_f^\circ\text{の合計}] - [\text{左辺の}\Delta G_f^\circ\text{の合計}]$$

故に、

$$\Delta G^\circ = [\Delta G_f^\circ(NH_3)] - [\frac{1}{2}\Delta G_f^\circ(N_2) + \frac{3}{2}\Delta G_f^\circ(H_2)]$$

$$= [-16.3] - [\frac{1}{2}\times 0 + \frac{3}{2}\times 0] = -16.3 < 0 \quad \text{負}$$

$\Delta G^\circ < 0$より、この反応は自発的に進行する可能性を持つ。（熱力学的に可能 !!）

しかし、ここでの標準条件（1atm, 298K）のもとでは、反応速度が極めて遅く、実際的には反応しない。（速度論的に不可能 !!）

それ故、工業的には、100 ～ 1000atm, 400 ～ 650℃の過激な条件のもとで、反応測度を上げることによりアンモニア合成がなされている。

［参考］標準生成自由エネルギーΔG_f°：

標準状態（1atm, 298K）で最も安定に存在する単体を基準単体とする為に、その単体の自由エネルギーGを0とする。

化合物1molを標準状態の基準単体から生成するときの自由エネルギー変化ΔGを、その化合物の“標準生成自由エネルギーΔG_f°”と呼ぶ。

［例題3－3］

次の反応の標準自由エネルギー変化ΔG°と平衡定数K_pを求めよ。また、この反応が熱力学的に可能かどうか答えよ。

（1）$4HCl(g) + O_2(g) \rightleftarrows 2H_2O(g) + 2Cl_2(g)$

（2）$C(graphite) + H_2O(g) \rightleftarrows CO(g) + H_2(g)$

ただし、標準生成自由エネルギーΔG_f°が物性表に次のように与えられている。また、気体定数は$R = 8.31JK^{-1}mol^{-1}$を用いよ。

物質	HCl(g)	O_2(g)	H_2O(g)	Cl_2(g)	C (graphite)	CO(g)	H_2(g)
$\Delta G_f^\circ / kJmol^{-1}$	−95	0	−229	0	0	−137	0

［解答］

（1）
$$\Delta G^\circ = [2\times\Delta G_f^\circ(H_2O) + 2\times\Delta G_f^\circ(Cl_2)] - [4\times\Delta G_f^\circ(HCl) + 1\times\Delta G_f^\circ(O_2)]$$
$$= [2\times(-229) + 2\times 0] - [4\times(-95) + 1\times 0]$$
$$= -458 + 380 = -78kJ = -78000J < 0$$

$\Delta G^\circ < 0$より、この反応は熱力学的に可能である。

一方、ΔG°と平衡定数K_pの間には、次の関係がある。

$$\Delta G^\circ = -RT\ln K_p$$

$$\therefore \ln K_p = \frac{-\Delta G^\circ}{RT} = \frac{78000J}{8.31JK^{-1}\times 298K} = 31.5$$

$\therefore K_p = e^{31.5} = 4.79 \times 10^{13}$

故に、化学平衡に到達した時点で、右辺（生成系）が左辺（原系）より圧倒的に大きい !!

(2)　$\Delta G^\circ = [1 \times \Delta G_f^\circ(CO) + 1 \times \Delta G_f^\circ(H_2)] - [1 \times \Delta G_f^\circ(C) + 1 \times \Delta G_f^\circ(H_2O)]$

$= [1 \times (-137) + 1 \times 0] - [1 \times 0 + 1 \times (-229)]$

$= -137 + 229 = 92kJ = 92000J > 0$

$\Delta G^\circ > 0$ より、この反応は熱力学的に不可能である。

$$\Delta G^\circ = -RT\ln K_p$$

$$\therefore \ln K_p = \frac{-\Delta G^\circ}{RT} = \frac{-92000J}{8.31JK^{-1} \times 298K} = -37.2$$

$$\therefore K_p = e^{-37.2} = 6.99 \times 10^{-17}$$

故に、化学平衡において、右辺（生成系）が左辺（原系）より圧倒的に小さい !!

従って、この反応は熱力学的に不可能、即ち、絶対に起こらない。

4章　化学ポテンシャル(μ)

I．化学ポテンシャルμの定義

μの定義式：$\mu_i = \left(\dfrac{\partial G}{\partial n_i}\right)_{T,P,nj\,(j \neq i)}$

ここで、

μ_i：成分 i の化学ポテンシャル

G：自由エネルギー

n_i：成分 i のモル数

$n_{j\,(j \neq i)}$：成分 i 以外の成分 j のモル数

定義式が偏微分より、μは“傾き”である !!

上記の定義式から、μは次のように定義される。

「化学ポテンシャルμ_iは、T，P 一定のもとで、大量の成分jあるいは混合物に、成分 i 1mol を加えたときの自由エネルギー変化量である。」

（注意）ここで“大量”とは、成分 i 1mol を加えても濃度がほとんど変化しないほど大量であるという意味である。

このことは“微分”の性質から考えれば理解できる。

［参考］

“ポテンシャル”とは潜在能力，電位などの意味をもつ言葉である。

例えば、位置エネルギーはポテンシャルエネルギーとも呼ばれている。

⇒従って、化学ポテンシャル，位置エネルギー，電位差（電圧）などは、その“場”に物質が存在すると、その物質に仕事をさせることが出来る“潜在能力”を有している!!

“化学ポテンシャル”の名前の由来：

μ_iが高い相からμ_iが低い相へ、成分iを移動させようとする力が働くから、μ_iを（成分iの）“化学ポテンシャル”と命名した。

化学ポテンシャルは多成分系において重要である!!

例えば、相平衡，溶液，……等々において、化学ポテンシャルは重要な知見を与えてくれる。

Ⅱ．化学ポテンシャルと相平衡の関係

化学ポテンシャルμ_iは以下に示すように、相平衡の条件を与えてくれる。

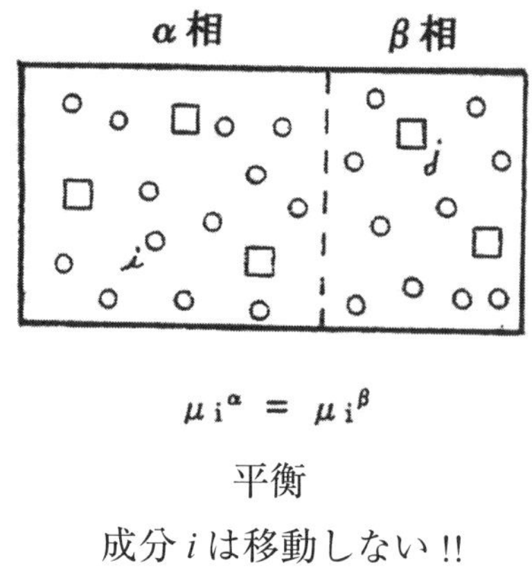

$\mu_i^\alpha = \mu_i^\beta$

平衡

成分iは移動しない!!

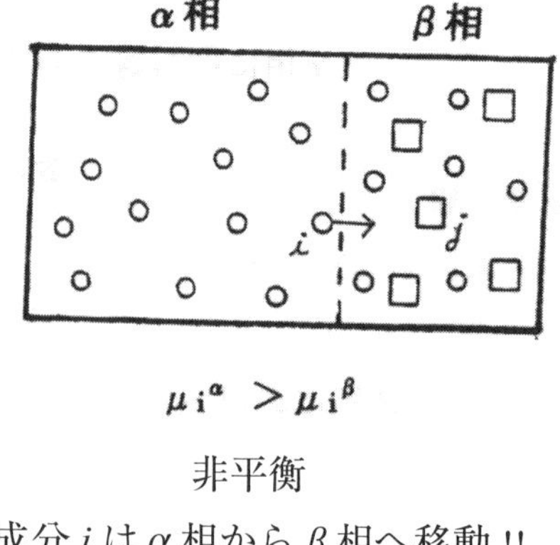

$\mu_i^\alpha > \mu_i^\beta$

非平衡

成分iはα相からβ相へ移動!!

Ⅲ．理想溶液における化学ポテンシャル

理想溶液の中の成分 i の化学ポテンシャルは、次の式によって表される。

$$\mu_i = \mu_i^\circ + RT\ln x_i$$

ここで、

μ_i：（溶液中の）成分 i の化学ポテンシャル

μ_i°：純成分 i の化学ポテンシャル

x_i：（溶液中の）成分 i のモル分率

この式は、“溶液の性質”を研究するときに重要である !!

例えば、この式を前節（Ⅱ）の右図（非平衡）に適用してみよう。
ただし、成分 i：溶媒，成分 j：溶質　とする。

α相における溶媒の化学ポテンシャルμ_i^αについて、

$$\mu_i^\alpha = \mu_i^\circ + RT\ln x_i^\alpha$$

α相には溶媒のみ存在することより、$x_i^\alpha = 1 \quad \therefore \ln x_i^\alpha = 0$

故に、$\mu_i^\alpha = \mu_i^\circ$………①

β相における溶媒の化学ポテンシャルμ_i^βについて、

$$\mu_i^\beta = \mu_i^\circ + RT\ln x_i^\beta$$

β相には溶媒と溶質が存在することより、$x_i^\beta < 1 \quad \therefore \ln x_i^\beta < 0$

故に、$\mu_i^\beta < \mu_i^\circ$………②

式①，②より、$\mu_i^{\alpha} > \mu_i^{\beta}$

従って、成分i（溶媒）はα相（純溶媒相）からβ相（溶液相）へ移動する。このような溶媒の移動が、よく知られている“浸透圧”の現象である!!

従って、浸透圧現象を化学ポテンシャルで説明しようとすると、上記のようになる。

Ⅳ．実在溶液における化学ポテンシャル

実在溶液の中の成分iの化学ポテンシャルμ_iは、次の式によって表される。

$$\mu_i = \mu_i^{\circ} + RT\ln a_i$$

ここで、a_i：成分iの活量

［参考］活量aについて

ラウールの法則（$P_i = x_i P_i^{\circ}$）から外（はず）れた実在溶液についても、理想溶液の場合（$\mu_i = \mu_i^{\circ} + RT\ln x_i$）と同様な式を成立させるために、モル分率$x$の代わりに活量$a$が導入された。

従って、活量aは一種の“濃度”であり、モル分率と次の関係がある。

$$\frac{a_i}{x_i} = \gamma_i \text{………活量係数}$$

活量係数γ_iが1から外れるほど、その溶液は理想溶液から外れる。

5章　熱力学関数の間の関係式

Ⅰ．全微分式

(1) U の全微分式

熱力学第一法則

$\mathrm{d}U = q + w$ ……… ①

ここで、U：内部エネルギー（系に含まれる物質の運動エネルギーと位置エネルギーの総和）

q：熱

w：仕事

［参考］q, w の符号は、系に入るときは正で、系から出るときは負である !!

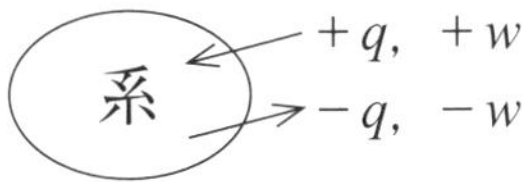

エントロピーの定義式

$$\Delta S = \frac{q}{T}$$

$\therefore q = T\mathrm{d}S$ ……… ②

体積変化による仕事

$w = -P\mathrm{d}V$ ………… ③

式②，③を式①に代入すると、

$dU = TdS - PdV$ ……… U の全微分式

次に示すように、この式から H, A, G の全微分式が導かれる。

（1章，XIII.（4）全微分式　参照）

（2）*H* の全微分式

$H = U + PV$ ……… H の定義式

［参考］エンタルピー変化 ΔH は、定圧変化のときに系から出入りする熱量 q_p に等しい。　$\Delta H = q_p$

PV：力学的仕事

両辺を微分すると、

$dH = dU + d(PV)$　　　　　$d(PV)$：積の微分

dU に "U の全微分式" を代入し、積の微分を実行すると、

$dH = (TdS - PdV) + (PdV + VdP) = TdS + VdP$

$\therefore\ dH = TdS + VdP$ ……… H の全微分式

（3）*A* の全微分式

$A = U - TS$ ……… A の定義式

A：ヘルムホルツの自由エネルギー（定容変化における自由エネルギー）

両辺を微分すると、

$$\mathrm{d}A = \mathrm{d}U - \mathrm{d}(TS)$$

dUに“Uの全微分式”を代入し、積の微分を実行すると、

$$\mathrm{d}A = (T\mathrm{d}S - P\mathrm{d}V) - (T\mathrm{d}S + S\mathrm{d}T) = -S\mathrm{d}T - P\mathrm{d}V$$

$\therefore\ \mathrm{d}A = -S\mathrm{d}T - P\mathrm{d}V$ ……… Aの全微分式

(4) *G*の全微分式

$G = H - TS$ ……… Gの定義式

G：ギブズの自由エネルギー（定圧変化における自由エネルギー）

両辺を微分すると、

$$\mathrm{d}G = \mathrm{d}H - \mathrm{d}(TS)$$

dHに“Hの全微分式”を代入し、積の微分を実行すると、

$$\mathrm{d}G = (T\mathrm{d}S + V\mathrm{d}P) - (T\mathrm{d}S + S\mathrm{d}T) = -S\mathrm{d}T + V\mathrm{d}P$$

$\therefore \mathrm{d}G = -S\mathrm{d}T + V\mathrm{d}P$ ……… Gの全微分式

Ⅱ．Maxwell(マクスウェル)の関係式

U, H, A, G の全微分式に“オイラーの交換関係式”を適用することによって、4つの Maxwell の関係式が得られる。

オイラーの交換関係式

数学者 L. Euler(オイラー) の理論によれば、全微分式 $\mathrm{d}f = M\mathrm{d}x_1 + N\mathrm{d}x_2$ について、

オイラーの交換関係式：$\left(\dfrac{\partial M}{\partial x_2}\right)_{x_1} = \left(\dfrac{\partial N}{\partial x_1}\right)_{x_2}$ が成立する。

（注意）M と N は、x_1 と x_2 の関数であり、$M(x_1,x_2)$，$N(x_1,x_2)$ と表される。

(1) $\mathrm{d}U = T\mathrm{d}S - P\mathrm{d}V$ ……… U の全微分式

この全微分式にオイラーの交換関係式を適用すると、

$\left(\dfrac{\partial T}{\partial V}\right)_S = -\left(\dfrac{\partial P}{\partial S}\right)_V$ ………Maxwell の関係式

(2) $\mathrm{d}H = T\mathrm{d}S + V\mathrm{d}P$ ……… H の全微分式

この全微分式にオイラーの交換関係式を適用すると、

$\left(\dfrac{\partial T}{\partial P}\right)_S = \left(\dfrac{\partial V}{\partial S}\right)_P$ ………Maxwell の関係式

(3) dA = − SdT − PdV ……… A の全微分式

この全微分式にオイラーの交換関係式を適用すると、

$$\left(\frac{\partial S}{\partial V}\right)_T = \left(\frac{\partial P}{\partial T}\right)_V$$ ………Maxwell の関係式

(4) dG = − SdT + VdP ……… G の全微分式

この全微分式にオイラーの交換関係式を適用すると、

$$\left(\frac{\partial S}{\partial P}\right)_T = -\left(\frac{\partial V}{\partial T}\right)_P$$ ………Maxwell の関係式

Maxwell の関係式の有用性：

Maxwell の関係式を用いることによって、測定困難な量（例えば、S）を P,V,T のような測定可能な量によって求めることが出来る。

そのような理由で、Maxwell の関係式は計算問題や証明問題などによく出てくる !!

表 5-1　Maxwell の関係式と、そのもとになる熱力学等式

定義式	全微分式		Maxwell の関係式
$U = q + w$	$dU = TdS - PdV$	⟶	$\left(\frac{\partial T}{\partial V}\right)_S = -\left(\frac{\partial P}{\partial S}\right)_V$
$H = U + PV$	$dH = TdS + VdP$	⟶	$\left(\frac{\partial T}{\partial P}\right)_S = \left(\frac{\partial V}{\partial S}\right)_P$
$A = U - TS$	$dA = -SdT - PdV$	⟶	$\left(\frac{\partial S}{\partial V}\right)_T = \left(\frac{\partial P}{\partial T}\right)_V$
$G = H - TS$	$dG = -SdT + VdP$	⟶	$\left(\frac{\partial S}{\partial P}\right)_T = -\left(\frac{\partial V}{\partial T}\right)_P$

Ⅲ．*G* の圧力依存性

$dG = -SdT + VdP$ ……… G の全微分式

温度一定（$dT=0$）で、圧力を変化させる場合を考えると、上式は次のようになる。

$dG = VdP$

ここで、$PV = RT$ より、$V = RT/P$

故に、$dG = RT\dfrac{dP}{P}$

数学の公式 $\dfrac{dx}{x} = d\ln x$ より、

$\dfrac{dP}{P} = d\ln P$　〔１章，XIII，(2)　参照〕

故に、$dG = RT\,d\ln P$ ………G の圧力依存性

Ⅳ．*G* の濃度依存性

$dG = RT d\ln P$ ………G の圧力依存性

この式を純物質（pure）の状態から混合物（mix）の状態まで積分すると、

$$\int_{pure}^{mix} dG = RT \int_{pure}^{mix} d\ln P$$

$$\therefore [G]_{pure}^{mix} = RT\,[\ln P]_{pure}^{mix}$$

$$\therefore G^{\mathrm{mix}} - G^{\mathrm{pure}} = RT(\ln P^{\mathrm{mix}} - \ln P^{\mathrm{pure}})$$

従って、成分 i について、次式が成立する。

$$G_{\mathrm{i}} - G_{\mathrm{i}}^{\circ} = RT(\ln P_{\mathrm{i}} - \ln P_{\mathrm{i}}^{\circ}) = RT\ln\frac{P_i}{P_i^{\circ}}$$

$$\therefore G_{\mathrm{i}} = G_{\mathrm{i}}^{\circ} + RT\ln\frac{P_i}{P_i^{\circ}}$$

ここで、G_{i}：（混合物中の）成分 i の自由エネルギー

G_{i}°：純成分 i の自由エネルギー

P_i：（混合物中の）成分 i の圧力

P_{i}°：純成分 i の圧力

理想溶液では、ラウールの法則［$P_{\mathrm{i}} = x_{\mathrm{i}}P_{\mathrm{i}}^{\circ}$：7 章，Ⅲ. ラウールの法則参照］が成立するので、

$$\frac{P_i}{P_i^{\circ}} = x_{\mathrm{i}}$$

ここで、x_{i}：成分 i のモル分率

従って、理想溶液では次式が成立する。

$$G_{\mathrm{i}} = G_{\mathrm{i}}^{\circ} + RT\ln x_{\mathrm{i}} \quad （理想溶液）$$

ここで、G_{i}：（溶液中の）成分 i の自由エネルギー

G_{i}°：純成分 i の自由エネルギー

x_{i}：成分 i のモル分率

化学ポテンシャル μ は G の部分モル量であり、次式が成立する。

$$\mu_i = \left(\frac{\partial G}{\partial n_i}\right)_{T,P,nj}$$ （7 章，Ⅵ，(3)　参照）

従って、μ は G と同様な性質をもっている為、次式が成立する。

$\mu_i = \mu_i^\circ + RT\ln x_i$　（理想溶液）

ここで、μ_i：（溶液中の）成分 i の化学ポテンシャル

μ_i°：純成分 i の化学ポテンシャル

x_i：成分 i のモル分率

実在溶液の場合：

実在溶液の場合は、ラウールの法則が成立しないので、

$$\frac{P_i}{P_i^\circ} \neq x_i$$

そこで、実在溶液でも理想溶液の場合と同様な式を成立させる為に、

$$\frac{P_i}{P_i^\circ} = a_i$$

と定義される活量 a_i を導入した。

従って、実在溶液については次式が成立する。

$G_i = G_i^\circ + RT\ln a_i$　（実在溶液）

$\mu_i = \mu_i^\circ + RT\ln a_i$　（実在溶液）

以上、述べた G，μ についての 4 つの式は、低分子溶液，高分子溶液などを研究する場合に重要である !!

6章　分子間力

分子間力（分子間相互作用と同義）は、有機化学，生物化学，高分子化学，溶液化学などの基礎化学と深く関係している。さらに、分子間力はこれから発展が期待されている、分子集合体化学，超分子化学，生命科学，高機能材料化学などの応用科学にも、益々深く関わって来ると考えられている。

従って、これからの化学の発展は、共有結合，イオン結合，金属結合などに比べて“弱い結合力”である分子間力をいかに人類に役立てるか、にかかっているとも言える。この章では、分子間力の基礎的事項を出来るだけ詳しく記述して行きたい。

分子間力は次のように分類できる。この章は、この順で分子間力を説明していく。

Ⅰ．静電的相互作用

　クローン力　　配向力　　誘起力　　分散力

Ⅱ．ファン デル ワールス 力

Ⅲ．水素結合

Ⅳ．疎水性（そすいせい）相互作用

Ⅴ．その他の分子間力

　CH/π相互作用　　π/πスタッキング　　配位結合力　　電荷移動相互作用（電荷移動力）

Ⅰ．静電的相互作用

(1) 静電的相互作用の起源

先ず最初に、静電的相互作用の起源となっている（ⅰ）イオン（ⅱ）電気陰性度と双極子（ⅲ）無極性分子　について説明しておく。

（ⅰ）イオン

イオンは無機イオンと有機イオンに分類される。

無機イオン（点電荷）

Li^{+}　Na^{+}　K^{+}　Mg^{2+}　Ca^{2+}　Al^{3+}　F^{-}　Cl^{-}　Br^{-}　I^{-}

有機イオン（多原子イオン）

$-NH_3^{+}$　　$-COO^{-}$

（ⅱ）電気陰性度と双極子

(a) 電気陰性度

電気陰性度：原子が電子を引きつける力の程度

電子は電気陰性度の“大きい”原子の方に引き寄せられる!!

故に、電気陰性度の“大きい”原子は、マイナスに荷電し易い

　　　電気陰性度の“小さい”原子は、プラスに荷電し易い

L. Pauling（ポーリング）が求めた“ポーリングの電気陰性度”が特に有名である。

表6-1　ポーリングの電気陰性度

H							
2.1							
Li	Be	B		C	N	O	F
1.0	1.5	2.0		2.5	3.0	3.5	4.0
Na	Mg	Al		Si	P	S	Cl
0.9	1.2	1.5		1.8	2.1	2.5	3.0
K	Ca	Sc	Ti-Ga	Ge	As	Se	Br
0.8	1.0	1.3	1.7 ± 0.2	1.8	2.0	2.4	2.8
Rb	Sr	Y	Zr-In	Sn	Sb	Te	I
0.8	1.0	1.2	1.9 ± 0.3	1.8	1.9	2.1	2.5
Cs	Ba	La-Lu	Hf-Tl	Pb	Bi	Po	At
0.7	0.9	1.1	1.9 ± 0.4	1.8	1.9	2.0	2.2

［参考］電気陰性度の求め方

L. Paulingは、A－B結合エネルギー［D_{AB}］, A－A結合エネルギー［D_{AA}］, B－B結合エネルギー［D_{BB}］を測定することによって、原子Aと原子Bの電気陰性度x_A, x_Bを求めた。

$$\Delta_{AB} = D_{AB} - \frac{D_{AA} + D_{BB}}{2}$$

彼は上式のΔ_{AB}が結合A－Bのイオン性［$A^{\delta+}B^{\delta-}$ or $A^{\delta-}B^{\delta+}$］を反映すると考え、式$x_A - x_B = \sqrt{\Delta_{AB}}$が成立すると仮定し、電気陰性度$x_A$, x_Bを求めた。そして、多くの組み合わせの“3種の結合エネルギーD_{AA}, D_{BB}, D_{AB}”を測定することによって、上表の「ポーリングの電気陰性度」の全ての値を求めた。

［参考］上記のΔ_{AB}と結合エネルギーDの関係式が、混合熱ΔH_{mix}と分子間力εの関係式：$\Delta H_{mix} = -N_{12}(\varepsilon_{12} - \frac{\varepsilon_{11} + \varepsilon_{22}}{2})$

とよく類似しているのは興味深い‼（7章, Ⅳ, (2)　参照）

(b) 双極子

双極子：分子内の電子の偏りによって正負の電荷中心が一致していない状態を、分子が“双極子”を持つという。

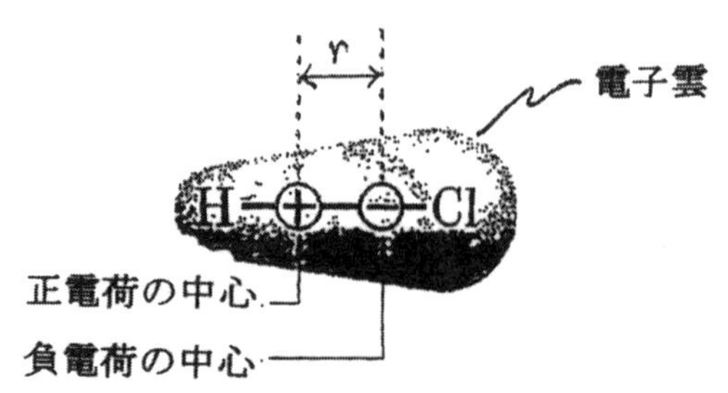

図 6-1　HCl 分子の極性

正負の電荷中心が一致していない!! ⇒ HCl 分子は双極子を持っている!!

正負の電荷中心が一致しない原因：

電子（負電荷）は電気陰性度の大きい原子へ引き寄せられるが、原子核（正電荷）は固定されているからである。

極性分子：双極子を持っている分子

無極性分子（非極性分子）：双極子を持っていない分子

双極子モーメント μ（ミュー）：“双極子の大きさ”を表す物理量

$+q$ の正電荷中心と $-q$ の負電荷中心が距離 r だけ離れているとき、双極子モーメント μ は次式で与えられる。

$$\mu = qr$$

ここで、　μ：双極子モーメント

q：電荷量

r：電荷中心間の距離

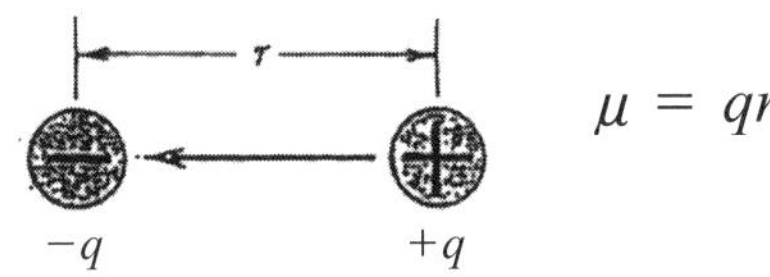

$$\mu = qr$$

双極子モーメント μ の単位：

普通の分子の μ の値は"10^{-18}esu・cm"位になるので、これをデバイ単位と呼び、記号D（デバイと読む）で表す。

1D（デバイ） = 1 × 10^{-18}esu・cm

そこで、"D"を双極子モーメントの単位とする。

（例）水の双極子モーメント μ = 1.85D

表6-2　代表的な液体の誘電率と双極子モーメント μ(D)(at 20℃)

物質	誘電率	双極子モーメント μ(D)	物質	誘電率	双極子モーメント μ(D)
ヘキサン	1.87	0	アンモニア	17.5	1.46
ヘプタン	1.92	0	アセトン	21.4	2.90
オクタン	1.96	0	エタノール	24.0	1.69
ベンゼン	2.28	0	メタノール	33.0	1.69
トルエン	2.39	0.37	水	80.0	1.85
エチルエーテル	4.23	1.16	ホルムアミド	107	3.71
クロロホルム	5.05	1.94	シアン化水素	116	3.99

双極子モーメントμは、分子内の各結合のμの“ベクトル和”となる !!
　⇒“分子形”が分子の極性に大きく影響する !!（下図参照）

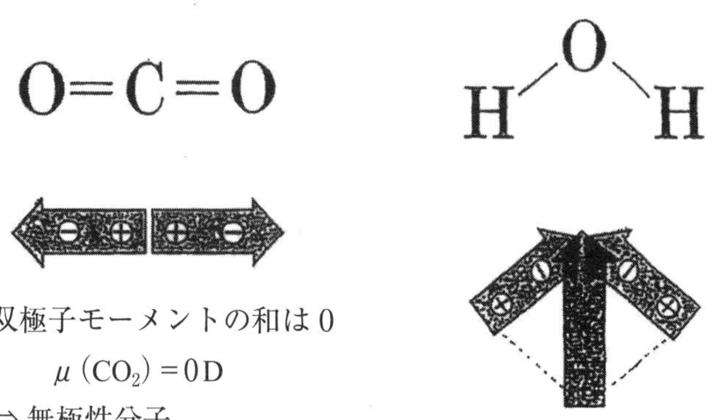

双極子モーメントの和は 1.85D
μ（H_2O）＝1.85 D
⇒ 極性分子

図 6-2　双極子モーメントは“ベクトル和”である

(iii) 無極性分子

ヘキサン，ベンゼン，四塩化炭素，二酸化炭素などの無極性分子でも、“誘起双極子”あるいは“瞬間的双極子”を発生することによって、誘起力や分散力などの静電的相互作用が可能になる。(誘起力と分散力はすぐ後で説明しています。)

(2) クーロン力

“イオン－イオン間力”

$$U \propto \frac{q_1 q_2}{r\varepsilon}$$ （∝は“比例”を表わす記号）

ここで、U：ポテンシャルエネルギー（クーロン力× r）

$$\text{クーロン力} = \frac{U}{r} \propto \frac{q_1 q_2}{r^2 \varepsilon}$$

q_1，q_2：イオンの荷電量

r：イオン間距離

ε：溶媒の誘電率

上式で、Uがイオン間距離rの１乗に反比例

→クーロン力は“遠距離力”である !!

（クーロン力は遠方にまで及ぶ !!）

２つのイオンが異符号のとき……引力

〃　　　同符号のとき……斥（せき）力（反発力）

(3) 配向力（はいこうりょく）

“イオンまたは双極子に、双極子が配向することによって生ずる力”

（i）イオン－双極子間力

(a) イオンの水和，(b) イオンの溶媒和　の場合がある。

$$U \propto \frac{\mu q}{r^2}$$

ここで、U：ポテンシャルエネルギー

（イオン－双極子間力× r）

μ：双極子モーメント

q：イオンの荷電量

r：分子間距離

(a) イオンの水和

水にイオンが溶けている場合、イオンの周りに水の双極子が下図のように配向し“イオンの水和”が起こっている。

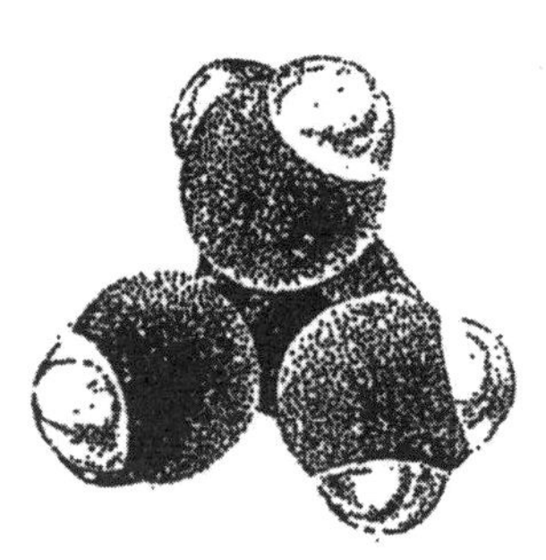

＋イオンの水和

（水分子のＯが配向）

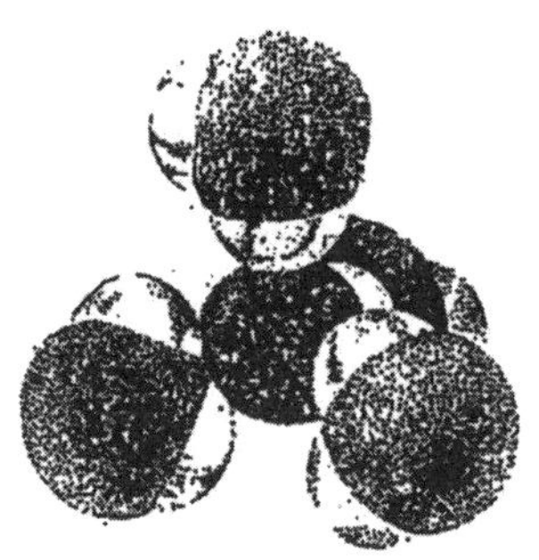

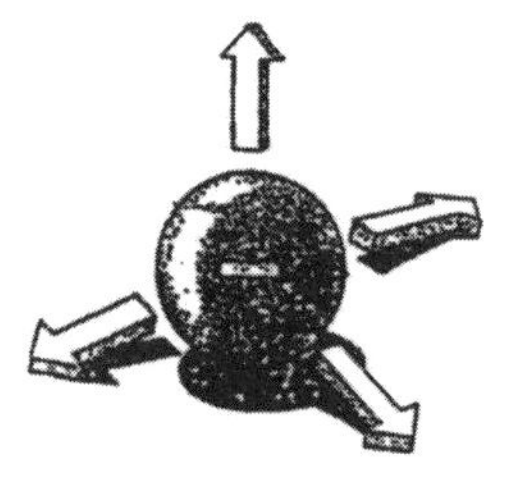

－イオンの水和

（水分子のＨが配向）

（例）Li^+の水和

水分子が正四面体的に配位している !!

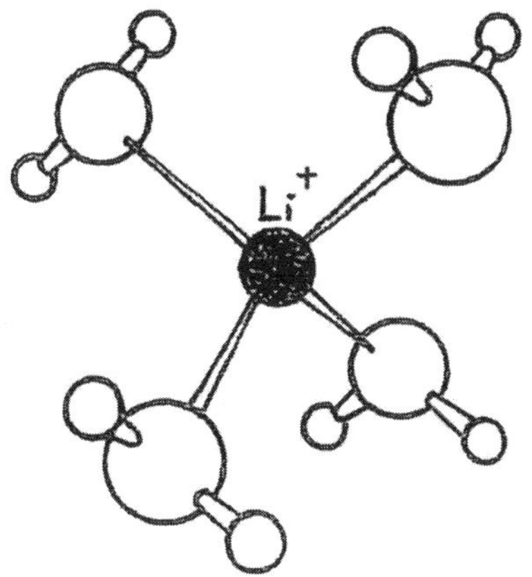

この正四面体構造は、X線回折と中性子回折によって確認された。（Narten, 1973年）

Na^+，K^+の水和も正四面体構造をとっている。

（例）Cl^-の水和

水分子が正八面体的に配位している !!

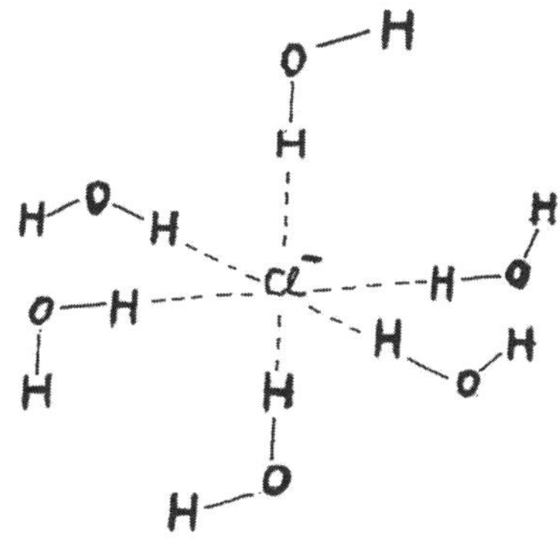

“正八面体構造”
（Narten, 1973年）

(b) イオンの溶媒和

メタノール，エタノール，アセトンなどの極性溶媒にイオンが溶けている場合、イオンの周りに極性溶媒の双極子が配向し“イオンの溶媒和”が起こっている。

（ii）双極子－双極子間力

$$U \propto \frac{\mu_1 \mu_2}{r^3 \varepsilon}$$

ここで、U：ポテンシャルエネルギー

（双極子－双極子間力×r）

μ_1, μ_2：双極子モーメント

r：分子間距離

ε：溶媒の誘電率

双極子－双極子間力は、極性分子と極性分子の間に働く!!

（例）メタノール……メタノール

メタノール……アセトン

メタノール……水

双極子－双極子間力は、双極子の配向する方向によって、引力にも斥力（反発力）にもなり得る。（下図参照）

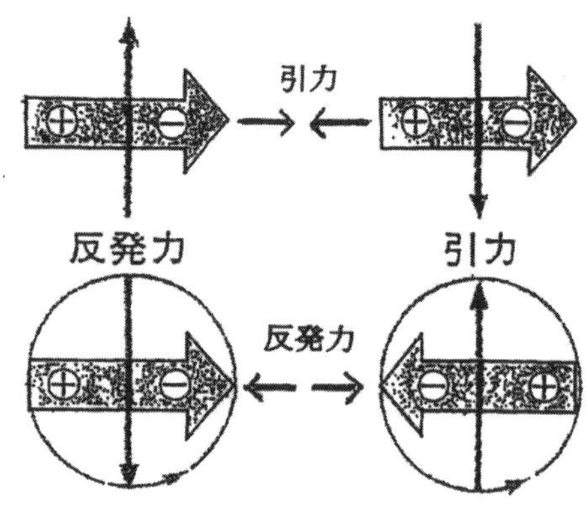

双極子間に働く力は、配向する方向によって、
引力または反発力となる！

(4) 誘起力（ゆうきりょく）

“イオンまたは双極子と、誘起双極子の間の力”

一般に、誘起力は弱い!!

(i) イオン－誘起双極子間力

$$U \propto \frac{q^2 \alpha}{r^4}$$

ここで、q：荷電量

α：分極率

r：分子間距離

(ii) 双極子－誘起双極子間力

$$U \propto \frac{\mu^2 \alpha}{r^6}$$

ここで、μ：双極子モーメント

α：分極率

r：分子間距離

[誘起双極子の発生メカニズム]

双極子を持たない無極性分子でも、周りのイオン（または双極子）によって電場をかけられると、双極子が誘起され“誘起双極子”を持つようになる。

この時、誘起双極子モーメントμは、次式で与えられる。

$$\mu = \alpha E$$

ここで、μ：誘起双極子モーメント　E：電場（V/cm）

α：分極率（1 V/cm の電場で生ずる誘起双極子モーメントの値）

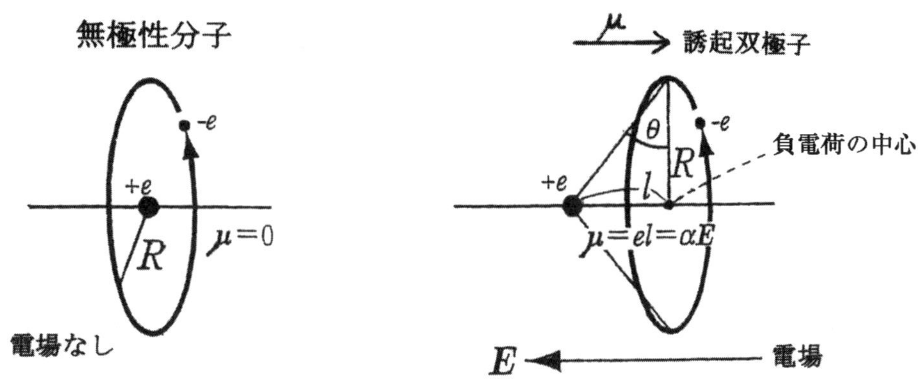

図 6-3　誘起双極子の発生メカニズム

（左図）無極性分子において、電子 -e が原子核の正電荷 +e の周りで半径 R の円運動をしている。

（右図）近くのイオン（あるいは双極子）によって、電子の運動面に垂直に電場 E がかけられると、運動面が電場 E と反対の方向へずれる。その結果、無極性分子に誘起双極子モーメント μ （$= e\ell = \alpha E$）が生ずる。　e：電子の電荷量　ℓ：正電荷と負電荷の中心距離

近くのイオン（あるいは双極子）は、双極子を誘起させた無極性分子と静電的相互作用を行うことになる。この相互作用が“誘起力”である。

(5) 分散力（ぶんさんりょく）

“瞬間的双極子－誘起双極子 間力”

$$U = -\frac{\alpha_1\alpha_2}{r^6}$$

ここで、U：ポテンシャルエネルギー

α_1，α_2：分極率

r：分子間距離

分散力は、無極性分子間に働く弱い（分子間）力ではあるが、一般に数が多いので重要である!!

分散力は、分子間距離 r の６乗に反比例するので近距離力である。その力は極く近傍にまでしか及ばない!!

一般に、分散力は後述するファン デル ワールス力と同一視される場合が多い。しかし、厳密に考えた場合、ファン デル ワールス力には、無極性分子間力以外に極性分子間力も含まれ、分散力と同一視することは出来ない。

（ｉ）分散力の発生メカニズム

電子は分子内を絶えず運動しているので、“瞬間的に”見れば、電子雲に偏（かたよ）りが生じている。そこで、瞬間的に見れば、無極性分子でも双極子を持ち、その双極子を“瞬間的双極子”と呼ぶ。（下図参照）

無極性分子の瞬間的双極子が近くの無極性分子に“誘起双極子”を誘

起する。これら二つの双極子が相互作用することになるが、その相互作用を“分散力”と呼ぶ。(下図参照)

［参考］下図に、ベンゼンの瞬間的双極子を示す。ベンゼンの原子核骨格は陽子の為プラスに荷電し、電子雲はマイナスに荷電している。

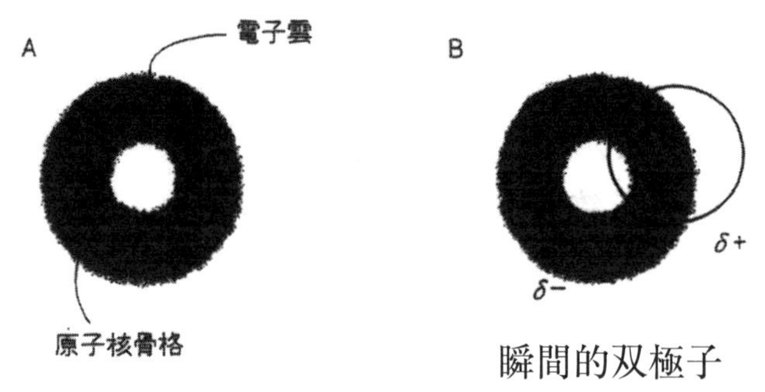

瞬間的双極子

［参考］分散力は下図で表される。

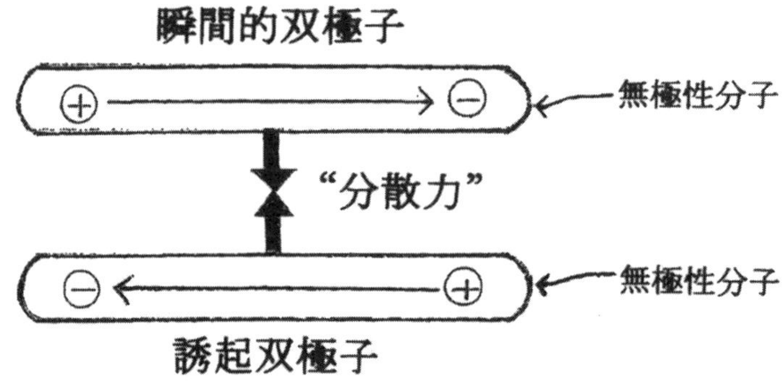

(ii) 分散力の特徴

(a) ポテンシャルエネルギー U が分子間距離 r の 6 乗に反比例することから、分散力は極く近い距離までしか及ばず、“近距離力”

と呼ばれている。

(b) Uの式に誘電率εが無いので、分散力には“溶媒依存性”が無い。
例えば、誘電率εが約80と非常に大きい水の中でも、分散力の強度は落ちない。このことは、水中で起こるミセル形成にとって有利である!!

(c) 分散力は常に引力である。

(d) 分散力には方向性が無い。

(iii) 分散力の例（所在）

(a) 普通に存在する分子間力の中で、分散力は大きな割合で含まれている。

(b) 特に、無極性分子同士の分子間力の中には、分散力は100%含まれている。

(c) ネオン（Ne），アルゴン（Ar），メタン（CH_4）などの小さな無極性分子でも、温度を充分に下げれば、液体や固体になり得る。このことから、これらの分子にも、分散力が働いていることが分かる。

(d) ポリエチレン，ポリプロピレンなどの無極性高分子鎖の結晶化は、高分子鎖が分散力によって会合して行く過程とも見なし得る。

（下図参照）

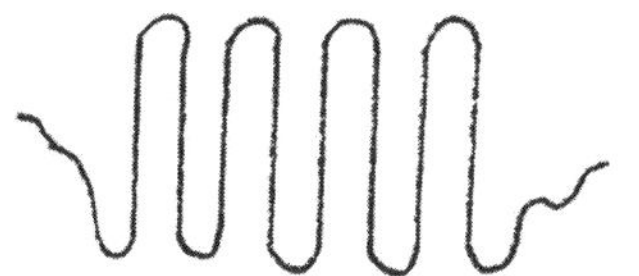

折りたたみ構造
（高分子結晶の基本単位）

Ⅱ．ファン デル ワールス力

“ファン デル ワールス状態方程式の中の$\frac{a}{V^2}$が、ファン デル ワールス力である。”

(1) ファン デル ワールス状態方程式

オランダの物理学者、ファン デル ワールス（van der Waals）は、理想気体の状態方程式$PV = nRT$を“分子間力”と“分子体積”に基づいて補正し、“実在気体の状態方程式”を導いた。(1873 年)

ファン デル ワールス状態方程式

実在気体nモル当たり

$$\left(P+\frac{n^2a}{V^2}\right)(V-nb) = nRT$$

実在気体 1 モル当たり

$$\left(P+\frac{a}{V^2}\right)(V-b) = RT$$

ここで、

a：分子間力に関するファン デル ワールス定数

b：分子体積に関するファン デル ワールス定数

（bは実在気体 1 モル当たりの排除体積である。）

$\frac{a}{V^2}$：ファン デル ワールス力

［参考］球形分子の排除体積 (b)

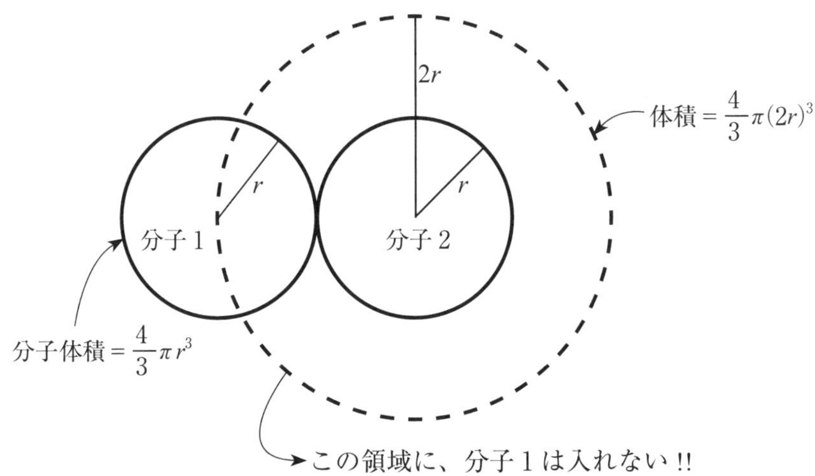

この領域に、分子 1 は入れない !!
故に、この領域の体積は、分子 1 と分子 2 の 2 分子が占める体積である。即ち、この体積は、2 分子が他の分子を排除している体積と見なすことが出来る。
　故に、1 分子当たりの排除体積は $(1/2)(4/3)\pi(2r)^3$ となる。

→　従って、

$$1\text{モル当たりの排除体積}\ (b)\ = \frac{1}{2} \times \left(\frac{4}{3}\pi(2r)^3\right) \times N_A$$

$$= 4 \times \left(\frac{4}{3}\pi r^3\right) \times N_A = 4 \times (\text{分子体積}) \times N_A$$

N_A：アボガドロ（定）数

→　従って、球形分子の排除体積は分子体積の“4 倍”となる !!
（アパートに友達が 1 人来ても、急に狭く感じるのは友達の排除体積が友達自身の体積より数倍大きいから である !!）

表 6-3　ファン デル ワールス定数　a, b

気 体	a / atm dm^{6}mol^{-2}	b / dm^{3}mol^{-1}	気 体	a / atm dm^{6}mol^{-2}	b / dm^{3}mol^{-1}
He	0.034	0.0237	CO	1.49	0.0399
H_2	0.244	0.0266	CO_2	3.59	0.0427
N_2	1.39	0.0391	H_2O	5.46	0.0305
O_2	1.36	0.0318	NH_3	4.17	0.0371

(2) ファン デル ワールス状態方程式の誘導

下の図は、体積 V の容器に1モルの実在気体が入っている様子を示している。

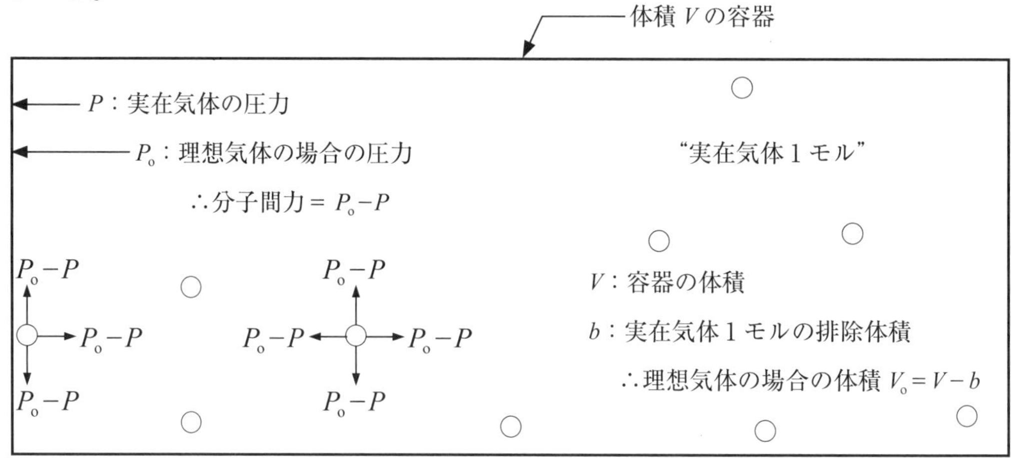

分子間力（上図において、P_o-P）は体積 V が小さくなるほど大きくなり、V^2 に反比例することが知られている。すなわち、次式が成立する。

$$\text{分子間力：} P_o - P = \frac{a}{V^2} \quad (a\text{：定数})$$

$$\therefore P_o = P + \frac{a}{V^2} \quad (P_o\text{：理想気体の場合の圧力})$$

また、上図から　$V_o=V-b$（V_o：理想気体の場合の体積）

P_o と V_o については、理想気体の状態方程式 $PV=nRT$ が成立するから、

$$P_oV_o = RT \quad (n=1)$$

$$\therefore \left(P + \frac{a}{V^2}\right)(V-b) = RT$$

この式は前述の実在気体1モル当たりのファン デル ワールス状態方程式である。　　　　　　（誘導おわり）

(3) ファン デル ワールス 力の内訳

分子	配向力	誘起力	分散力	合計	分散力の割合（%）
Ne/Ne	0	0	4	4	100
CH_4/CH_4	0	0	102	102	100
HI/HI	0.2	2	370	372	99
HBr/HBr	3	4	182	189	96
HCl/HCl	11	6	106	123	86
NH_3/NH_3	38	10	63	111	57
H_2O/H_2O	96	10	33	139	24

上表より、次のことが言える。

無極性分子間のファン デル ワールス 力＝分散力

極性分子間のファン デル ワールス 力＝分散力＋配向力＋誘起力

（注意）従来、ファン デル ワールス 力を“無極性分子間力”と考えてファン デル ワールス力＝分散力とする場合が多かった。しかし、厳密には上の表を見て分かるように、ファン デル ワールス 力には配向力や誘起力が含まれ、“極性分子間力”も含まれている。

(4) ファン デル ワールス 半径

分子性結晶（例えば、下図の臭素の結晶）の中の分子の充填密度を調べると、各分子の原子があたかも一定半径の球として充填されていることが分かる。この球の半径をファン デル ワールス 半径と言う。

この半径は、下図で分かるように、“化学結合していない”原子の半径である。

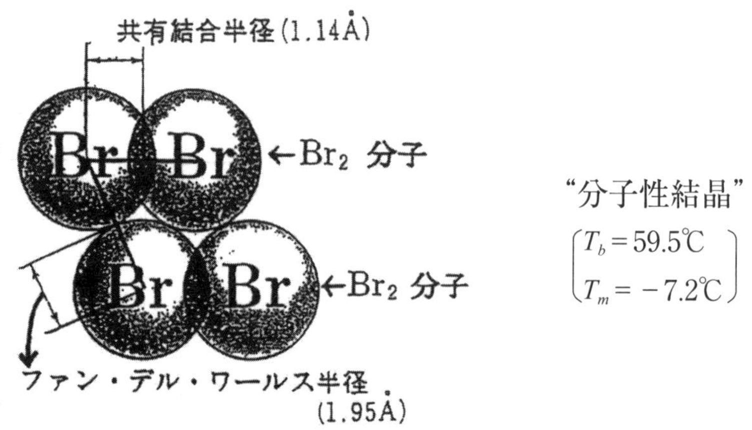

“分子性結晶”

$\left(\begin{array}{l} T_b = 59.5℃ \\ T_m = -7.2℃ \end{array}\right)$

Br_2 のファン デル ワールス半径　臭素の結晶中のファン デル ワールス半径は 1.95Åである。

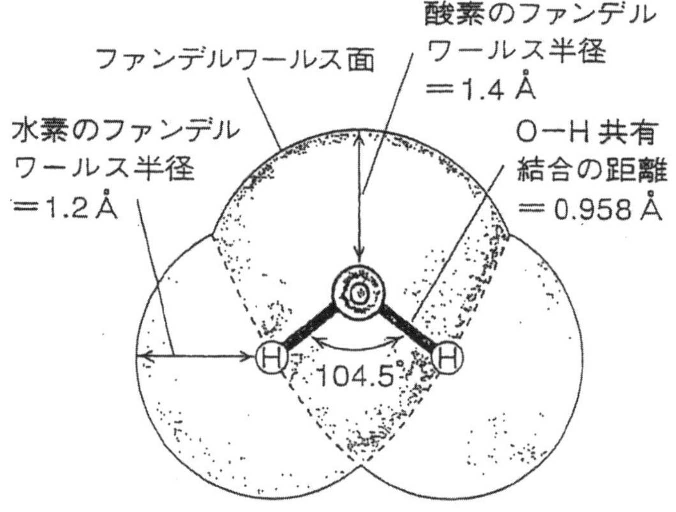

ファン デル ワールス体積（分子体積）:

上図で示されている Br_2 分子，H_2O 分子の体積のように、ファン デル ワールス半径に基づいて求められる体積

（注意）“ファン デル ワールス体積（分子体積）”は“排除体積”とは違う。それより相当に小さいことに注意する必要がある !!

表6-4　共有結合分子の中の原子のファン デル ワールス半径

（　）内は共有結合半径（単結合化合物）

H 1.2(0.30)	N 1.5(0.70)	O 1.40(0.66)	F 1.35(0.72)
	P 1.9(1.10)	S 1.85(1.04)	Cl 1.80(0.99)
	As 2.0(1.21)	Se 2.00(1.17)	Br 1.95(1.14)
	Sb 2.2(1.41)	Te 2.20(1.37)	I 2.15(1.33)

（単位：Å）

［参考］レナード・ジョーンズ ポテンシャル $U(r)$

レナード・ジョーンズは、分子間力が引力と反発力（斥力）を足し合わせたものであると考えて、次のようなレナード・ジョーンズ ポテンシャル $U(r)$を提案した（1931年）。この式も、ファン デル ワールス状態方程式と同様、現在でもよく用いられている。

$$U(r) = -\frac{a}{r^6} + \frac{b}{r^{12}}$$

ここで、

$-\dfrac{a}{r^6}$：引力の項

$\dfrac{b}{r^{12}}$：反発力（斥力）の項

$U(r)$：ポテンシャルエネルギー（分子間力の強さ）

a：引力に関する定数

b：反発力（斥力）に関する定数

r：分子間距離

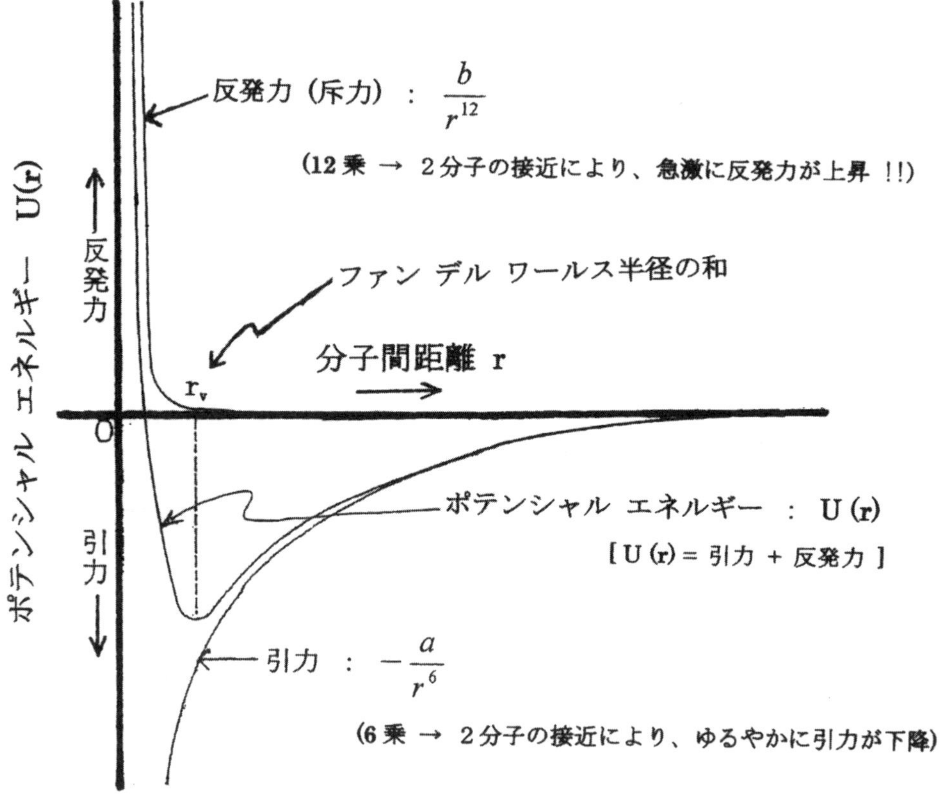

Ⅲ．水素結合

(1) 水素結合の定義とタイプ

Hより電気陰性度が大きいC,N,O,FなどをXあるいはYで表すと、水素結合は

X—H…Y

と定義される。

水素結合 X—H…Y の特徴

（ｉ）X と Y は部分的にマイナスに荷電し、H は部分的にプラスに荷電している。
従って、X と Y の 2 つのマイナスの間に、H のプラスが挟まれることによって、X,H,Y の 3 者が電気的にかなり強く結合していると見なすことが出来る。

（ⅱ）X と Y の電気陰性度が大きいほど、水素結合は強くなる。

（ⅲ）X—H…Y の結合角は、いろいろな値をとり得る。結合角が 180° のとき、水素結合は最強になる。それより小さな値になるにつれ、水素結合は次第に弱くなる。

X—H	Y
水（O-H） アルコール（O-H） アミン（N-H）	水（H-O-H） アルコール（R-O-H） エーテル（R-O-R’） ケトン（R-CO-R’） アミン（RNH_2，RR’NH，RR’R”N） アミド（RCO-NH_2）

X と Y が窒素（N）または酸素（O）である場合は、上表で示される水素結合が可能である。

表の見方：左の列（X—H）の H と、右の列（Y）の O または N が結合すると水素結合ができる !!

結局、水素結合は次の 4 つのタイプに分類される !!

O—H…O タイプ　　N—H…O タイプ

O—H…N タイプ　　N—H…N タイプ

(2) 水素結合の内訳

静電的相互作用

　　クーロン力……水素結合が水中で弱くなる原因となる !!

　　配向力……水素結合が方向性を持つ原因となる !!

　　誘起力

　　分散力

交換斥力（電子雲の重なりによる斥力）

電荷移動相互作用　（6章，Ⅳ，(4) 参照）

［参考］“水二量体“の水素結合の内訳

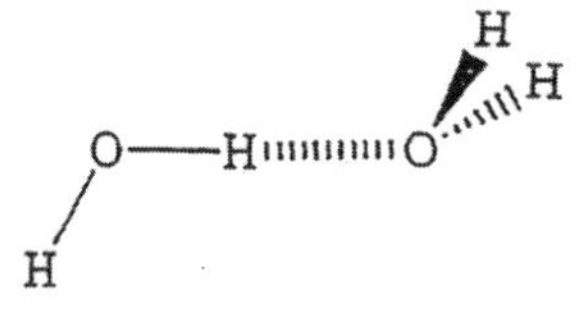

水2量体の水素結合

表6-5　水素結合エネルギーの内訳（水2量体についての計算結果）

内訳	E/kJmol^{-1}
静電的相互作用	−25.8
交換斥力	+21.3
電荷移動相互作用	−3.7
誘起力	−4.5
分散力	−9.2
合計	−21.9

以上の記述から分かるように、

“水素結合はいろいろな分子間力が複合したものである。”

(3) 水素結合を確認する方法

（ⅰ）融点，沸点

水素結合が存在すると、融点，沸点が（異常に）高くなる !!

（ⅱ）赤外線吸収スペクトル（IR）

水素結合が存在すると、X—H 伸縮振動のピークが長波長側へ 100 ～ 200cm^{-1} だけ移動する !!

（ⅲ）核磁気共鳴スペクトル（NMR）

水素結合が存在すると、化学シフトがずれる !!

（ⅳ）結合距離

水素結合が存在すると、X—H…Y における X/Y 間距離と H/Y 間距離が、ファン デル ワールス半径の和よりかなり短くなる !!（下表参照）

表 6-6　水素結合しているときの結合距離

X—H…Y	X/Y 間距離	H/Y 間距離
O—H…O	0.27nm（0.40nm）	0.17nm（0.26nm）
O—H…N	0.28nm（0.41nm）	0.18nm（0.27nm）
N—H…O	0.29nm（0.41nm）	0.18nm（0.26nm）
N—H…N	0.30nm（0.42nm）	0.19nm（0.27nm）

（　）：ファン デル ワールス半径の和

(4) 水素結合の特徴

（ⅰ）水素結合は、分子間力の中で最強である !!

結合エネルギー：10 ～ 30kJ mol^{-1}

（注意）エネルギーは力に比例するので、ここでは“水素結合の強さ”と考えて良い。

この結合エネルギーの値は、共有結合より1桁小さく、ファン デル ワールス力より2桁大きい。

（ⅱ）水素結合は、方向性を持つ !!

“配向力”を含むので、水素結合は方向性を持っている。

水素結合の方向性は、“氷”，“タンパク質”，“核酸”などの構造形成に重要な働きをしている。

（ⅲ）水素結合は、水中で弱くなる !!

水素結合は“クーロン力”を含むので、水中で弱くなる。

$$\text{クーロン力}：U \propto \frac{q_1 q_2}{r\varepsilon} \qquad \text{ここで、}\varepsilon\text{：溶媒の誘電率}$$

水の誘電率 ε は約80であり、他の溶媒に比べて非常に高い !! 従って、クーロン力は水中で弱く、それを含む水素結合は水中で弱くなる。

［実例］例えば、酢酸はベンゼン中では2分子会合の状態で存在する。しかし、水中では酢酸－酢酸分子間の水素結合が弱くなり、モノマー状態で存在する。

（注意）ここで、溶媒の水が、溶質の酢酸と優先的に水素結合しようとする傾向の有無も考慮しておく必要がある。

(5) 水素結合の強さ

表 6-7　水素結合の結合エネルギー（水素結合の強さ）

X—H···Y	結合エネルギー
メタノール……ジエチルエーテル $CH_3O-H\cdots\cdots O(C_2H_5)_2$	10.5kJ mol^{-1}
メタノール……トリエチルアミン $CH_3O-H\cdots\cdots N(C_2H_5)_3$	12.6kJ mol^{-1}
クロロホルム……アセトン $Cl_3C-H\cdots\cdots O=C(CH_3)_2$	10.5kJ mol^{-1}
水……水 $H-O(H)-H\cdots\cdots O(H)-H$	20.9kJ mol^{-1}
ギ酸……ギ酸 $H-C(=O)-O-H\cdots\cdots O=C(H)-O-H\cdots\cdots O=$ (環状二量体)	58.6 ÷ 2 = 29.3kJ mol^{-1}

Ⅳ．水素結合の例（所在）

（1）氷の中の水素結合

氷の中の水分子は、“正四面体構造”を取りながら、水素結合をしている。その結果、下図に示すように、氷構造は、酸素原子を頂点とする“六角形”から成り立っている。

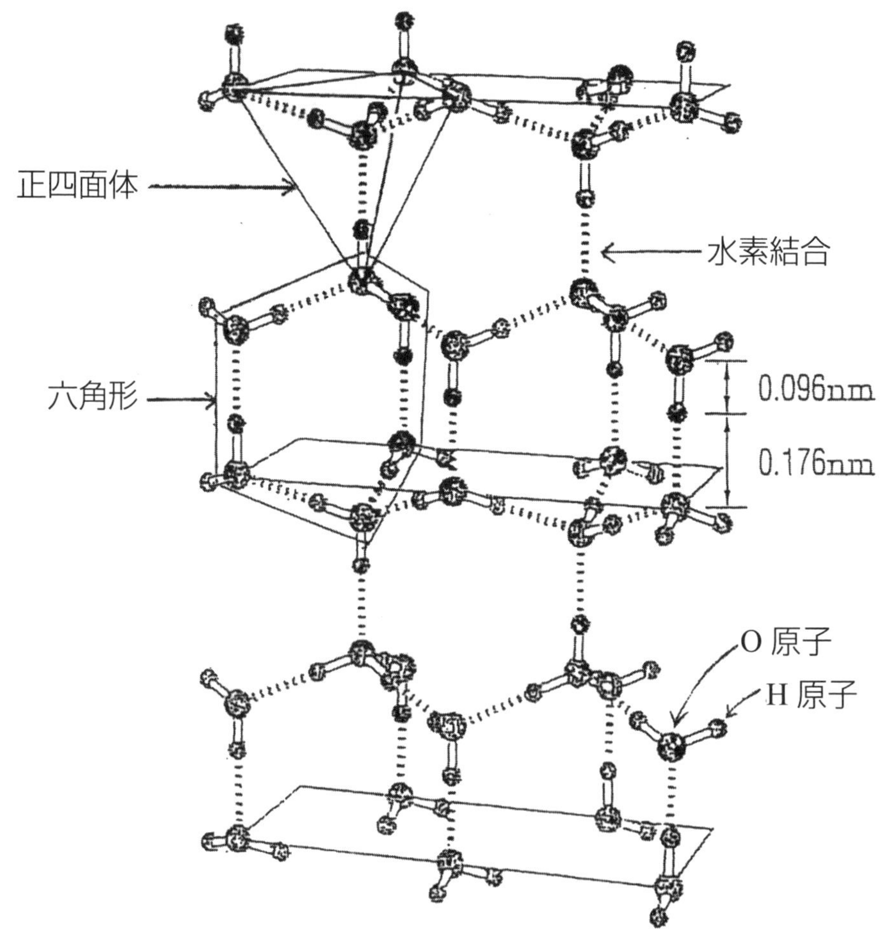

氷の構造

［参考］水分子のST2モデル

従来、水分子の電荷分布モデルについては、色々なモデルが提案されて来ている。現在、その中で、Stillinger と Rahman（1974年）によって提案された“水分子のST2モデル”が、水の性質を理解する上で最も役に立つと考えられている。特に、氷の水分子の正四面体構造を説明する為には、直接的に役に立つ。（下図参照）

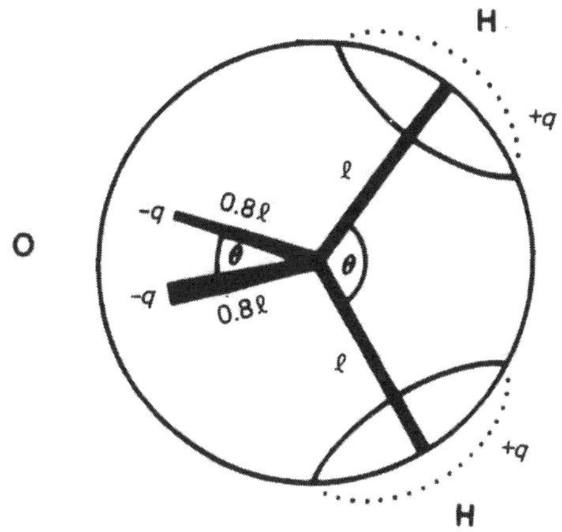

図6-4　水分子のST2モデル

ここで、$q = 0.24e$, $l = 0.1\text{nm}$, $\theta = 109°$

水分子は、2個の水素原子上にそれぞれ＋0.24e（eは電気素量で、$e = 1.602 \times 10^{-19}$クーロン）の電荷を持ち、酸素原子の2個の孤立電子対上にそれぞれ－0.24eの電荷を持っている。これらの4個の電荷は、下図で示されているように、酸素原子の中心から正四面体的に伸びた4本の腕の上に位置している。

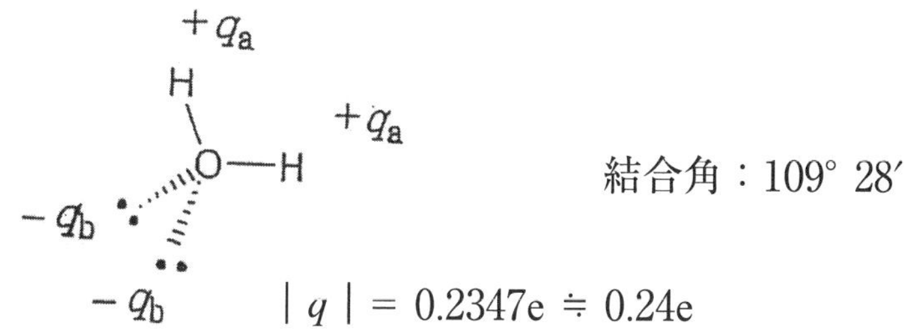

(2) 水の中の水素結合

水中で、水分子同士は、水素結合によって弱く結合している。下図に、その様子を示す。

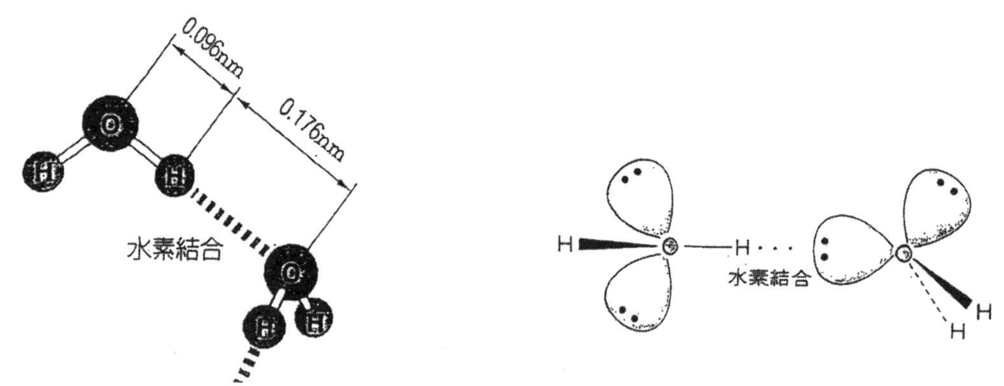

21 世紀の科学は、“水の化学” と言われている !!
これからの化学にとって、水は益々、重要な研究対象になると考えられている。

“水の構造” については、従来、膨大な研究がなされて来ています。そして、数多くの “水構造モデル” が、多くの溶液化学者によって提案されている。

そこで、以下に、現在考えられている “水の構造” を簡潔に紹介しておきます。

[現在、考えられている “水の構造”]

分子軌道法計算による “水構造” の研究から、現在、水の構造は次のように考えられている。

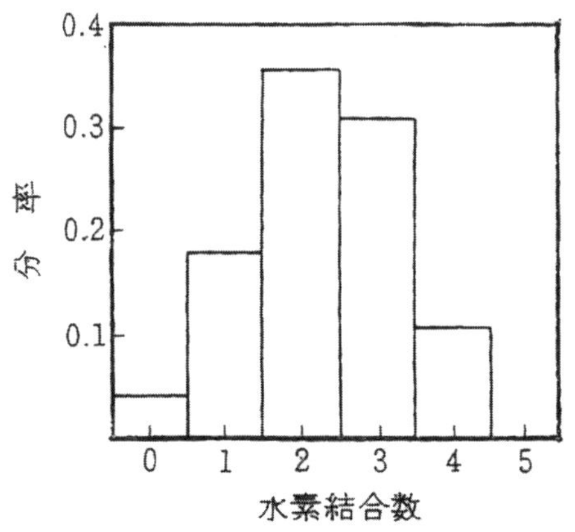

“1個の水分子あたりの
水素結合数の分布”

図6-5　液体水分子の水素結合数の分布（平均：2.3）

水中において、1個の水分子がもつ水素結合の数は、上図で示されるような分率を持っている。平均すると、1個の水分子は2.3個の水素結合を持っている。これは、氷の中の水分子がもつ4個の水素結合に比べるとかなり小さい。

水素結合によって、水中の水分子は、下図で示される4角形〜11角形（全体の12.4%）の水と、直鎖状（全体の87.6%）の水を形成している。

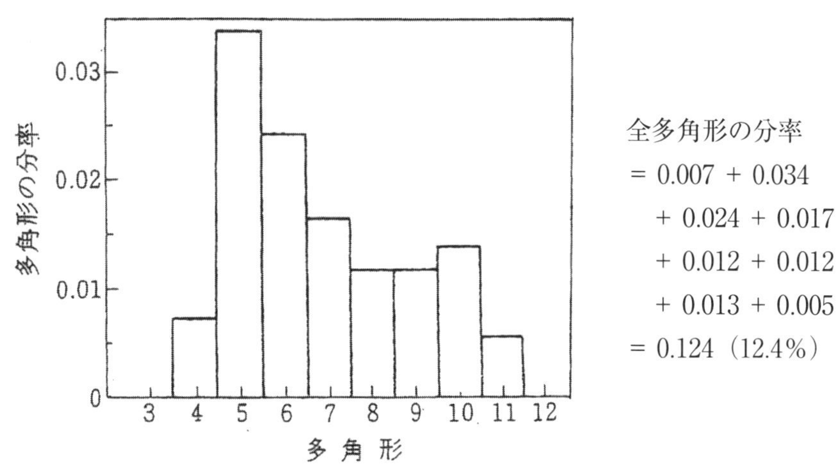

図6-6　多角形型に水素結合した水分子の分率

さらに、直鎖状の水は、“一本”の独立した直鎖と、“多角形から枝分かれ”して伸びた直鎖がある。

結局、現在、水の構造は、4 角形～ 11 角形、および、2 種類の直鎖が共存した構造が考えられている。

［参考］氷の構造は、水素結合でつながれた 6 角形の構成要素から成っていた。
（前述の“氷の構造”図 参照）
水が融解して水になると、上記のような“水の構造”に変化する。この時、氷構造の中の空所が減少し、密度が高くなる。

(3) ナイロン，タンパク質の中の水素結合

(a) ナイロンの場合

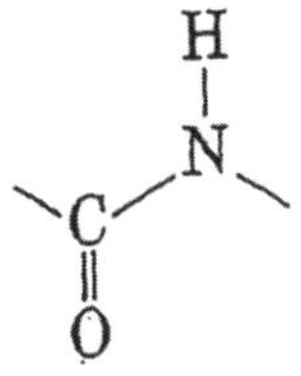

アミド結合

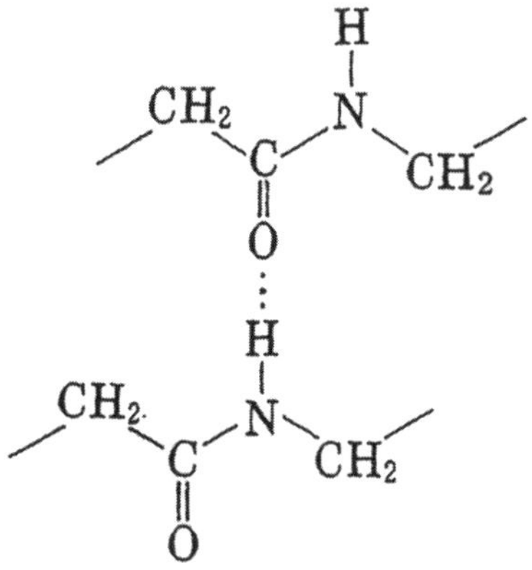

ナイロンの分子間水素結合

N—H…O タイプ
“ナイロンの結晶化の原因”

(b) タンパク質の場合

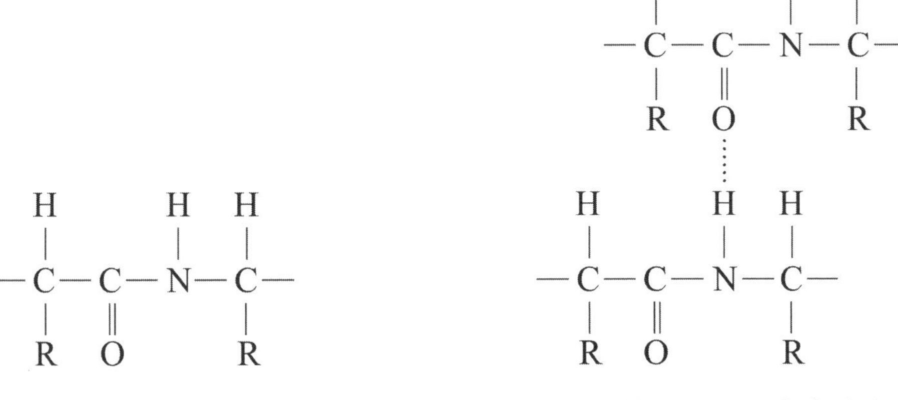

ペプチド結合　　　　タンパク質の分子間水素結合

N—H…O タイプ
“α－ヘリックスの原因”

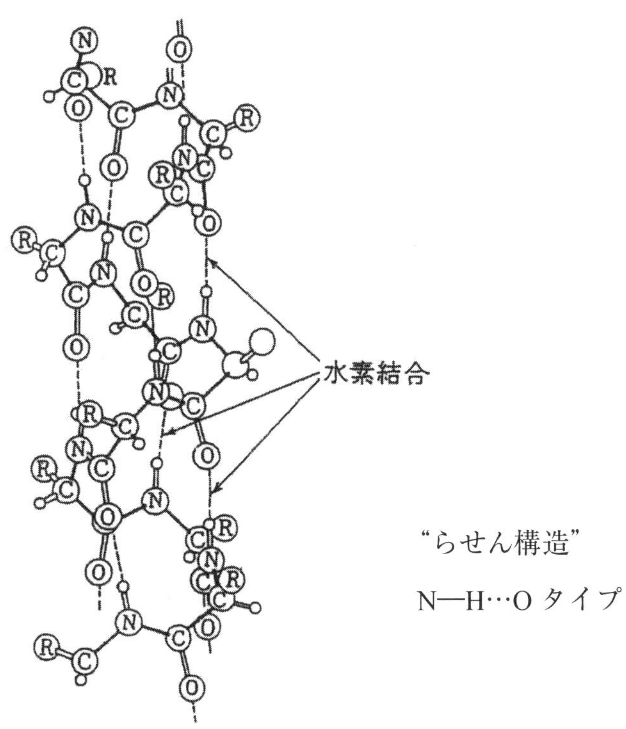

“らせん構造”

N—H…O タイプ

タンパク質のα－ヘリックス

(4) DNA の中の水素結合

下図において、A 鎖（DNA 鎖）と B 鎖（DNA 鎖）が、水素結合をしている様子を示している。

この図で分かるように、DNA 鎖で可能な水素結合は、

アデニン（A）－チミン（T）間

グアニン（G）－シトシン（C）間

の二組の水素結合だけである。

DNA 鎖の構造が、$[$—糖(—塩基)—リン酸—$]_n$ であることも分かる。

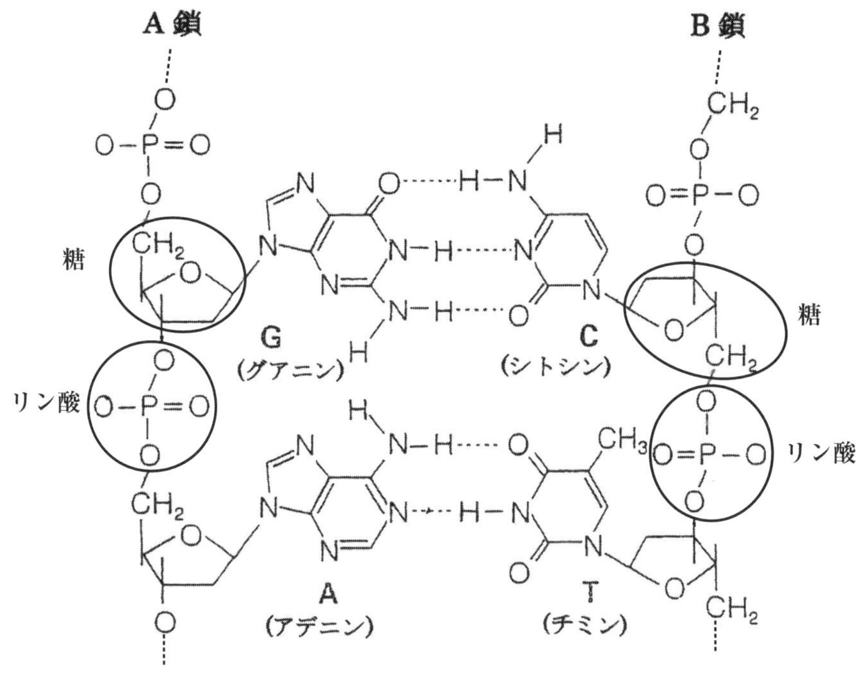

水素結合
（N—H…O タイプ
N—H…N タイプ）

[DNAの複製メカニズム]

DNAは、下図で示すように、二重らせん構造をとっている。

DNAは遺伝情報を伝えるために、自分自身を複製する。複製に際して、大切な働きをするのが“水素結合”である。

図の右半分は、今まさに複製している部分である!!
A鎖とB鎖の二重らせんが解けた部分に、塩基のA,T,G,Cが寄って来る。図に示されているように、A鎖のAにはTが、GにはCが、TにはAが、CにはGがそれぞれ選択的に水素結合する。

従って、図でも分かるように、元のA鎖から出来たB’鎖は、元のB鎖と同一である。同様に、元のB鎖から出来たA’鎖は、元のA鎖と同一である。
結局、A鎖とB鎖の二重らせんが全部解けた段階で、二組のA鎖とB鎖の二重らせんが出来上がり複製が完了する。

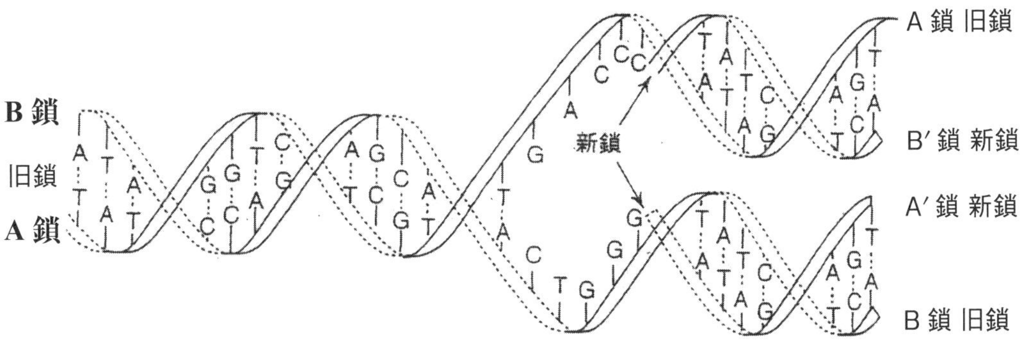

V．疎水性相互作用

水中で、無極性分子が会合しようとする力を“疎水性相互作用”と言う。疎水性相互作用は、“生化学”の領域で問題にされることが多い!!

(1) 疎水性相互作用の性質

① ファン デル ワールス力より強い。

例えば、メタン－メタン分子間のファン デル ワールス力は、$-2.5 \times 10^{-21} J$であるが、水中では、疎水性相互作用が加わり、メタン－メタン分子間力は$-14.0 \times 10^{-21} J$になる。約5.6倍になる!!

② 分子間力の中で、最も長距離性である。

少なくとも、10nmまで力が及ぶ。

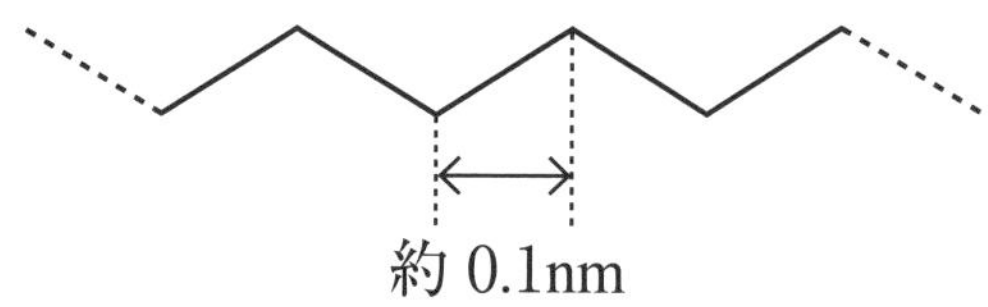

10nm ≒ C100個の長さ

10nmは、約100個の炭素から成る鎖状の脂肪族炭化水素の長さに匹敵する!!

③ 生体系で、重要な働きをしている。

水を60％以上含む生体系では、疎水性相互作用は大切な働きをしている。

例えば、タンパク質の高次構造，生体膜の構造，生体分子の自己集合，等々において大切な働きをしている。

(2) 疎水性相互作用の発生メカニズム

疎水性相互作用の発生メカニズムは、一口で言えば、“エントロピー効果”である。

水は、本来、無極性分子の表面に、エントロピーの小さい“構造水”を作る性質を持っている。しかし、「エントロピー増大の原理」から、構造水の生成は熱力学的に不利である。

そこで、構造水の生成を抑える為に、無極性分子は会合し、表面積を小さくしようとする。無極性分子が会合しようとする力が“疎水性相互作用”である。

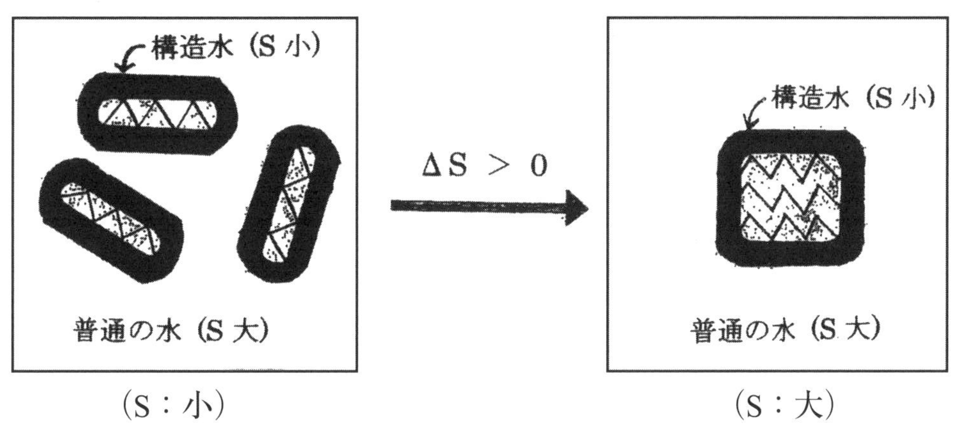

(S：小)　　　　　　(S：大)

左（非会合系）：構造水（S：小）が多く、普通の水（S：大）が少ない。
右（会合系）：構造水（S：小）が少なく、普通の水（S：大）が多い。

∴ 左（非会合系）のS ＜ 右（会合系）のS

故に、「エントロピー増大の原理」より、右（会合系）へ移行する !!

(3) 構造水とは、どんな水か??

(ⅰ)“水分子の正四面体構造”からの構造水

水分子が無極性分子と普通に接触すれば、水分子の正四面体構造の4本の腕のうち少なくとも一本を無極性分子に向けなければならず、その分水素結合が減るので不安定化する。

しかし、面白いことに、やり方次第では、水素結合を全く減らさないで、無極性分子に接触する方法がいくつも存在する。即ち、4本の腕を失わずに、水分子を無極性分子の周りに充填する方法が多数存在するのである。その中のいくつかの方法を下図に示す。結果的に、無極性分子の周りに水分子の“包接かご”が生成する。この“包接かご”を構造水と考えることができる。また、この“包接かご”を疎水性水和と呼ぶこともある。(下図参照)

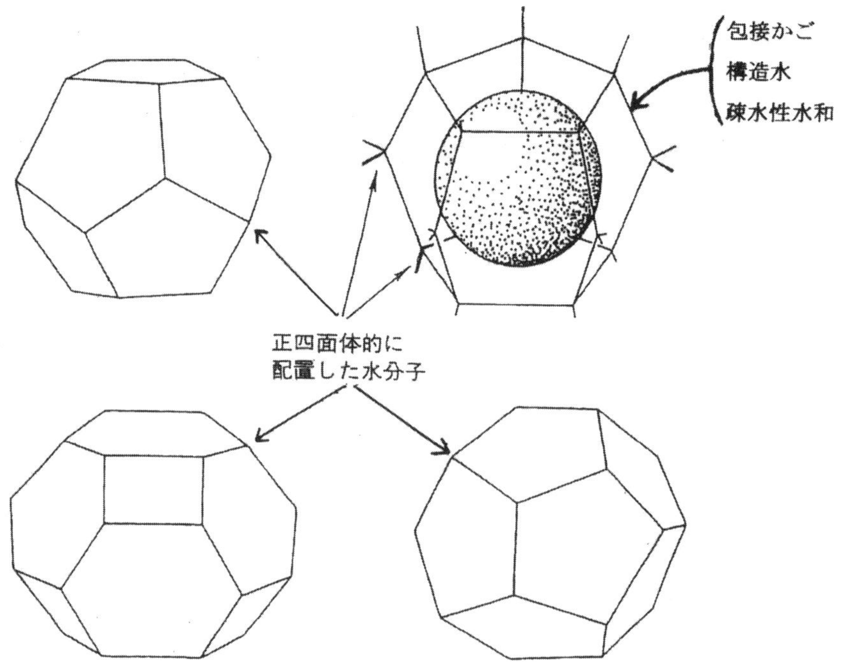

図 6-7　溶解した無極性溶質分子の周りを水分子が囲んだ包接“かご”。このような構造は固いものでなく不安定であり、その水素結合は純水中よりも弱い。しかし、かごをつくっている水分子の規則性は純水中より高い。

(ii) 計算機実験からの構造水

Stillinger らは、水中に疎水性粒子 (Ne) を入れた場合に、粒子に隣接する水と周囲のバルク水を計算機で調べた。下図がその結果である。

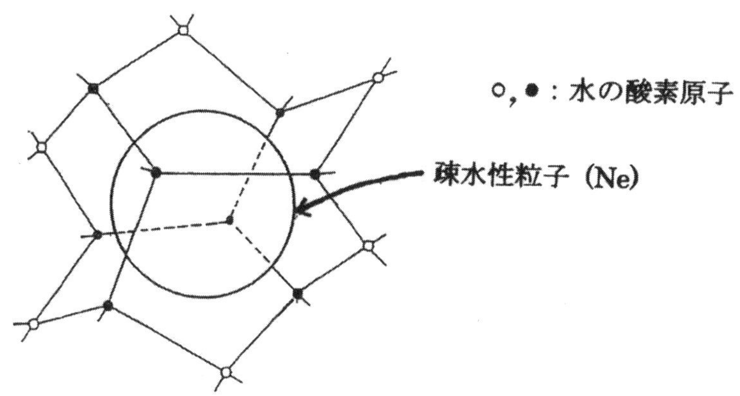

図 6-8　計算機で求められた疎水性粒子（Ne）の水和殻
（黒丸の酸素：最近接酸素）

上図から分かるように、水素結合した水分子で出来た"かご状の水和殻"が存在していた。さらに、これは構造性が高いことが立証された。

以上より、計算機実験からも、"構造水"の存在が実証された !!

(iii) クラスレート（包接）水和物からの構造水

多くの無極性分子が、水中でしかも特殊な条件の下で、Ⅰ型またはⅡ型のクラスレート（包接）水和物を形成することは古くからよく知られている。(表 6-8, 図 6-9 参照)

このような事実と、無極性分子の表面に水が"構造水"を形成しようとする事実（6章, Ⅴ, (2) 参照）とは何か関係が有りそうである !!

表6-8　クラスレート（包接）水和物を形成する分子

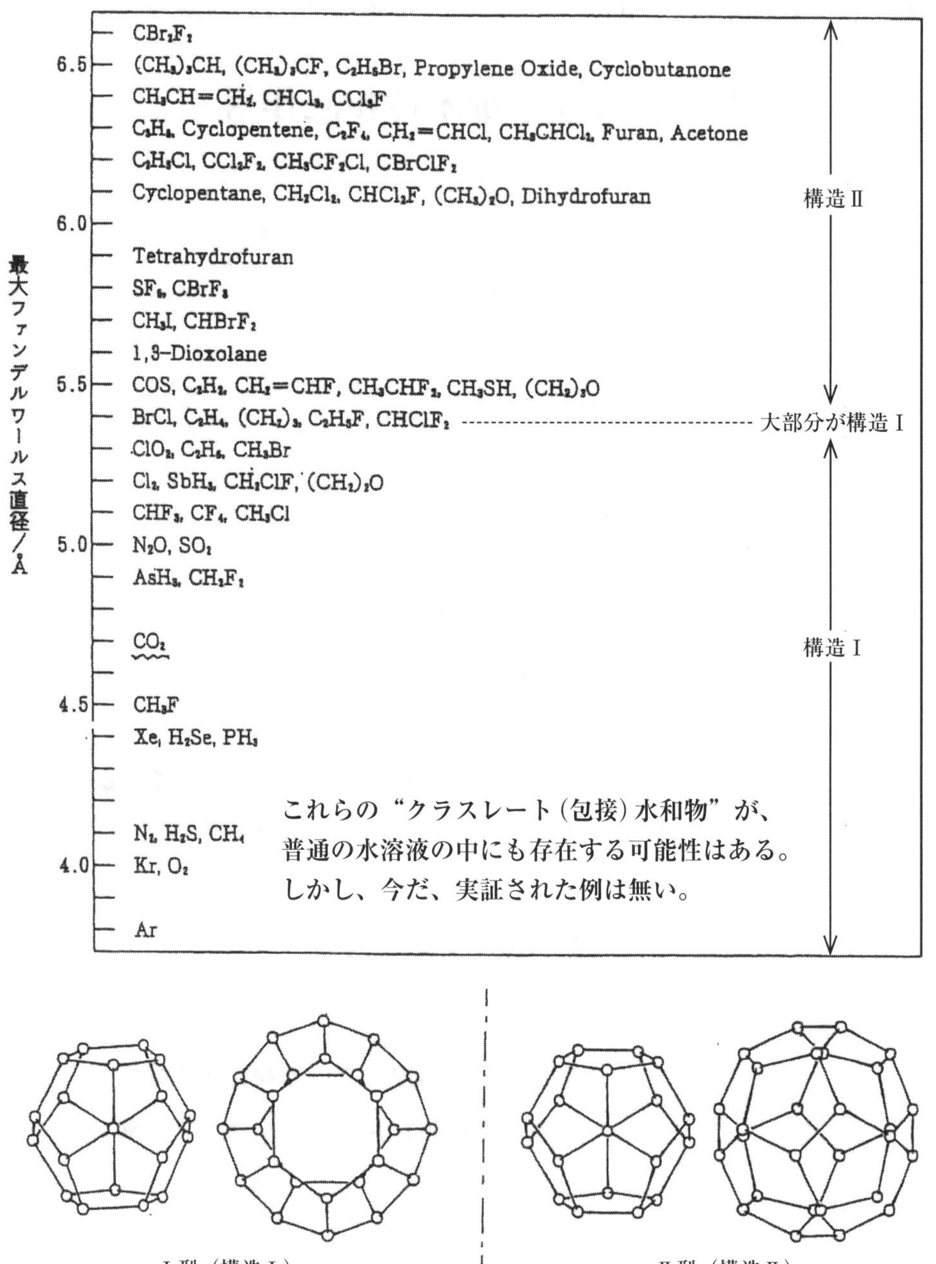

図6-9　クラスレート（包接）水和物Ⅰ型とⅡ型の殻の構造

［参考］地球温暖化の解決のため、空気中のCO_2を“CO_2クラスレート水和物”にした状態で海底に沈めようとする研究が最近、国内外でなされている。

(4) 疎水性相互作用の例（所在）

（i）ミセルにおける疎水性相互作用

(a)

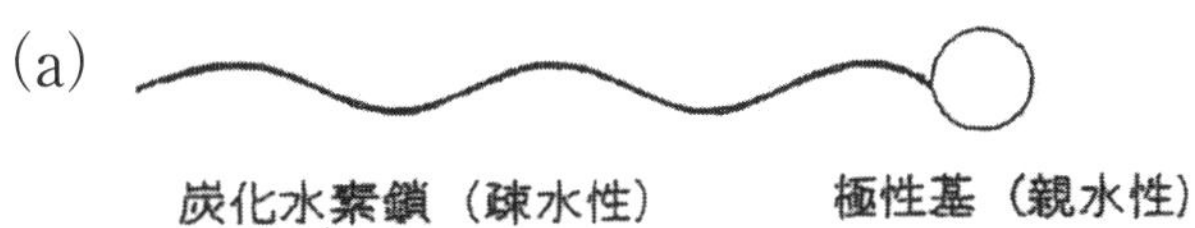

(b)

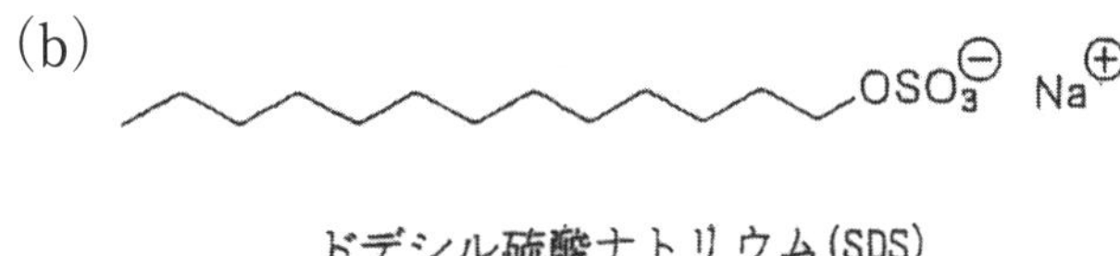

(c)

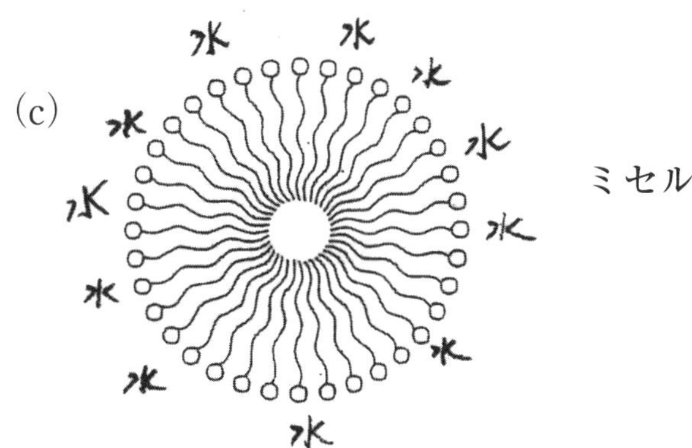

ミセル

ミセル中で隣接している炭化水素鎖間には、
“疎水性相互作用”と“分散力”が働いている!!

（注意）

疎水性＝無極性

両親媒性＝親水性（極性）＋疎水性（無極性）

（ii）二分子膜における疎水性相互作用

２本鎖を持つ両親媒性のリン脂質（a），（b）は、（c）で示すように、２つの単分子膜が層状に重なった“二分子膜”を形成する。

(a)

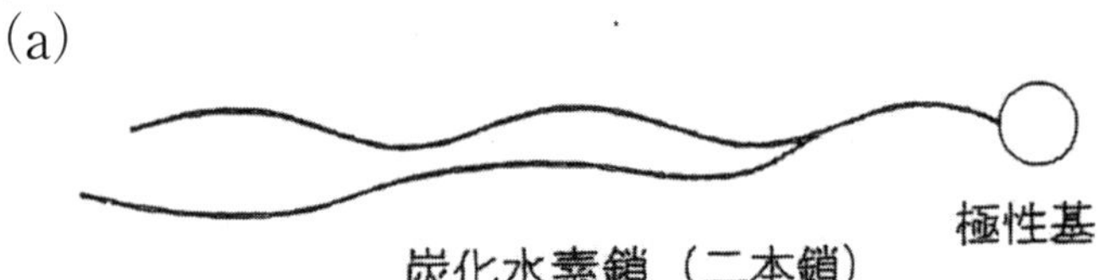

(b)

リン脂質

(c)

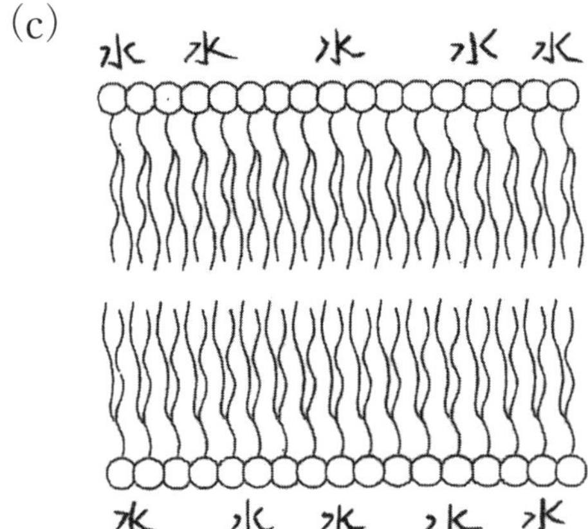

二分子膜

生体膜（細胞膜）の基本構造となっている !!

二分子膜中の隣接する炭化水素鎖間には、

“疎水性相互作用”と“分散力”が働いている !!

［参考］生体膜における二分子膜

生体膜の基本構造はリン脂質の二分子膜であり、その中にタンパク質などが埋め込まれている。（下図参照）

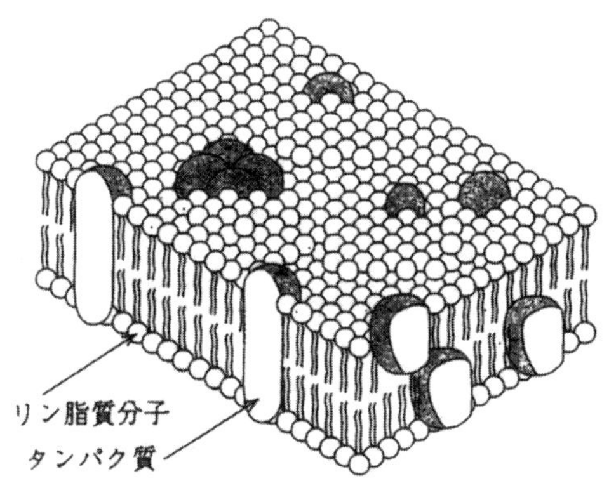

生体膜の構造
（流動モザイクモデル）

［参考］リポソームにおける二分子膜

リポソームはリン脂質を水溶液に懸濁するとき生じる小胞である。この小胞は、下図で示すように、リン脂質の二分子膜から成っている。

リポソームは人工的な生体器官として注目されている。また、生体膜の脂質部分の性質をよく反映するところから、生体膜モデルとしてもよく使われる。

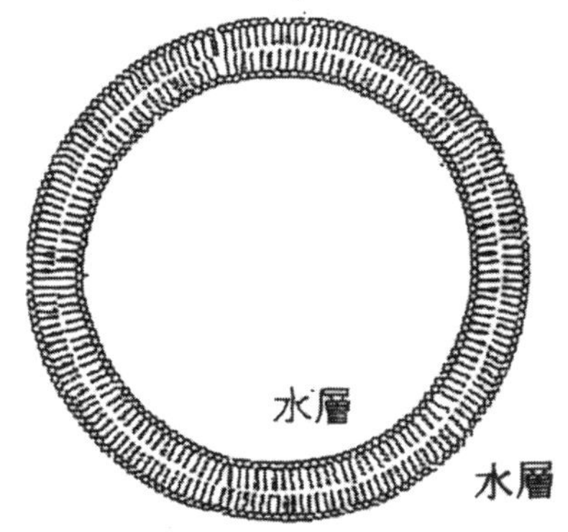

リポソーム

上記の生体膜やリポソームにおいても、リン脂質二分子膜の中の炭化水素鎖間に、“疎水性相互作用”と“分散力”が働いている!!

(iii) タンパク質における疎水性相互作用

球状タンパク質の形状保持に、最も寄与している分子間力は疎水性相互作用である。即ち、アミノ酸に付いている無極性側鎖同士の疎水性相互作用が、球状タンパク質の形状保持に最も重要な役割をしている。

その他に、水素結合，システイン残基間のジスルフィド架橋，イオン性相互作用（塩橋）などが、球状タンパク質の形状保持に寄与している。（下図参照）

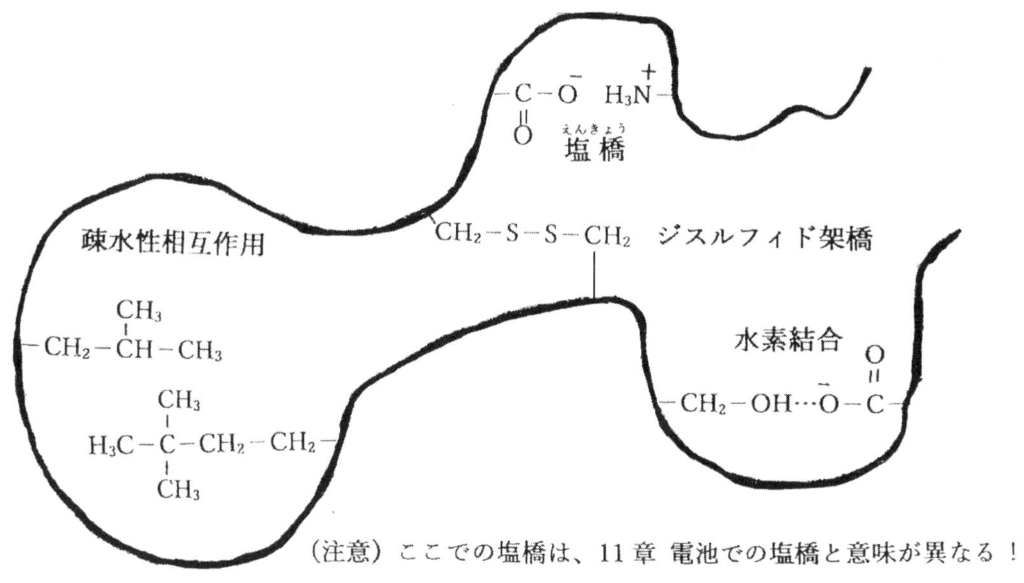

図 6-10　球状タンパク質における疎水性相互作用、
および、その他の相互作用

［参考］ タンパク質中のα－ヘリックス部分の形状保持力としては、N－HとC＝Oの間の水素結合が重要であるが、アミノ酸の無極性残基間の疎水性相互作用も見逃せない。

タンパク質中のランダムコイル部分においては、一定方向の水素結合が存在しないので、形状保持力として疎水性相互作用は特に重要である !!

(iv) 水溶性高分子における疎水性相互作用

著者（稲村）らは水溶性高分子（PVA, PVP, PEG, dextran, BSA）によって、クロロフィル，β-カロテン，脂溶性ビタミン（A_1, D_2, E, K_1），フタロシアニンなどの疎水性物質を水に可溶化することに世界で初めて成功している（1980年）。ここで、可溶化は水に溶けない物質を水に溶かすことである。

以下の3つの図は、それぞれPVP（ポリビニルピロリドン），PVA（ポリビニルアルコール），PEG（ポリエチレングリコール）によって、疎水性物質が水に可溶化されている様子を示している。

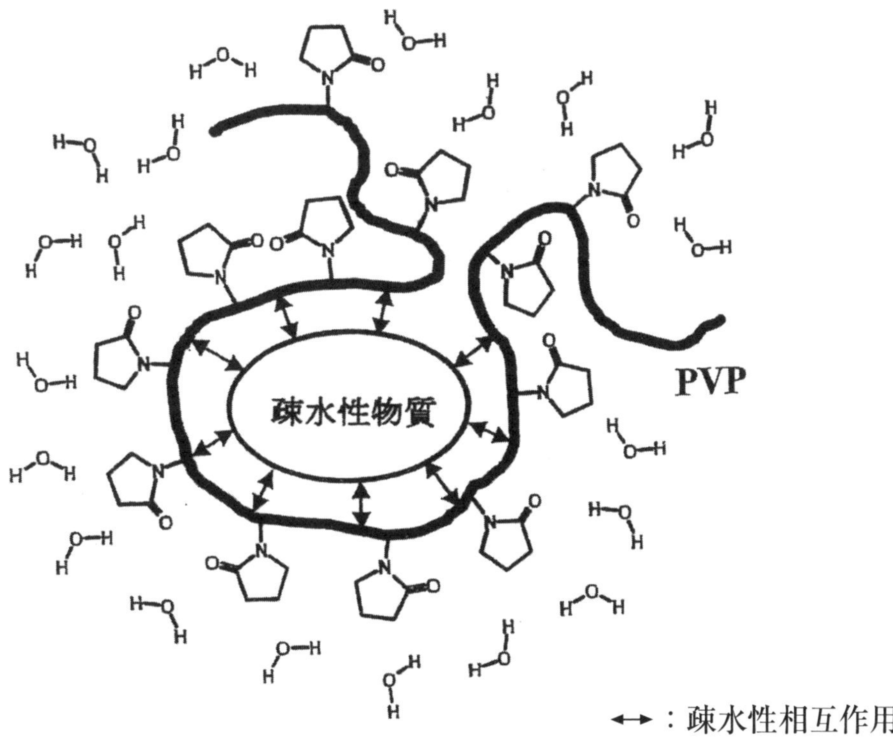

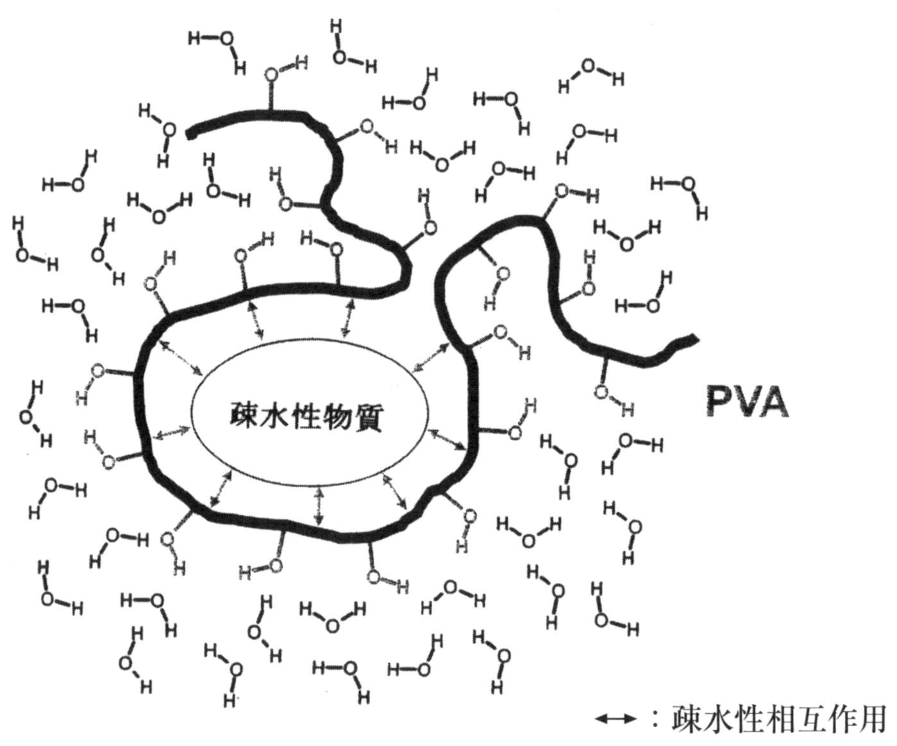
疎水性物質
PVA
↔：疎水性相互作用

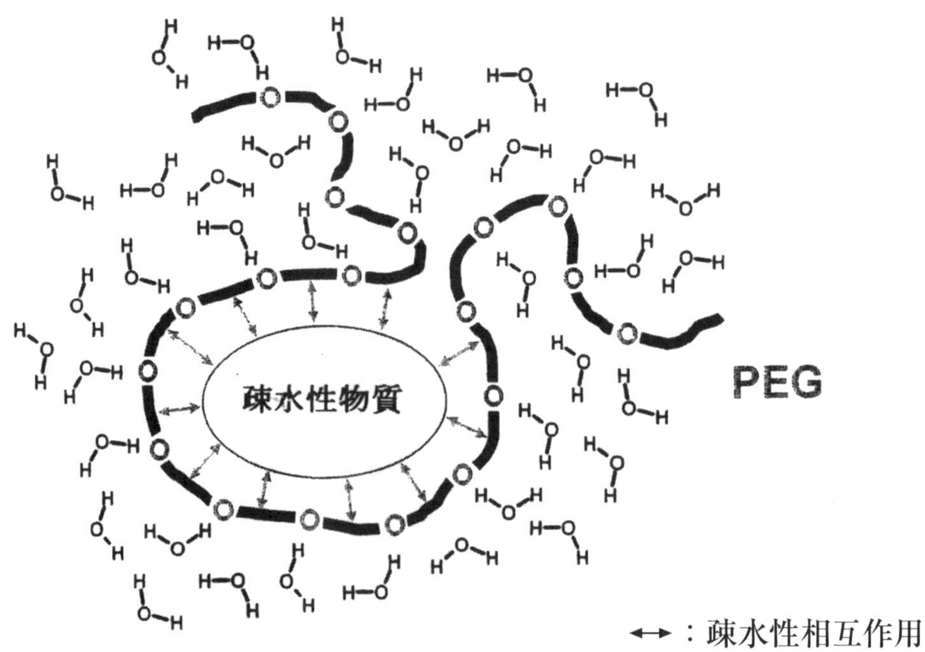
疎水性物質
PEG
↔：疎水性相互作用

（1）I. Inamura, K. Toki, T. Araki, and H. Ochiai; Chem. Lett., 1980, 1481（1980）.
（2）I. Inamura, H. Ochiai, K. Toki, S. Watanabe, S. Hikino, and T. Araki; Photochem. Photobiol., 38, 37（1983）.
（3）稲村　勇：化学と生物，24 巻，702 ページ，1986 年.
（4）I. Inamura, et al.; Biochim. Biophys. Acta, 932, 335（1988）.

［可溶化のメカニズム］

疎水性物質は水溶性高分子の無極性主鎖（—CH_2—CH—）$_n$ あるいは無極性部分（—CH_2—CH_2—）と疎水性相互作用によって結合し、疎水性物質−水溶性高分子複合体を形成する。一方、水溶性高分子（PVP，PVA）の親水性側鎖であるピロリドン基やヒドロキシル基、あるいは水溶性高分子（PEG）の親水性部分であるエーテル酸素は、複合体の周りに存在する水と水素結合し、複合体を水に溶かす。結果的に、疎水性物質は水溶性高分子と疎水性相互作用によって結合した状態で水に可溶化される。

［参考］高分子の略号の読み方

PVA：ピー・ブイ・エー

PVP：ピー・ブイ・ピー

PEG：ペグ　（ピー・イー・ジーではありません！）

［水溶性高分子の両親媒性］

PVP：ポリビニルピロリドン　PVA：ポリビニルアルコール

PEG：ポリエチレングリコール　dextran：デキストラン

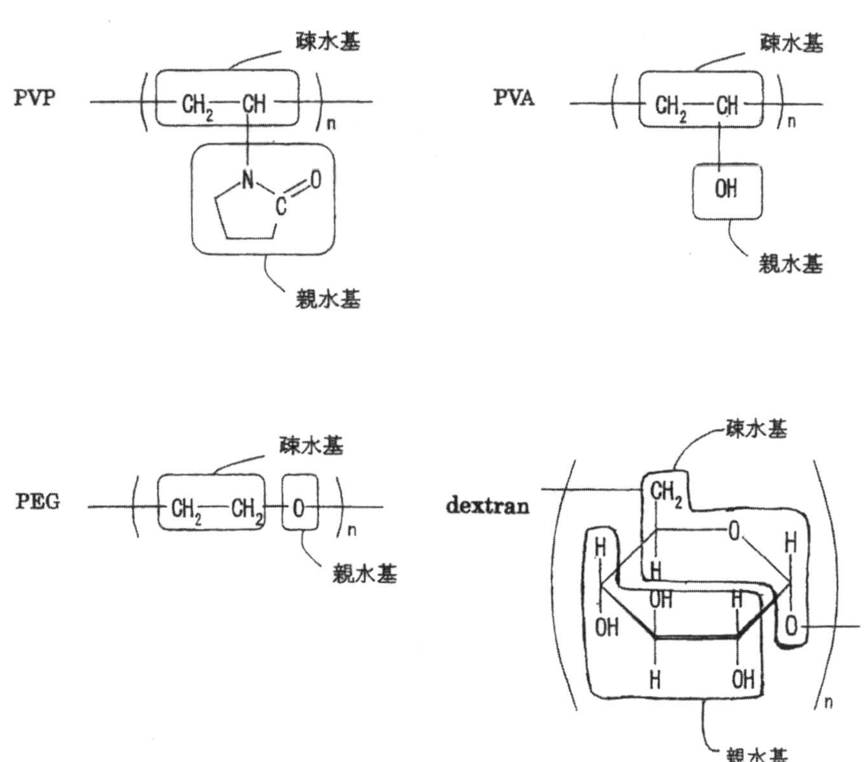

［クロロフィル a-PVA 複合体を用いたクロロフィル電極］

著者（稲村）らは Chl a(670)−PVA 複合体フィルムあるいは Chl a(740)−PVA 複合体フィルムを SnO_2 透明電極上に deposit（デポジット）した（即ち、付着させた）ものをクロロフィル電極として用い、湿式光電池を組み立て、アノード光電流を観測した。（図 6-11，図 6-12）

（注意）Chl a(670)：670nm付近に吸収ピークを持つ、クロロフィルaの単量体Chl a

Chl a(740)：740nm付近に吸収ピークを持つ、クロロフィルaの分子集合体（Chl a・$2H_2O$）$_n$

図6-11と図6-12における光電流の作用スペクトル（─○─○─）のピーク位置は、それぞれChl a(670）とChl a(740）の吸収スペクトル（………）のピーク位置とよく一致していた。この結果から、Chl a−PVA複合体が光電流の発生に確かに関与していることが立証され、Chl a−PVA複合体がクロロフィル電極として利用可能であることが明らかにされた。

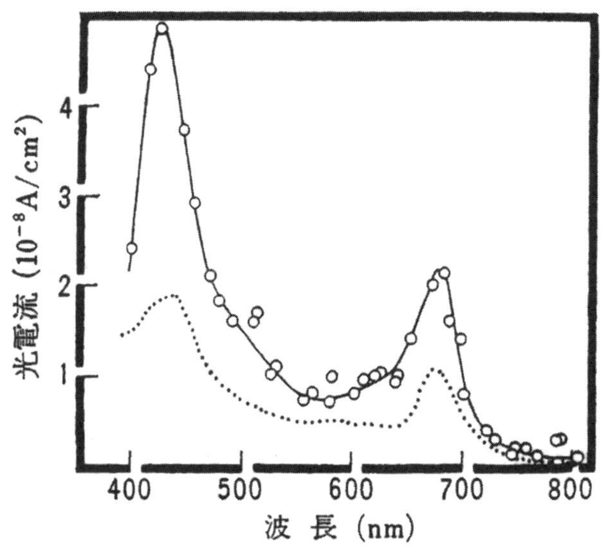

図6-11　SnO_2透明電極上にdepositされたChl a(670)−PVA複合体フィルムにおけるアノード光電流の作用スペクトル

電解液組成：0.1_M Na_2SO_4＋0.05_M H_2Q（ヒドロキノン）＋0.025_Mリン酸緩衝液（pH6.9），電極電位：＋0.015V vs. SCE, 光強度：1.2J/㎡. 破線カーブ（……）はChl a(670)の吸収スペクトル（強度の単位は任意）．SnO_2： n型半導体

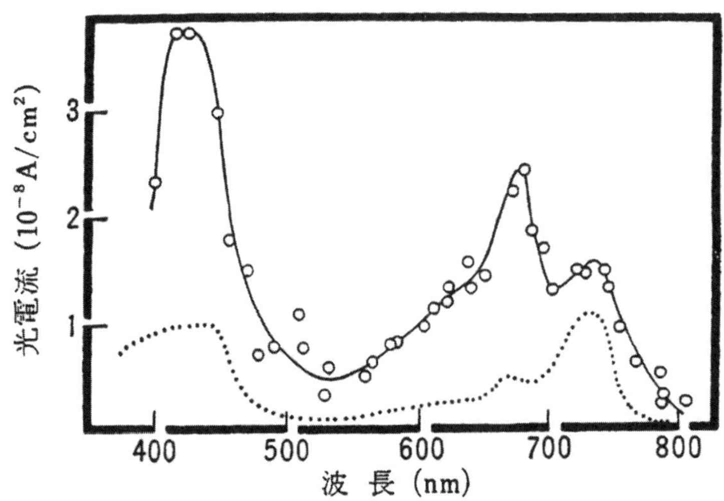

図 6-12　SnO_2 透明電極上に deposit された Chl *a*(740)−PVA 複合体フィルムにおけるアノード光電流の作用スペクトル

条件その他は図 6-11 と同様。ここで、SnO_2 は n 型半導体である。

稲村　勇：化学と生物，24 巻，702 ページ，1986 年

I. Inamura, H. Ochiai, K. Toki, T. Araki: Chem. Lett., 1984, 1787（1984）.

［参考］ここで観察された 2 種類の光電流は、 n 型半導体を用いた“色素増感太陽電池”の一例であると考えることが出来る。(12 章，Ⅶ，(4)，(ⅰ) 色素増感太陽電池　参照)

[“クロロフィル－タンパク質”のモデル物質]

植物には、光合成器官の基本単位として、“クロロフィル-タンパク質”が含まれている。これは従来、生化学者によって、ばく大な研究がなされて来ている。著者（稲村）らのクロロフィル-水溶性高分子複合体は“クロロフィル-タンパク質”のモデル物質と見なすことが出来る。両者の諸性質を比較することによって、“クロロフィル-タンパク質”について、より深い洞察が可能となった。

例えば、クロロフィル - 水溶性高分子複合体の中の水溶性高分子が、“クロロフィル - タンパク質”のタンパク質と同様に、種々のクロロフィル分子集合体を保護・固定する能力を有していた。この結果は、今後、非常に不安定なクロロフィルを生体外で扱う際に、クロロフィル - 水溶性高分子複合体の作製が有意義であることを示唆している。

稲村　勇：化学と生物，24巻，702ページ，1986年

[“FePc－PEG (or PVP) 複合体”の調製と応用]

最近、著者（稲村）らは、各種金属（Li_2, Fe, Co, Cu, Zn, Sn(Ⅱ)）を中心金属として持つフタロシアニン(Pc)をPEGあるいはPVPと複合体を形成させることによって、水に可溶化させることに成功した。特に、中心金属が鉄(Fe)の場合、水中のFePc－PEG (or PVP)複合体は非常に大きな赤色吸収（665nm）を示したので、これらの複合体はガン光免疫療法、その他に利用可能かもしれないと推論した。

I. Inamura, K. Inamura, Y. Jinbo, T. Mihara, and Y. Sasaoka；Heliyon 5 (2019) e01383. (open access)

Ⅵ. その他の分子間力

(1) CH/π相互作用

CH 基とπ電子系の間の力である！

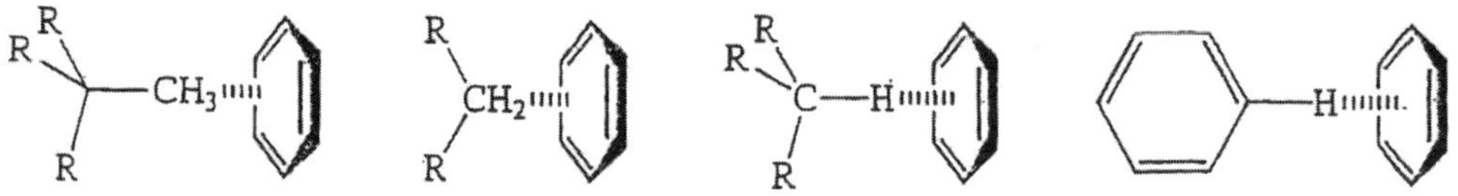

図 6-13　さまざまな CH とπ系の相互作用

特徴

（ｉ）水素結合的な相互作用である。

（ⅱ）有機化合物には CH 基やπ電子系が多いので、CH/π相互作用は合計すると大きな力になる。

（ⅲ）タンパク質や分子集合体などの大きな系においては、CH/π相互作用は大きな働きをしている。

(2) π/πスタッキング

“π/πスタッキングは、π電子系（芳香環）とπ電子系（芳香環）の間に働く力である。”

<u>芳香環は少し、ずれて相対（あいたい）している !!</u>

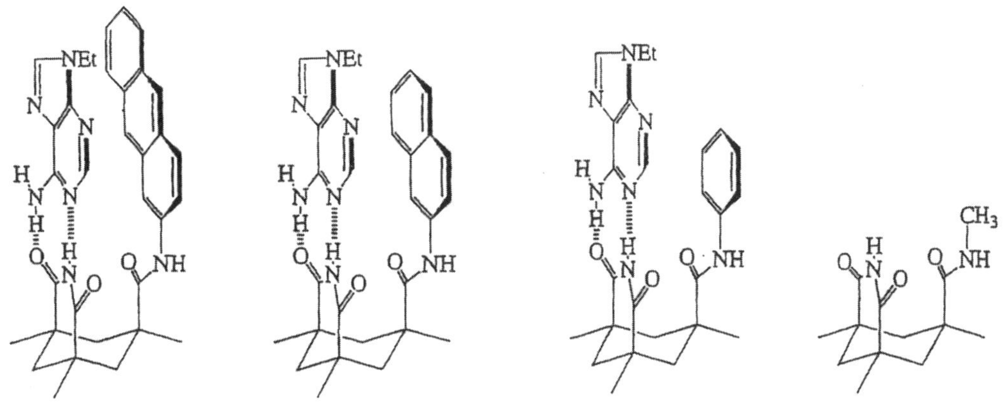

図 6-14　π/π スタッキング

特徴

（ｉ）主として静電的相互作用である。（図 6-15 参照）

（ⅱ）芳香族は分極率 α が大きいので、分散力の寄与も大きい。

分散力：$U = -(\alpha_1 \alpha_2)/r^6$　　（6 章，Ⅰ，(5) 分散力　参照）

π / π スタッキングに含まれる静電的相互作用

ベンゼン環は 6 個の炭素原子が環を作り、その外側に 6 個の水素原子が位置し、そして炭素の環の上には π 電子が存在する（図 A)。その様子は、図 B で示すように、π 電子雲に基づくマイナス電荷 δ^- の円盤を、プラスに荷電した水素原子の環が取り巻いたようなものである。

このような構造を持つベンゼン環の間には、静電的相互作用が働く。特に、図 C のように、二つのベンゼン環が直交するような配置のときは、最高の力が働く。図 D は、ベンゼン結晶の中でのベンゼン分子の配置であるが、ベンゼン分子が互いに直交しているのが分かる。

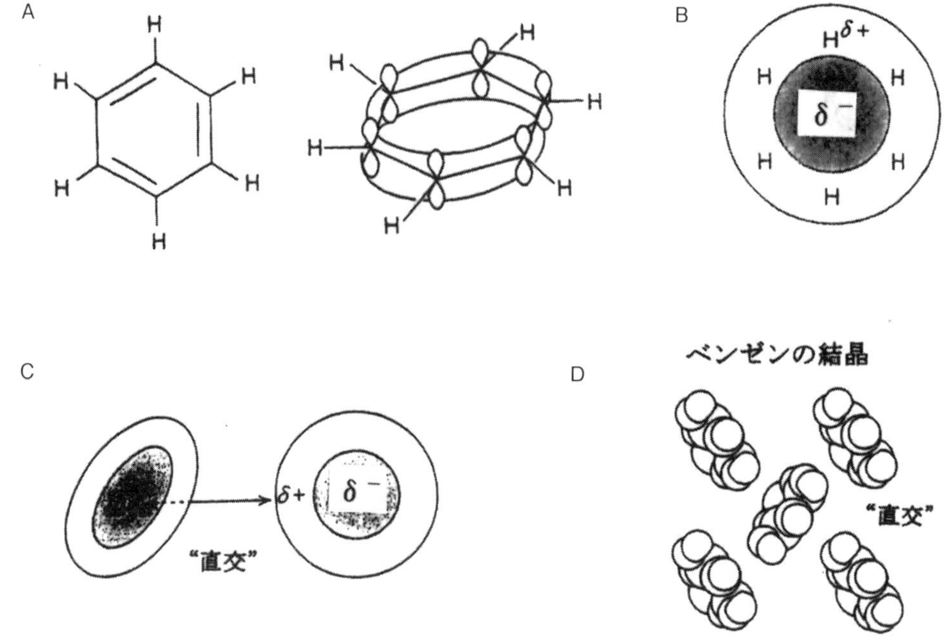

図 6-15　ベンゼンにおける静電的相互作用（π/π スタッキング）

(3) 配位結合力

"配位結合力は、遷移金属イオンと塩基の間に働く力である"

遷移金属：Fe，Co，Ni，Cu，Zn，Pd，Ag

塩基：ハロゲンなどの陰イオン，O 原子や N 原子の孤立電子対，π 電子系

（N 原子の孤立電子対の例として、フタロシアニン，ポルフィリンなどがある。）

特徴

（i）一般に、強い結合力である。（100 ～ 300kJmol^{-1}）

ただし、金属と配位子（塩基）の組み合わせによっては、分子間力に準じた弱い力になることもある。(10 ～ 100kJmol^{-1})

（ⅱ）銅（Cu）やパラジウム（Pd）などの配位結合能やキレート結合能（10～100kJmol^{-1}）を利用した“自己組織化”や“鋳型合成”が、現在、盛んに研究されている。

（ⅲ）Fe，Cu，Zn などの金属イオンを含むタンパク質はたくさん存在するので、生体系における金属の働きを理解する上でも、配位結合力は重要な力である。

（ⅳ）金属の原子価や結合の方向性が変化し易い。

(4) 電荷移動相互作用（電荷移動力）

2種の分子間で電子の授受が起こると、電子供与体はプラスに、電子受容体はマイナスに荷電する。これら二つの荷電が引き合う力が“電荷移動相互作用”あるいは“電荷移動力”である。

また、電荷移動相互作用は、“電荷移動錯体における結合力”であると表現することも出来る。(下表参照)

表 6-9　電荷移動錯体の生成熱

電子受容体	電子供与体	ΔH/kJmol^{-1}
ヨード（I_2）	ベンゼン（C_6H_6）	5.5
ベンゾキノン	ヒドロキノン	12.1
トリニトロベンゼン	ヘキサメチルベンゼン	18.0
テトラシアノエチレン（TCNE）	ベンゼン	9.6
テトラシアノエチレン（TCNE）	ヘキサメチルベンゼン	29.2

上表から分かるように、電荷移動力は水素結合と同程度の強度である !!

電荷移動錯体は、電子移動によって分子間に結合（電荷移動力）が生じ、それにより新しく光を吸収するので、電荷移動スペクトルが観察される。

例えば、ベンゼンとヨウ素の錯体では、波長297nmに電荷移動スペクトルが現れる。

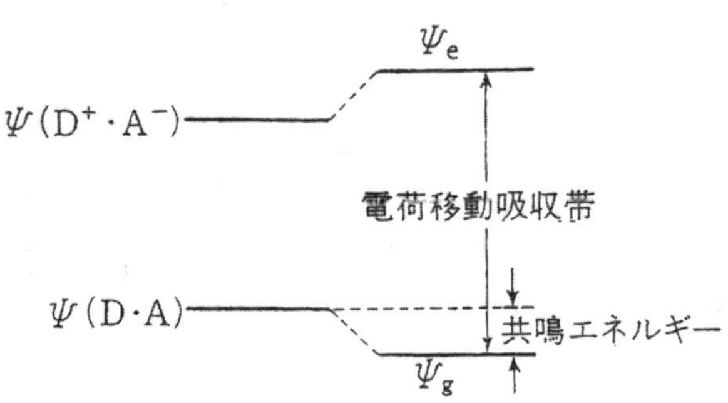

図6-16　電荷移動相互作用

D：電子供与体
A：電子受容体

7章　溶液化学

溶液を形成している少量成分が溶質であり、大量成分が溶媒である。気体における“理想気体”のように、溶液の基準となるものは“理想溶液”である。いくつかの溶液は、ほぼ理想溶液と考えられる。しかし、大部分の溶液は、理想的な挙動を取らず、“非理想溶液（or 実在溶液）”と呼ばれるものである。

溶液のような多成分系の場合は、熱力学関数に加成性が成立しないことが多い。この為、“部分モル量”の概念が必要になって来る。この章では、部分モル量の中で、視覚的に分かり易い“部分モル体積”について詳しく説明したいと思います。

Ⅰ．濃度の種類

溶液の濃度は、目的に応じて、いろいろな濃度単位が用いられる。従って、今、どの濃度単位が使われているか、常に意識しておかなければなりません。以下、よく使われる濃度単位を記述しておきます。

(1) モル分率

記号：x　　単位：なし

多成分系（成分１＋成分２＋成分３＋……）において、成分１のモル分率 x_1 は、次の式で与えられる。

$$x_1 = \frac{n_1}{n_1 + n_2 + n_3 + \cdots\cdots} = \square$$

ここで、n_1, n_2, …は、成分 1, 成分 2, …のモル数

(2) 質量分率

記号：w　　単位：gg^{-1}

$$w = \frac{溶質\ g}{溶液\ g} = \square\ gg^{-1}$$

(3) 質量パーセント

記号：$wt\%$　　単位：$wt\%$

$$\frac{溶質\ g}{溶液\ g} \times 100 = \square\ wt\%$$

(4) 質量濃度

記号：c　　単位：$g\ cm^{-3}$

$$c = \frac{溶質\ g}{溶液\ cm^3} = \square\ g\ cm^{-3}$$

高分子溶液の研究でよく使われる !!

(5) 質量モル濃度

記号：m　　単位：$mol\ kg^{-1}$(溶媒)

$$\mathrm{m} = \frac{\text{溶質}\ mol}{\text{溶媒}\ kg} = \square\ mol\ kg^{-1}(\text{溶媒})$$

“溶媒1000g中の溶質のモル数”

凝固点降下の場合に使われる!!

（注意）凝固点降下のように温度変化を伴う場合は、体積変化の影響を避けるために、体積が入らない質量モル濃度を使わなければならない。

(6) 容量モル濃度（or モル濃度）

単位：$mol\ L^{-1}$　あるいは　$mol\ dm^{-3}$

$$\frac{\text{溶質}\ mol}{\text{溶液}\ L} = \square\ mol\ L^{-1} = \frac{\text{溶質}\ mol}{\text{溶液}\ dm^3} = \square\ mol\ dm^{-3}$$

“溶液1L（1 dm^3）中の溶質のモル数”

酸・塩基の中和滴定に使われる!!

また、浸透圧においても、この濃度単位が使われる!!

（注意）室温の変化によって体積変化が起こり、上式の分母が僅かに変化することは意識しておく必要がある。

Ⅱ．理想溶液

理想溶液は、溶液の性質を議論する時に、基準となる最もシンプルな溶液である。以下、理想溶液について記述する。

(1) 理想溶液の性質

(ⅰ) 全組成領域でラウールの法則が成立する。

$P_{\mathrm{i}} = x_{\mathrm{i}} P_{\mathrm{i}}^{\circ}$ ………ラウールの法則

（Ⅲ．ラウールの法則　参照）

（注意）組成（濃度）の小さい領域（x_{i} が1に近い領域）では、実在溶液（非理想溶液）でも、ラウールの法則が成立する。

(ⅱ) 混合による熱の出入りは無い。

混合熱：$\Delta H_{mix} = 0$

温度変化なし → 混合によって、ビーカーが熱くも、冷たくもならない!!

(ⅲ) 混合による体積変化は無い。

体積変化：$\Delta V_{mix} = 0$

例えば、10ml の成分1と 10ml の成分2を混合した場合、20ml の溶液が出来る。

［参考］この場合、10 + 10 = 20 の足し算が成立しているので、「加成性が成立している」と言う。

（iv）混合によるエントロピー変化は、“理想混合エントロピー”になる。

成分 1 $n_1 mol$ と成分 2 $n_2 mol$ を混合するときのエントロピー変化は、

$$\Delta S_{mix} = -R\,(n_1 \ln x_1 + n_2 \ln x_2)$$ …理想混合エントロピー

となる。

（v）全ての分子間力が等しい。

ε_{11} …… 分子 1－分子 1 間力（同種分子間力）

ε_{22} …… 分子 2－分子 2 間力（同種分子間力）

ε_{12} …… 分子 1－分子 2 間力（異種分子間力）

とすれば、

$\varepsilon_{11} = \varepsilon_{22} = \varepsilon_{12}$ が成立する。（下図参照）

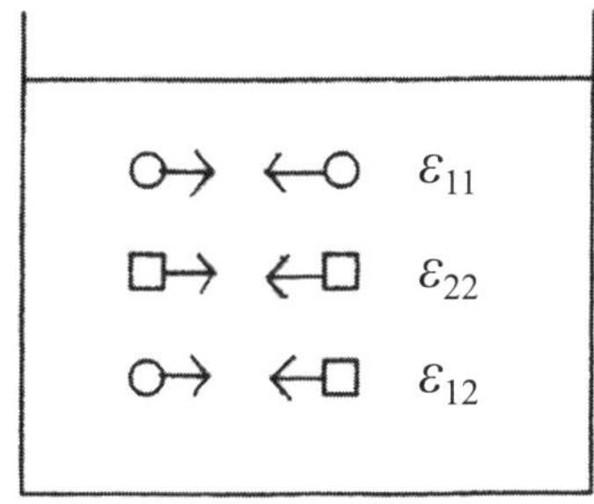

(2) 理想溶液の例

“大きさ，形”および“極性”が互いに類似している分子から成る溶液は、理想溶液と見なせる場合が多い。

以下に、代表的な理想溶液を挙げておく。

ベンゼン ……………………… トルエン

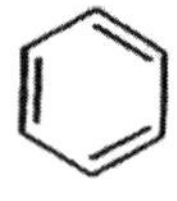

CH_3

クロロホルム ……………… 四塩化炭素

$$\begin{array}{ccc} & Cl & \\ Cl- & C & -H \\ & Cl & \end{array} \qquad \begin{array}{ccc} & Cl & \\ Cl- & C & -Cl \\ & Cl & \end{array}$$

四塩化炭素 ………………… 四塩化ケイ素

$$\begin{array}{ccc} & Cl & \\ Cl- & C & -Cl \\ & Cl & \end{array} \qquad \begin{array}{ccc} & Cl & \\ Cl- & Si & -Cl \\ & Cl & \end{array}$$

クロロベンゼン …………… ブロモベンゼン

C_6H_5Cl C_6H_5Br

ジブロモエタン ………………ジブロモプロパン

$C_2H_4Br_2$　　　　　　$C_3H_6Br_2$

1-プロパノール ……………… 2-プロパノール

$CH_3-CH_2-CH_2-OH$

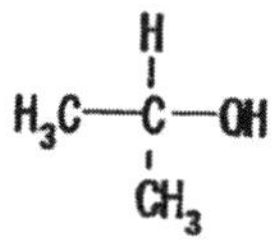

H
|
$H_3C-C-OH$
|
CH_3

o-キシレン …………………… p-キシレン

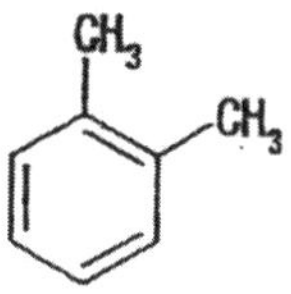

CH_3　CH_3

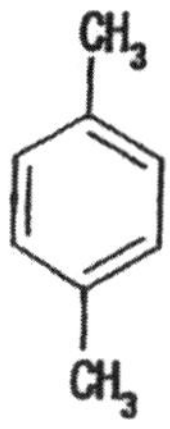

CH_3

CH_3

n-ヘキサン …………………… n-ヘプタン

$CH_3-(CH_2)_4-CH_3$　　　　$CH_3-(CH_2)_5-CH_3$

Ⅲ．ラウールの法則

液体あるいは溶液の蒸発は、比較的大きなエネルギーを持った分子が、周りの分子からの引力に打ち勝って、気相へ飛び出すことによって起こると考えられる。従って、溶液の蒸気圧は溶液内部の分子レベルでの状況を直接反映する。故に、蒸気圧測定は溶液研究において、非常に有効である。

フランスの化学者 F.M. Raoult（ラウール）（1830～1901 年）は、いろいろな溶液の蒸気圧を測定し、次式で表されるラウールの法則が、理想溶液においては全組成領域で成立することを発見した。（1887 年）

$$P_i = x_i P_i^{\circ} \cdots\cdots\cdots \text{ラウールの法則}$$

ここで、 P_i：気相における、成分 i の蒸気分圧

x_i：溶液における、成分 i のモル分率

P_i° ：成分 i 純粋液体の蒸気圧

上式から、ラウールの法則は次のように表現できる。

気相中の成分 i の蒸気分圧 P_i は、溶液中の成分 i のモル分率 x_i に比例する。（ラウールの法則）

理想溶液では、ラウールの法則は全組成領域（$0 < x_i < 1$）で成立する。

しかし、実在溶液（非理想溶液）では、希薄溶液の組成領域（x_i が 0 に

近い領域）でのみ、ラウールの法則は成立し、それ以外の組成領域では成立しない。

以下、理想溶液と見なすことのできるトルエン - ベンゼン溶液を例に挙げて、ラウールの法則を説明したい。

この系で、ラウールの法則は次のように表すことができる。

成分ベンゼンの蒸気分圧：$P_{ベン} = x_{ベン} P_{ベン}°$
成分トルエンの蒸気分圧：$P_{トル} = x_{トル} P_{トル}°$

$$
\begin{aligned}
\therefore \text{全蒸気圧：} P &= P_{ベン} + P_{トル} \\
&= x_{ベン} P_{ベン}° + x_{トル} P_{トル}° \\
&= x_{ベン} P_{ベン}° + (1 - x_{ベン}) P_{トル}° \\
&= P_{トル}° + x_{ベン} (P_{ベン}° - P_{トル}°)
\end{aligned}
$$

これらの式から、$P_{ベン}$, $P_{トル}$, P がモル分率に比例することが分かる。

従って、蒸気圧－組成図において、3つの蒸気圧は全て直線になるはずである !!

トルエン - ベンゼン溶液の蒸気圧 − 組成図を下図に示している。

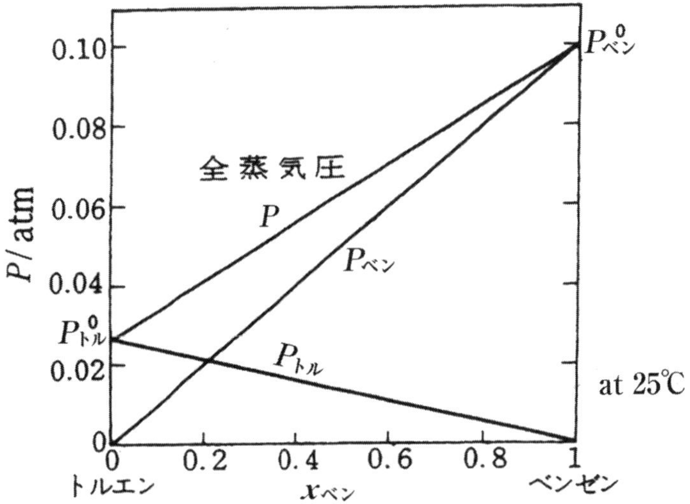

図 7-1　トルエン − ベンゼン溶液上の蒸気圧

ラウールの法則が成立している時は、3 つの蒸気圧は直線となる !!

［参考］

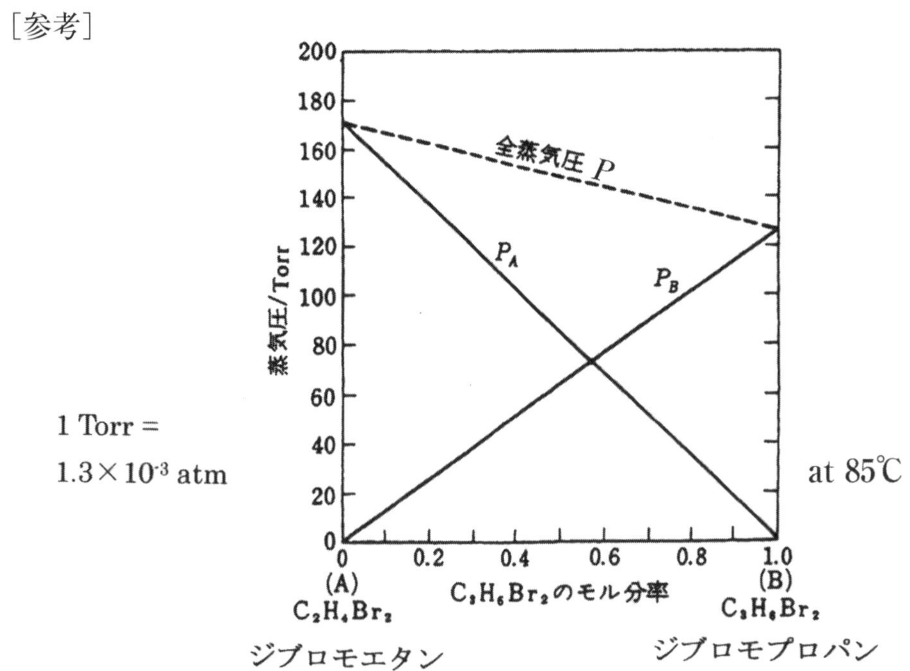

Ⅳ．混合熱と分子間力の関係

(1) 混合熱と分子間力の間の関係式

混合熱が発生する原因は、「混合前には、同種分子間力（ε_{11}，ε_{22}）だけが存在しているが、混合によって、それらの一部が異種分子間力（ε_{12}）に変化する。」という事実にある。

ここで、記号を次のように約束する。

分子(1)－分子(1) 間相互作用エネルギー：$-\varepsilon_{11}$
分子(2)－分子(2) 間相互作用エネルギー：$-\varepsilon_{22}$
分子(1)－分子(2) 間相互作用エネルギー：$-\varepsilon_{12}$

（注意）ここで、分子間力εにマイナス符号を付けた$-\varepsilon$を分子間相互作用エネルギーとした理由は、「分子間力（引力）が大きくなる程、安定になり、エネルギーは小さくなる。」からである。
（1章，Ⅵ，(2) エネルギーは安定性を反映する!!　参照）

混合の際に、異種分子間の接触（○－□接触）は、次のようにして生ずる。

○－○　＋　□－□　→　2○－□
（$-\varepsilon_{11}$）　（$-\varepsilon_{22}$）　（$-\varepsilon_{12}$）

従って、○－□接触が1個生ずる為の、分子間相互作用エネルギー変化ΔH_{12}は次のように表される。

$$\Delta H_{12} = \frac{-2\varepsilon_{12} - [(-\varepsilon_{11}) + (-\varepsilon_{22})]}{2}$$

$$= -\varepsilon_{12} - \frac{(-\varepsilon_{11}) + (-\varepsilon_{22})}{2}$$

$$= -\left[\varepsilon_{12} - \frac{\varepsilon_{11} + \varepsilon_{22}}{2}\right] \cdots\cdots (1)$$

○－□接触の数をN_{12}とすれば、混合前後のエネルギー差、即ち、混合熱（ΔH_{mix}）は次のように表される。

$$\Delta H_{mix} = N_{12}\Delta H_{12} = -N_{12}\left[\varepsilon_{12} - \frac{\varepsilon_{11} + \varepsilon_{22}}{2}\right] \cdots\cdots (2)$$

ここで、ε_{11}：分子 1－分子 1 間力（同種分子間力）

ε_{22}：分子 2－分子 2 間力（同種分子間力）

ε_{12}：分子 1－分子 2 間力（異種分子間力）

N_{12}：分子 1－分子 2 接触の数

この式により、混合熱測定によって、異種分子間力（ε_{12}）が引力か斥力かを知ることが出来、また、その大きさを評価することが出来る !!　ただし、ここでの分子間力は、あくまでも相対的な力である。

(2) 混合熱測定による異種分子間力の評価

$$混合熱：\Delta H_{mix} = -N_{12}\left[\varepsilon_{12} - \frac{\varepsilon_{11} + \varepsilon_{22}}{2}\right]$$

（ｉ）$\Delta H_{mix} = 0$ の場合

$\varepsilon_{12} = \dfrac{\varepsilon_{11} + \varepsilon_{22}}{2}$ の関係式が成立する。

故に、異種分子間力は“同種分子間力の平均値”と等しい。

⇒異種分子間には、相対的に力が働いていない !!

（ⅱ）$\Delta H_{mix} < 0$（発熱）の場合

$\varepsilon_{12} > \dfrac{\varepsilon_{11} + \varepsilon_{22}}{2}$ の関係式が成立する。

故に、異種分子間力は“同種分子間力の平均値”より大きい。

⇒異種分子間には、相対的に“引力”が働いている !!

（ⅲ）$\Delta H_{mix} > 0$（吸熱）の場合

$\varepsilon_{12} < \dfrac{\varepsilon_{11} + \varepsilon_{22}}{2}$ の関係式が成立する。

故に、異種分子間力は“同種分子間力の平均値”より小さい。

⇒異種分子間には、相対的に“斥力”が働いている !!

V．実在溶液（非理想溶液）

実在溶液（非理想溶液）は、ラウールの法則から正にずれる溶液と、負にずれる溶液に分けられる。以下、それぞれについて説明する。

(1) ラウールの法則から負にずれる溶液

（例）アセトン………クロロホルム

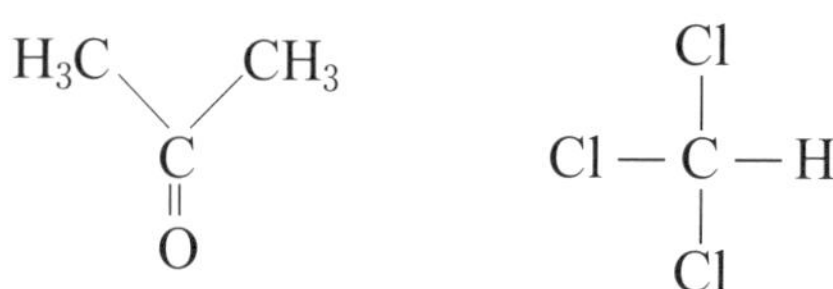

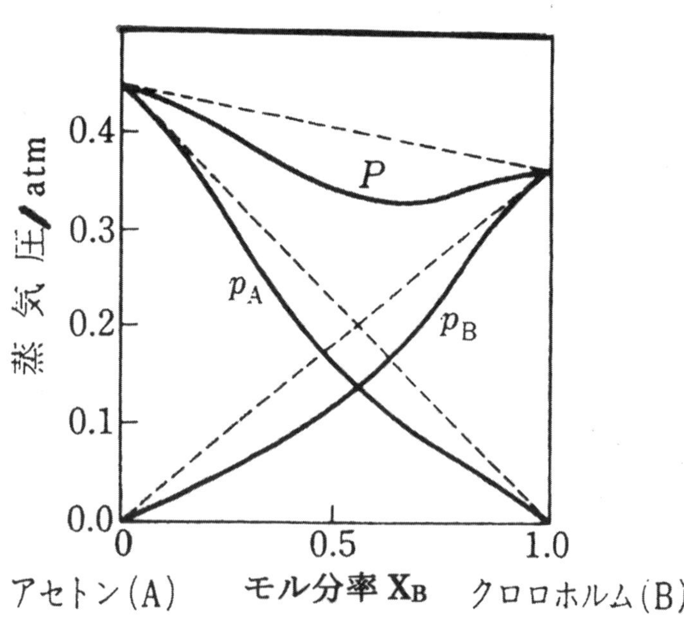

図 7-2　アセトン－クロロホルム系の
分圧 P_A，P_B と全圧 P（at 35.2℃）
破線：ラウールの法則

[負にずれる溶液の特徴]

（i）蒸気圧 (P) − 組成 (x) 図において、蒸気圧 P がラウールの法則に対応する直線から“下方”にずれる。（図 7-2 参照）

一般に、蒸気圧 P は液体内部の分子間力 ε を反映すると考えられ、蒸気圧 P が低いほど、分子間力 ε は大きいと考えられる。

この場合、純溶媒から溶液になると、蒸気圧が下がることから、異種分子間力 ε_{12} は比較的大きいと考えられる。

（ii）混合によって“発熱”する。故に、異種分子間に、相対的に“引力”が働く。

（7章，Ⅳ，(2)，（ii）$\Delta H_{mix} < 0$（発熱）の場合　参照）

$\Delta H_{mix} < 0$（発熱）　液体の温度は上がる !!

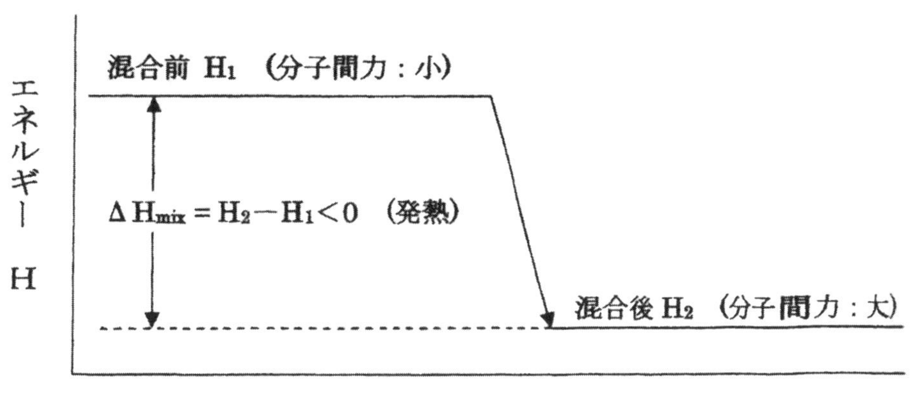

混合後、異種分子間に“引力”が働くので、分子間力の総和は大きくなる。従って、系は安定化し、系のエネルギーは低下する !!

アセトン－クロロホルム系の分子間力

異種分子間に、C―H…O タイプの水素結合が存在する。しかし、同種分子間には、水素結合は存在し得ない。従って分子間力の関係は、$\varepsilon_{12} > (\varepsilon_{11} + \varepsilon_{22})/2$ となり、異種分子間に相対的に“引力”が働くことになる。（下図参照）

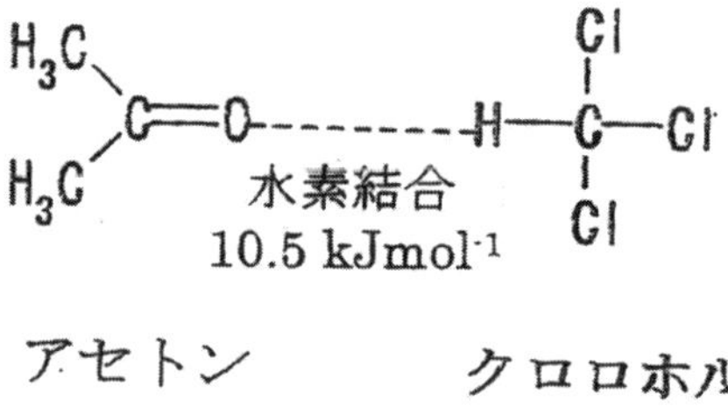

H_3C
C＝O‥‥‥‥H―C―Cl
H_3C
水素結合
10.5 kJmol^{-1}
Cl
Cl

アセトン　　クロロホルム

（iii）混合によって、体積が減少する。

$$\Delta V_{\text{mix}} < 0$$

分子間力が増大するので、体積は減少する !!

10mL のアセトンと 10mL のクロロホルムを混合すると、20mL 以下の溶液ができる。

（注意）このような時、「体積に“加成性”が成立しない」と言う。

（iv）混合によるエントロピー増加が“理想混合エントロピー”より小さくなるケースが多い。

$\Delta S_{\text{mix}} = -R\,(\mathrm{n}_1 \ln x_1 + \mathrm{n}_2 \ln x_2)$ ……理想混合エントロピー

（原因）例えば、アセトン - クロロホルム系の場合、アセトン - クロロホルム水素結合による構造が出来ると、溶液のエントロピーは理想溶液のエントロピーより小さくなる。従って、混合によるエントロピー増加

は、“理想混合エントロピー”より小さくなる。

(2) ラウールの法則から正にずれる溶液

（例）

アセトン ……………… 二硫化炭素

$H_3C-C(=O)-CH_3$　　　$S=C=S$

メタノール ……………… 四塩化炭素

CH_3-O-H　　　CCl_4（Cl—C(—Cl)(—Cl)—Cl）

水 ……………………… 1,4-ジオキサン

$H-O-H$　　　$O(CH_2CH_2)_2O$（環状：CH_2-CH_2 / O / O / CH_2-CH_2）

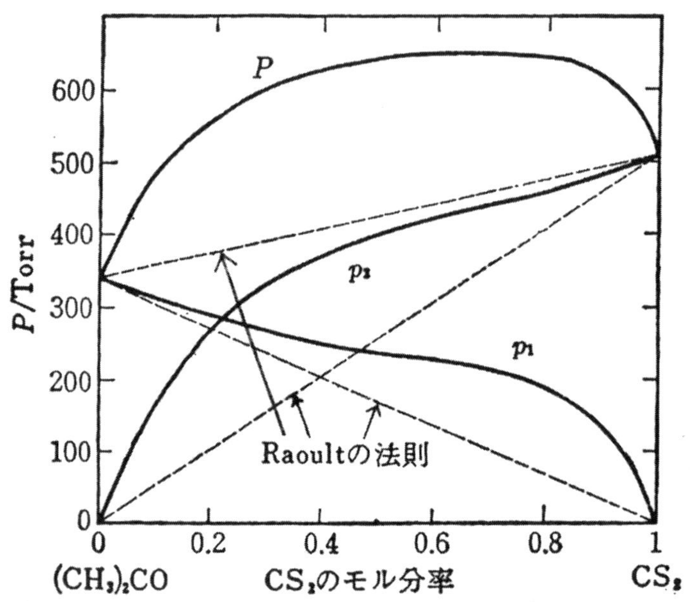

図 7-3　$(CH_3)_2CO$（アセトン）－CS_2（二硫化炭素）系の
分圧（p_1, p_2）と全圧（P）（at 35.2℃）

［正にずれる溶液の特徴］

（ i ）蒸気圧（P）－組成（x）図において、蒸気圧 P がラウールの法則に対応する直線から“上方”にずれる。（上図参照）

この場合、純溶媒から溶液になると、蒸気圧が上がることから、異種分子間力 ε_{12} は比較的小さいと考えられる。

（ ii ）混合によって“吸熱”する。故に、異種分子間に、相対的に“斥力”が働く。

（７章，Ⅳ，(2)，（iii）$\Delta H_{mix} > 0$（吸熱）の場合　参照）

$\Delta H_{\text{mix}} > 0$（吸熱）　液体の温度は下がる!!

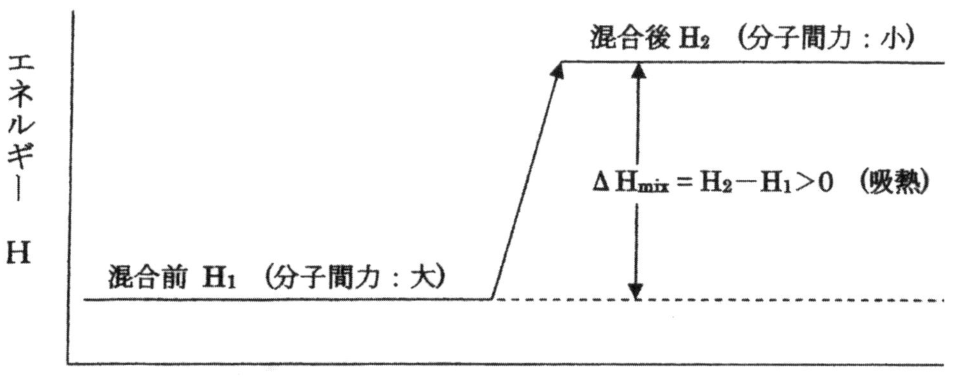

混合後、異種分子間に“斥力”が働くので、分子間力の総和は小さくなる。従って、系は不安定化し、系のエネルギーは上がる!!

（iii）混合によって、体積が増大する。

$\Delta V_{\text{mix}} > 0$

分子間力が減少するので、体積は増大する!!

（iv）混合によるエントロピー増加が“理想混合エントロピー”から外れる。

Ⅵ．部分モル量

溶液のような多成分系においては、示量性変数に加成性（かせいせい）が成立しない場合が非常に多いため、“部分モル量”の概念が必要になって来る。もし、各成分の部分モル量が分かっていれば、その示量性変数に加成性が成立し、これを計算で求めることが可能になる。

加成性（かせいせい）：足し算によって全体量を求めることが出来る性質

(1) 部分モル量の定義

$$\bar{Y}_{\mathrm{i}} = \left(\frac{\partial Y}{\partial n_{\mathrm{i}}}\right)_{T,P,n\mathrm{j}}$$ ……… 定義式

ここで、Y：多成分系（溶液）の示量性変数

（例えば、自由エネルギー G，体積 V，エンタルピー H，エントロピー S，等々）

$\bar{Y}_{\mathrm{i}}$：成分 i（溶質）の部分モル量

n_{i}：成分 i（溶質）のモル数

n_{j}：成分 j（溶媒）のモル数

T：温度，P：圧力

（注意）成分 i に少量成分の“溶質”を考え、成分 j に大量成分の“溶媒”を考える場合が多いので、上記のように、成分 i（溶質），成分 j（溶媒）と記述した。

（注意）モル数＝物質量

定義式が偏微分であることから、部分モル量は“傾き”である。

即ち、部分モル量は、温度，圧力，成分 j（溶媒）のモル数が一定のもとで、“成分 i（溶質）が 1mol 増えた時の示量性変数 Y の増加量”である。

もし各成分の部分モル量 $\bar{Y}_i$ が分かっていれば、次式によって、多成分系の示量性変数 Y を計算で求めることが可能になる。

$$Y = \sum_i n_i\bar{Y}_i = n_1\bar{Y}_1 + n_2\bar{Y}_2 + n_3\bar{Y}_3 + \cdots\cdots\cdots$$

（例題 7-2　参照）

(2) 部分モル量の種類

全ての示量性変数について、部分モル量が存在するので、部分モル量の種類は結構、多いはずである。しかし、化学でよく問題にされる部分モル量は、次の 4 種類だけである。

部分モル自由エネルギー（$\bar{G}_i$）［＝化学ポテンシャル（μ_i）］
部分モル体積（$\bar{V}_i$）
部分比容（$\bar{v}_i$）
極限部分モル体積（V_i^{∞}）［＝ $\bar{v}_iM_i$］

これらの部分モル量について、以下、詳しく記述して行く。

(3) 部分モル自由エネルギー（$\bar{G}_i$），化学ポテンシャル（μ_i）

$$\bar{G}_i = \mu_i = \left(\frac{\partial G}{\partial n_i}\right)_{T,P,nj} \quad \cdots\cdots\cdots \text{定義式}$$

ここで、G：多成分系（溶液）の自由エネルギー

$\bar{G}_i$：成分 i（溶質）の部分モル自由エネルギー

μ_i：成分 i（溶質）の化学ポテンシャル

n_i：成分 i（溶質）のモル数

n_j：成分 j（溶媒）のモル数

T：温度，P：圧力

部分モル自由エネルギー（$\bar{G}_i$）と化学ポテンシャル（μ_i）は、全く同一である。しかし、後者の呼び方が圧倒的に多い。以下、化学ポテンシャル（μ_i）と記述することにする。

化学ポテンシャル（μ_i）は自然科学の多くの分野で、基本的かつ重要な熱力学的性質となっている。化学においては、“相平衡”，“浸透圧”，“溶液の性質”などの分野で、直接的に扱われている。

（4 章　化学ポテンシャル（μ）参照）

定義式が偏微分であることから、化学ポテンシャル（μ_i）は“傾き”である。

即ち、化学ポテンシャル（μ_i）は、温度，圧力，成分 j（溶媒）のモル数が一定のもとで、成分 i（溶質）が 1mol 増えた時の自由エネルギー G の増加量である。

(4) 部分モル体積（$\bar{V}_i$）

(ｉ) 部分モル体積（$\bar{V}_i$）の定義

$$\bar{V}_i = \left(\frac{\partial V}{\partial n_i}\right)_{T,P,n_j} \quad \cdots\cdots\cdots \text{定義式}$$

ここで、V：多成分系（溶液）の体積

$\bar{V}_i$：成分 i（溶質）の部分モル体積

n_i：成分 i（溶質）のモル数

n_j：成分 j（溶媒）のモル数

T：温度，P：圧力

定義式が偏微分より、部分モル体積（$\bar{V}_i$）は“傾き”である !!

定義式を“具体的に”表現すれば、部分モル体積（$\bar{V}_i$）は次のように言える。

「部分モル体積（$\bar{V}_i$）は、T，P 一定のもとで、成分 i（溶質）1mol を大量の溶媒あるいは溶液に溶かしたときの体積増加である。」

（注意）ここで、大量の溶媒あるいは溶液とは、「成分 i（溶質）1mol が加えられても、組成（即ち、成分 i と成分 j のモル分率 x_i，x_j）がほとんど変化しないほど大量の溶媒あるいは溶液」という意味である。

⇒ 従って、部分モル体積（$\bar{V}_i$）は、ある任意の組成（x_i, x_j）の溶液中で、成分 i（溶質）1mol が占める体積である。

故に、部分モル体積（$\bar{V}_i$）をアボガドロ数で割った $\bar{V}_i/N_A$ は、ある任意の組成（x_i, x_j）の溶液中で、成分 i（溶質）1 分子が占める体積となる。

従って、次のように結論される。

部分モル体積（$\bar{V}_i$）は、ある任意の組成の溶液中で、溶質 1 分子が占める体積を反映する‼

⇒ 従って、部分モル体積（$\bar{V}_i$）は、溶液を“分子レベル”で研究したいとき非常に役立つ物理量である。現に、部分モル体積（$\bar{V}_i$）は古くから精力的に研究されている。

（ⅱ）部分モル体積（$\bar{V}_i$）の組成依存性

一般に、部分モル量には組成依存性が存在する。部分モル体積（$\bar{V}_i$）にも組成依存性があり、溶液組成（モル分率 x_i, x_j）と共に変化する !!

次の図は、水－エタノール系（溶液）について、25℃における部分モル体積（$\bar{V}_i$）の組成依存性を示している。

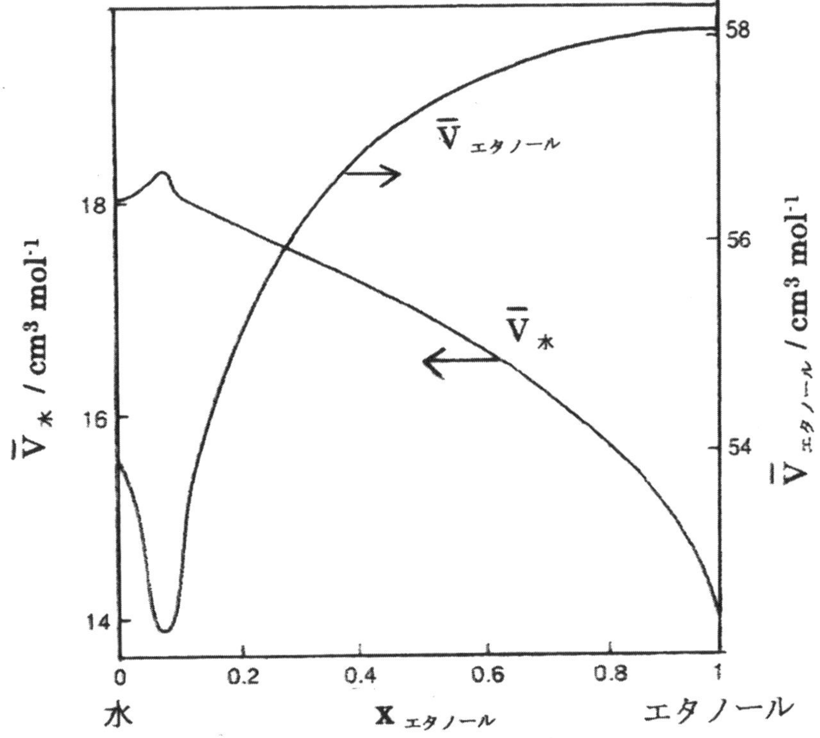

図 7-4　水－エタノール系の部分モル体積（$\bar{V}_{水}$, $\bar{V}_{エタノール}$）(at 25℃)

上図において、水とエタノールの部分モル体積、$\bar{V}_{水}$, $\bar{V}_{エタノール}$は溶液組成（$x_{エタノール}$）と共に曲線を描きながら変化しており、両者が組成依存性を持っていることが分かる !!

（注意）もし組成依存性がなかったら、$\bar{V}_{水}$, $\bar{V}_{エタノール}$は“水平線”となるはずである !!

［組成依存性の原因］

“1個の水分子”に接触する水分子とエタノール分子の数は、それぞれ、溶液組成（$x_{エタノール}$）と共に変化する。その結果、“1個の水分子”周辺の密度が、分子間力，分子配向などの変化によって変化する。その結果、“1個の水分子”が占める体積は、溶液組成（$x_{エタノール}$）と共に変化する。故に、結局、“1個の水分子”が占める体積を反映する$\bar{V}_{水}$は、図7-4に示されているように、溶液組成（$x_{エタノール}$）と共に変化することになる。

［参考］特に、水－エタノール系の場合は、$\bar{V}_{水}$と$\bar{V}_{エタノール}$はそれぞれ$x_{エタノール}$ = 0.07付近に小さな鋭いピークを持ち、これらのピークについても議論されている。

（iii）部分モル体積（$\bar{V}_i$）から溶液の体積を求める

一般に、水－エタノール系のような非理想溶液（実在溶液）が出来る場合は、<u>体積に加成性が成立しない。</u>例えば、25℃で、水10cm^{3}とエタノール5cm^{3}を混合した場合、14.6cm^{3}の溶液が出来る。この場合、10cm^3＋5cm^3＝15cm^{3}のように、単純に足し算をすることによって溶液の体積（14.6cm^3）を求めることはできない。

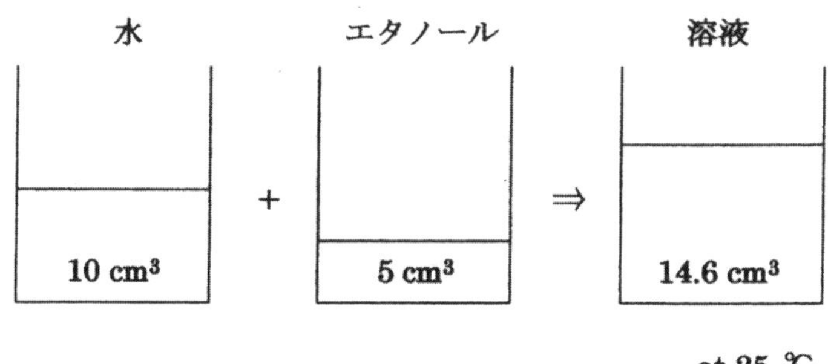

しかし、25℃における2つの成分のこの組成における部分モル体積、$\bar{V}_{水}$, $\bar{V}_{エタノール}$が分かっていれば、次の式によって、溶液の体積（14.6cm^3）を計算で求めることができる。

$$溶液の体積：V = \sum_i n_i\bar{V}_i = n_{水}\bar{V}_{水} + n_{エタノール}\bar{V}_{エタノール}$$

ここで、V：多成分系（溶液）の体積
$\bar{V}_i$：成分iの部分モル体積
n_i：成分iのモル数
$n_{水}$：水10cm^{3}のモル数
$n_{エタノール}$：エタノール5cm^{3}のモル数

(5) 極限部分モル体積（V_i^{∞}）

$$V_i^{\infty} = \left(\frac{\partial V}{\partial n_i}\right)_{T,P,nj} \quad (x_i \fallingdotseq 0) \qquad 定義式 \cdots\cdots(3)$$

ここで、V：溶液の体積
V_i^{∞}：成分i（溶質）の極限部分モル体積
n_i：成分i（溶質）のモル数
n_j：成分j（溶媒）のモル数
T：温度，P：圧力
x_i：成分i（溶質）のモル分率

（注意）∞は無限大を表す記号であるが、ここでは$x_i \fallingdotseq 0$の極限状態（無限希釈状態）を表している。

定義式が偏微分であり、さらに $x_i \fallingdotseq 0$ の条件より、極限部分モル体積（V_i^{∞}）は"初期勾配"である!!

上記の定義式を具体的に表現すると、次のように言える。

極限部分モル体積（V_i^{∞}）は、T, P 一定の下（もと）で、溶質 1 mol を大量の溶媒に溶かしたときの体積増加である。

（注意）ここで、"大量の溶媒"とは、「溶質 1 mol が加えられても、溶質濃度がほとんど変化しないほど大量の溶媒」という意味である。

⇒ 従って、極限部分モル体積（V_i^{∞}）は、無限希釈で、溶質 1 mol が占める体積である。故に、V_i^{∞}/N_A は、無限希釈で、溶質 1 分子が占める体積となる。ここで、N_A：アボガドロ(定)数（$= 6.02 \times 10^{23} \text{mol}^{-1}$）

無限希釈：溶質分子が孤立して存在している希薄な濃度

従って、次のように結論される。

極限部分モル体積（V_i^{∞}）は、無限希釈で、溶質 1 分子が占める体積を反映する物理量である。

(6) 部分比容 ($\bar{v}_i$)

$$\bar{v}_i = \left(\frac{\partial V}{\partial m_i}\right)_{T,P,mj} \qquad (x_i \fallingdotseq 0) \qquad \text{定義式} \cdots\cdots (4)$$

ここで、V：溶液の体積

$\bar{v}_i$：成分 i（溶質）の部分比容

m_i：成分 i（溶質）の g 数

m_j：成分 j（溶媒）の g 数

T：温度，P：圧力

x_i：成分 i（溶質）のモル分率

定義式が偏微分であり、さらに $x_i \fallingdotseq 0$ の条件より、部分比容（$\bar{v}_i$）は“初期勾配”である !!

上記の定義式を具体的に表現すると、

部分比容（$\bar{v}_i$）は、T，P 一定の下（もと）で、溶質 1g を大量の溶媒に溶かしたときの体積増加である。

（注意）ここで、“大量の溶媒”とは、「溶質 1g が加えられても、溶質濃度がほとんど変化しないほど大量の溶媒」という意味である。（例えば、100g 以上の溶媒があれば、充分と思われる。）

⇒ 従って、部分比容（$\bar{v}_i$）は、無限希釈で、溶質 1g が占める体積である。

故に、$\bar{v}_i M_i / N_A$ は、無限希釈で、溶質 1 分子が占める体積となる。

ここで、M_i：成分 i（溶質）の分子量，N_A：アボガドロ（定）数従って、次のように結論される。

部分比容（$\bar{v}_i$）は、無限希釈で、溶質1分子が占める体積を反映する物理量である。

なお、これまでの記述で分かるように、部分比容（$\bar{v}_i$）と極限部分モル体積（V_i^{∞}）の間には、次の関係式が存在する。

$$V_i^{\infty} = \bar{v}_i M_i$$

この式によって$\bar{v}_i$の実験結果からV_i^{∞}を算出することが出来る!!
次に出て来る図7-5をご参照ください。

[$\bar{v}_2$とV_2^{∞}を求める方法]

部分比容$\bar{v}_2$と極限部分モル体積V_2^{∞}を求める方法には、幾つかの種類がある。ここでは、密度(ρ) vs. 濃度(C)のグラフ、即ち、ρ vs. C プロットを用いる方法を取り上げる。図7-5は、酢酸(溶媒:1)―ピリジン(溶質:2)系のρ vs. C プロットである。この図を用いて、酢酸中におけるピリジンの$\bar{v}_2$とV_2^{∞}を求める方法を説明する。

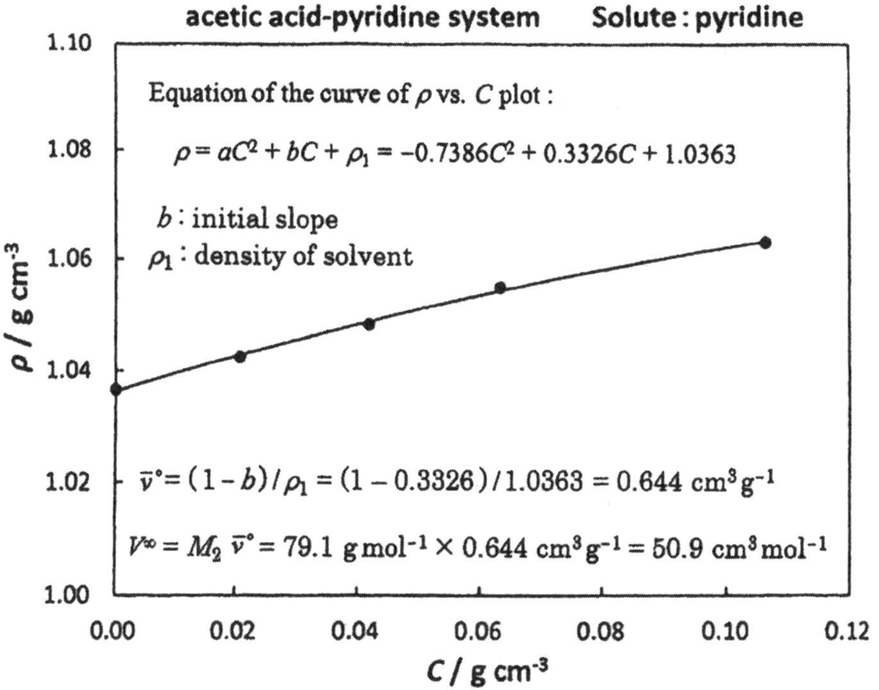

図7-5　酢酸（溶媒）―ピリジン（溶質）系における密度（ρ）vs. 濃度（C）プロット　　at 30.00 ± 0.05℃
ここで、$\bar{v}° = \bar{v}_2$，$V^{\infty} = V_2^{\infty}$　solvent：溶媒　solute：溶質

ρ vs. C プロットの近似曲線は、$\rho = a\mathrm{C}^2 + b\mathrm{C} + \rho_1$ で表すことができる。ここで、ρ_1 は溶媒の密度である。この式をCで微分すると、$\mathrm{d}\rho/\mathrm{dC} = 2a\mathrm{C} + b$ となる。ここで、b は ρ vs. C プロットの初期勾配（initial slope）である。

一方、私たちは、$\bar{v}_2$ の定義式、$\bar{v}_2 = \left(\dfrac{\partial V}{\partial m_2}\right)_{T,P,m_1}$ から次式を誘導することが出来る。（誘導方法はすぐ後で詳述している。）

$$\rho = \rho_1 + (1 - \bar{v}_2 \rho_1)\mathrm{C} \quad \cdots\cdots (5)$$

ここで、$(1 - \bar{v}_2 \rho_1)$ は ρ vs. C プロットの初期勾配（initial slope）である。故に、$1 - \bar{v}_2 \rho_1 = b$ が成立する。故に、次のようにして、$\bar{v}_2$ が求められる。

$$\bar{v}_2 = \frac{1-b}{\rho_1} = \frac{1-0.3326}{1.0363} = 0.644\ \mathrm{cm^3g^{-1}}$$

ここで、$\bar{v}_2$は無限希釈の状態で、溶質1gが占める体積である。

一方、V_2^{∞}は溶質1 mol当たりの体積であることより、ピリジン（溶質）の分子量、$M_2 = 79.1\ \mathrm{g\ mol^{-1}}$を用いて、次式により求めることが出来る。

$$V_2^{\infty} = M_2\bar{v}_2 = 79.1\ \mathrm{g\ mol^{-1}} \times 0.644\ \mathrm{cm^3g^{-1}} = 50.9\ \mathrm{cm^3mol^{-1}}$$

［$\rho = \rho_1 + (1 - \bar{v}_2\rho_1)C$ の誘導］

溶媒(1)－溶質(2)系の溶質(2)の部分比容$\bar{v}_2$は、次のように定義されている。

$$\bar{v}_2 \equiv \left(\frac{\partial V}{\partial m_2}\right)_{T,P,m_1}$$

ここで、無限に大量の溶媒体積$V_1\mathrm{cm^3}$にm_2 gの溶質を溶かして作った溶液の体積が$V\mathrm{cm^3}$であった場合、次式が成立する。

（注意）無限希釈より、この溶液には溶質－溶質分子間力は存在しない。

$$\bar{v}_2 \equiv \left(\frac{\partial V}{\partial m_2}\right)_{T,P,m_1} = (V - V_1)/m_2 \quad \cdots\cdots ①$$

この時、無限に大量の溶媒質量がm_1 gであったとすると、

溶媒の密度$\rho_1 = m_1/V_1$

$$\therefore V_1 = m_1/\rho_1 \quad \cdots\cdots ②$$

溶液の密度$\rho = (m_1 + m_2)/V$

$$\therefore V = (m_1 + m_2)/\rho \quad \cdots\cdots ③$$

溶質の質量分率w_2は、$w_2 = m_2/(m_1 + m_2)$ ……… ④

$\therefore w_2(m_1 + m_2) = m_2 \quad \therefore m_1w_2 + m_2w_2 = m_2$

$\therefore m_2w_2 - m_2 = -m_1w_2 \quad \therefore m_2(w_2 - 1) = -m_1w_2$

$\therefore m_2 = -m_1w_2/(w_2-1) = m_1w_2/(1-w_2)$ ……………………… ⑤

①に、③と②の関係を代入すると、⑥が得られる。

$\bar{v}_2 = (V - V_1)/m_2 = V/m_2 - V_1/m_2$

$= (m_1 + m_2)/(\rho m_2) - m_1/(\rho_1 m_2)$ ……………………… ⑥

ここで、④から、$(m_1 + m_2)/m_2 = 1/w_2$

さらに、⑤から、$1/m_2 = (1 - w_2)/(m_1w_2)$

これら2つの関係を⑥に代入すると、⑦が得られる。

$\bar{v}_2 = 1/(\rho w_2) - m_1(1 - w_2)/(\rho_1 m_1 w_2)$

$= 1/(\rho w_2) - 1/(\rho_1 w_2) + 1/\rho_1$ ……………………… ⑦

両辺に、$\rho\ \rho_1 w_2$ をかけると、

$\rho\ \rho_1 w_2 \bar{v}_2 = \rho_1 - \rho + \rho w_2$ ……………………… ⑧

一方、溶液の質量濃度C（$g\ cm^{-3}$）は、次の様に表される。

$C = $(溶質 g)/(溶液 cm^3) $= m_2/V$

ここで、③は、$V = (m_1 + m_2)/\rho$

$\therefore C = m_2/V = \rho m_2/(m_1 + m_2)$

ここで、④は、$m_2/(m_1 + m_2) = w_2$

$\therefore C = \rho w_2$ ……………………… ⑨

⑨を⑧に代入すると、次式が得られる。

$C\rho_1 \bar{v}_2 = \rho_1 - \rho + C$

$\therefore \rho = \rho_1 + (1 - \bar{v}_2\rho_1)C$ ……………………… ⑩

（誘導おわり）

[無限希釈で研究することの意義]

無限希釈溶液においては、溶質分子は孤立して存在し、溶質分子の周りには溶媒分子だけが存在している。従って、溶質－溶質分子間力は無く、溶質－溶媒分子間力と溶媒－溶媒分子間力だけが存在している。従って、無限希釈溶液は、普通の溶液に比べ、溶液構造と分子間力がシンプルである。

従って、無限希釈溶液は、“溶質－溶媒分子間力”と“溶質分子の周りの溶媒分子”に注目して研究したい場合は非常に好都合である。

実際に、無限希釈における溶液物性である極限部分モル体積（V_i^{∞}）と部分比容（$\bar{v}_i$）は、古くから多くの研究者によって精力的に研究されて来た。単一の分子量が決定できる“低分子”，“酵素タンパク質”，“核酸”などの場合は、極限部分モル体積（V_i^{∞}）が測定されて来た。

一方、平均分子量しか得られない合成高分子の場合は、専（もっぱ）ら部分比容（$\bar{v}_i$）が測定されて来た。例えば、水和研究の為に、あるいは、超遠心法による平均分子量測定の為に、部分比容（$\bar{v}_i$）が測定されて来た。

［参考］ 超遠心法によって、高分子の重量平均分子量 M_w を求める為には次式を用いる。(ただし、ここでの高分子は、合成高分子，生体高分子，等々、全ての高分子が含まれる。)

$$M_w = \frac{2RT}{(1-\bar{v}_i\rho)}\frac{1}{(r_b^2 - r_m^2)}\frac{c_b - c_m}{c_0}$$

ここで、$\bar{v}_i$ は高分子の部分比容である。従って、M_w を求める為には、（高分子の）超遠心測定に加えて、（高分子の）部分比容の測定が必要となる。

（注）上式は、参考文献(6)の９章に詳述されている。

余談にはなりますが、高分子を専門として来た著者（稲村）は、この式の存在にヒントを得て、あるいは触発されて、ほとんど全ての低分子液体の極限部分モル体積 V_i^{∞}（V_2^{∞}, V_{23}^{∞}, V_3^{∞}）を測定し、溶液化学の一端を明らかにすることが出来たのは幸運でした。

Ⅶ．極限（きょくげん）部分モル体積（V_i^{∞}）

以下、７章の終わりまで、著者（稲村）らの３種類の極限部分モル体積（V_i^{∞}：V_2^{∞}, V_{23}^{∞}, V_3^{∞}）についての研究を紹介しておきます。いずれも、無限希釈溶液の性質を分子レベルで解明しようとしたものです。著者らの知る限り、この種の研究は他に見当たりません。

ここで、V_2^{∞}, V_{23}^{∞}, V_3^{∞} は 30.00 ± 0.05℃で、κ は 30℃で、ΔH_{mix} は 27℃で測定しています。

著者らの文献は次の２つです。ご参照頂ければ幸いです。

Inamura, I., Jinbo, Y., Saiko, T. : Effects of volume-% of voids in a solvent and repulsive solute-solvent interactions, on limiting partial molar volumes（V^{∞}）in solvent（1）- solute（2）systems. J. Solution Chem. **44**, 1777-1797（2015）. ……V_2^{∞}に関する論文

Inamura, I., Jinbo, Y., Inamura, K., Ohta, A., Saiko, T. : Limiting Partial Molar Volumes（V_{23}^{∞}）in Solvent（1）-［Solute（2）+Solute（3）］Systems and the

Effects of Ionic Hydration on V_{23}^{∞}. J.Solution Chem. **48**, 611-623 (2019). (open access)……V_{23}^{∞}, V_3^{∞}に関する論文

［参考］上記の論文は、著者名→論文タイトル→雑誌名→巻→ページ→西暦年の順に書かれています。また、上記のように、V_2^{∞}は簡単に、V^{∞}と記されることがよく有りますのでご注意ください。

(1) 溶媒1－溶質2系の極限部分モル体積（V_2^{∞}）

(i) 溶媒空所（くうしょ）のV_2^{∞}への効果

一般に、水および有機溶媒は、ほぼ30－50 vol%の空所（くうしょ）（void（ボイド））を含んでいる。(例えば、図7-6の横軸を参照して下さい。)

図7-6に示されているように、溶媒中の空所（溶媒空所）のvol%が増大すると共に、水のV_2^{∞}は減少する傾向を示した。しかし、水（20.6 Å^3…ファン デル ワールス体積）より大きな分子体積を持つ8つの溶質〔メタノール（36.1 Å^3），二硫化炭素（51.8 Å^3），酢酸（55.5 Å^3），アセトン（64.9 Å^3），DMSO（74.6 Å^3），ピリジン（75.5 Å^3），ベンゼン（80.3 Å^3），四塩化炭素（86.9 Å^3）〕のV_2^{∞}は、このような傾向を示さなかった。

この結果から、次のことが言える。

小さな水分子は溶媒空所に侵入できる。侵入した水分子は、系の体積増加、即ち、水のV_2^{∞}に寄与できない。その結果、水のV_2^{∞}は溶媒空所のvol%が増大すると共に減少したと考えられる。

以上より、この研究は次のように結論できる。

結論：水分子はいろいろな分子の溶媒空所に侵入できる。しかし、水より大きい分子は侵入できない。このことが実験によって初めて実証された !!

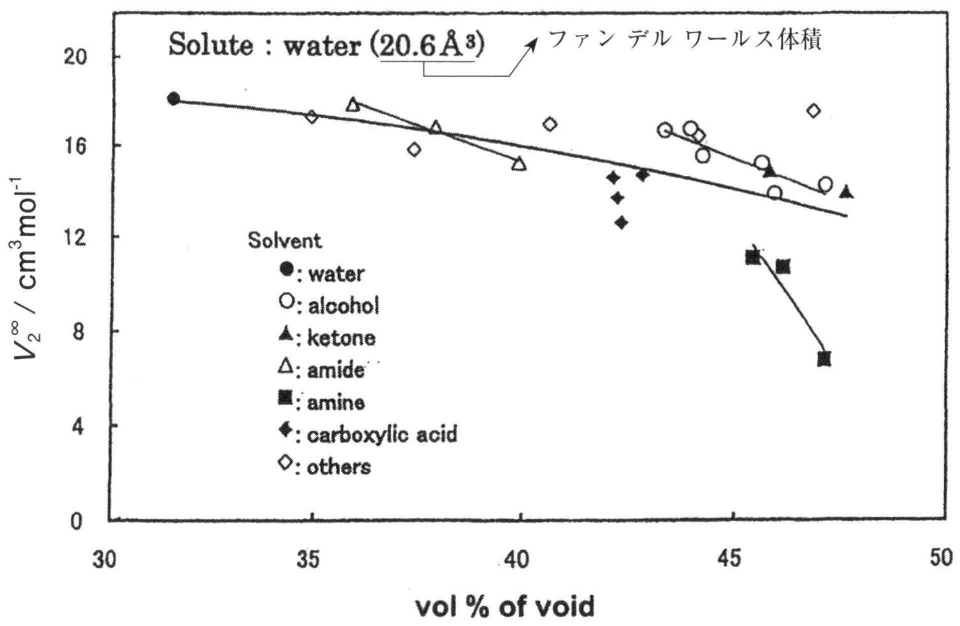

図 7-6　いろいろな値の空所－vol％をもつ溶媒に溶かされた水の V_2^∞

ここで、water：水　ketone：ケトン　amide：アミド
amine：アミン　carboxylic acid：酢酸
void：空所　（at 30.00 ± 0.05℃）
さらに、solute：溶質　solvent：溶媒

（ii）溶質－溶媒分子間力の V_2^∞ への効果

前述の 9 つの溶質の V_2^∞ と混合熱（ΔH_{mix}）の間に、どのような関係があるかを調べた。図 7-7 と図 7-8 には、それぞれピリジンと四塩化炭素が溶質として選ばれた場合の結果を示している。

（注意）ΔH_{mix} の測定は、モル分率 0.05 の溶質とモル分率 0.95 の溶媒を混合することによって行っている。両者の比率から考えて、混合後、無限希釈溶液が出来ていると考えられる。（図 7-9 参照）

図 7-7 と図 7-8 において、ピリジンと四塩化炭素の V_2^{∞} は ΔH_{mix} の減少と共に直線的に減少した。この傾向は、他の 7 つの溶質（水，メタノール，二硫化炭素，酢酸，アセトン，DMSO，ベンゼン）の V_2^{∞} についても認められた。

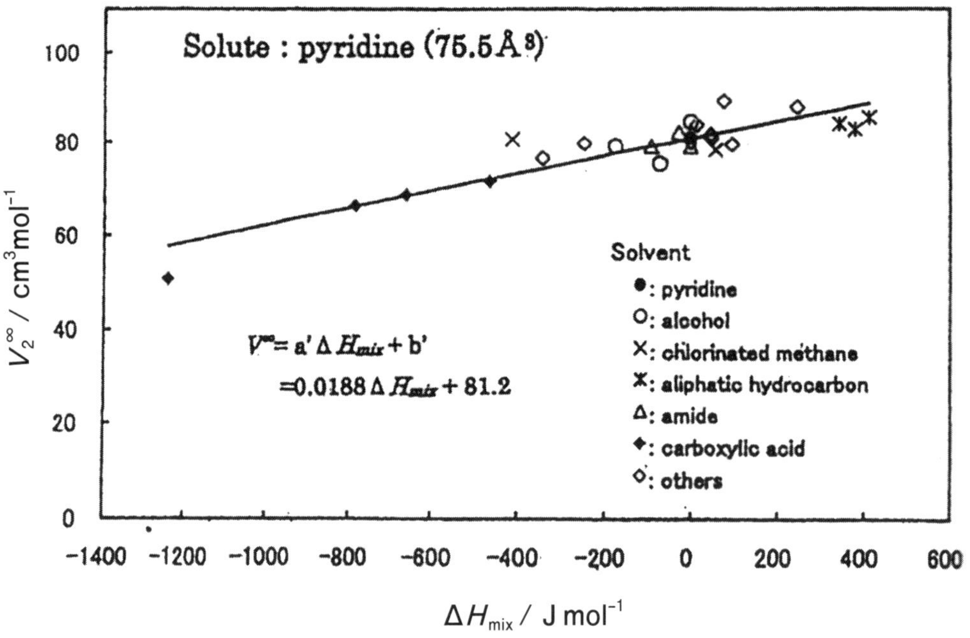

図 7-7　色々な溶媒に溶かされた溶質（ピリジン）の V_2^{∞} と混合熱 ΔH_{mix} との関係（at 30.00 ± 0.05℃）

ここで、pyridine：ピリジン
chlorinated methan：塩化メタン（クロロホルム，四塩化炭素）
aliphatic hydrocarbon：脂肪族炭化水素
alcohol：アルコール
amide：アミド
carboxylic acid：酢酸
others：その他

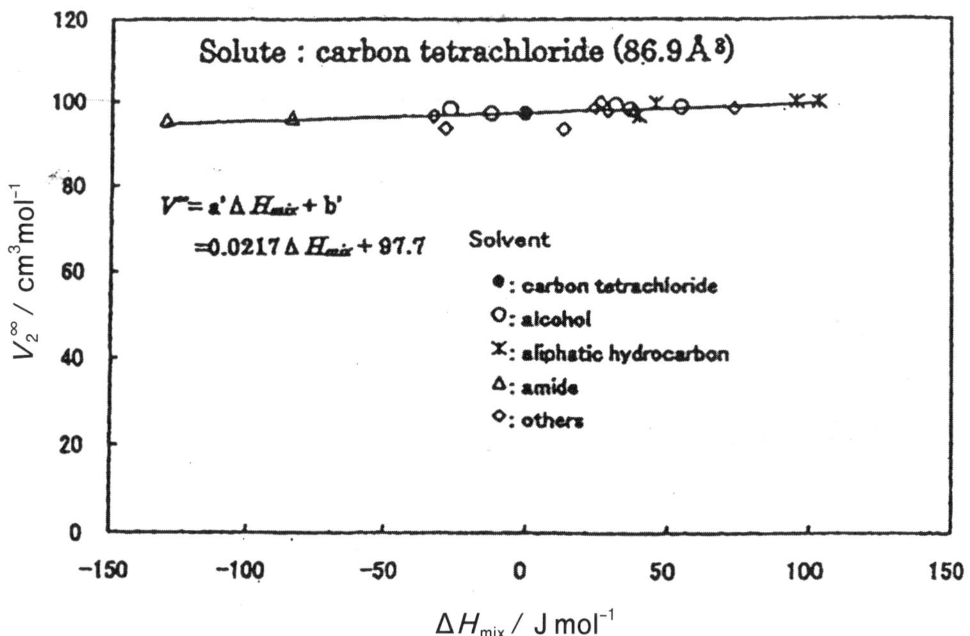

図 7-8　色々な溶媒に溶かされた溶質（四塩化炭素）の V_2^∞ と混合熱 $\Delta H_{\rm mix}$ との関係（at 30.00 ± 0.05℃）

ここで、carbon tetrachloride：四塩化炭素
alcohol：アルコール
others：その他

結論：V_2^∞ は溶質－溶媒分子間力が増大すると共に減少する。このことが、実験によって初めて実証された !!

この結論は、後述の［混合熱 $\Delta H_{\rm mix}$ による分子間力の評価］の中で、さらに詳しく説明しています。

[溶質と溶媒の混合熱ΔH_{mix}測定の為の装置と方法]

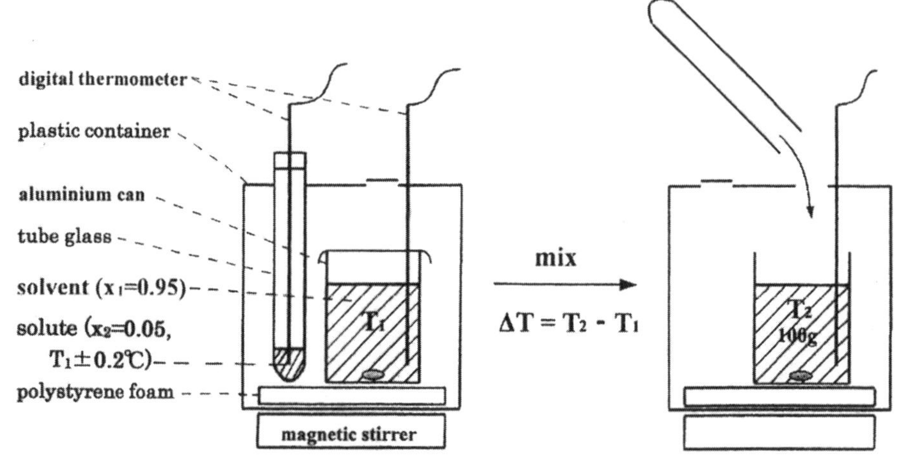

図 7-9　溶質 (x_2 = 0.05) を溶媒 (x_1 = 0.95) に混合した時の温度変化 ΔT を測定し、次式により混合熱 ΔH_{mix} を求める。at 27℃

$$\Delta H_{\mathrm{mix}} = -C_p \Delta T\,[(1-x_2)M_1 + x_2 M_2]/W_{\mathrm{soln}}$$

ここで、C_p:（全系の）定圧熱容量　x_2:溶質のモル分率 (=0.05)

M_1, M_2：溶媒, 溶質の分子量　W_{soln}：溶液の質量 (=100g)

[混合熱ΔH_{mix}による分子間力の評価]

この研究は、溶質－溶質接触が存在しない“無限希釈溶液”を扱っている。溶質と溶媒を混合することによって、無限希釈溶液が出来る時、溶質－溶媒接触は次のようにして形成される。

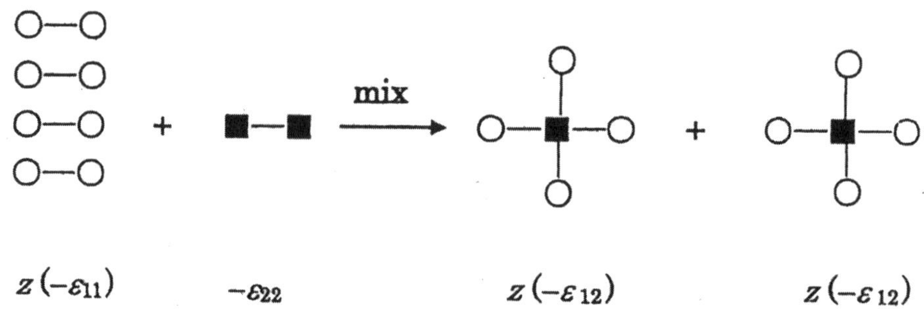

ここで、○と■は、それぞれ溶媒分子と溶質分子を表している。zは孤立溶質分子の配位数を表している。また、ε_{11}, ε_{22}, ε_{12}はそれぞれ溶媒－溶媒分子間力、溶質－溶質分子間力、溶質－溶媒分子間力である。そして、これらの分子間力は、分散力、双極子－双極子力、水素結合、クーロン力、電荷移動力、等々の分子間力の幾つかを含んでいる。

上図で、注意したいことは、ε_{22}が定数と見なせる事です。何故なら、例えば図7-7を作成する時、一種類の溶質（ピリジン）に対して、溶媒をいろいろ変えながらV_2^{∞}とΔH_{mix}を測定しているからです。それ故に、

ε_{22} = constant

ここで、混合熱ΔH_{mix}は混合前後のエネルギー差である。従って、上図から次のような表現が可能である。

$$\Delta H_{\mathrm{mix}} \propto [z(-\varepsilon_{12}) + z(-\varepsilon_{12})] - [z(-\varepsilon_{11}) + (-\varepsilon_{22})]$$

$$= 2z(-\varepsilon_{12}) - z(-\varepsilon_{11}) - (-\varepsilon_{22})$$

ここで、$-(-\varepsilon_{22})$ = constant

$$\therefore \Delta H_{\mathrm{mix}} \propto 2z(-\varepsilon_{12}) - z(-\varepsilon_{11}) + \mathrm{constant}$$

$$= 2z[(-\varepsilon_{12}) - 0.5(-\varepsilon_{11})] + \mathrm{constant}$$

$$\therefore \Delta H_{\mathrm{mix}} \propto 2z[(-\varepsilon_{12}) - 0.5(-\varepsilon_{11})] + \mathrm{constant} \quad \cdots\cdots (6)$$

ここで、z：溶質分子への溶媒分子の配位数

$\varepsilon_{11}, \varepsilon_{22}, \varepsilon_{12}$:分子間力

$-\varepsilon_{11}, -\varepsilon_{22}, -\varepsilon_{12}$:分子間エネルギー

この式から、溶媒－溶媒分子間力（ε_{11}）に比べて、溶質－溶媒分子間力（ε_{12}）が大きいほど、混合熱ΔH_{mix}は負の方向に大きくなり、発熱反応になる傾向が大になる。

従って、図 7-7 と図 7-8 において、ΔH_{mix} が負の方向に大きくなるにつれて、V_2^{∞} が小さくなった結果は、次のように説明できる。

ΔH_{mix} が負の方向に大きくなると、溶質－溶媒分子間力が大きくなり、溶質－溶媒分子間キョリが小さくなる。その結果、V_2^{∞} が小さくなった、と解釈できる。　　　　(7 章, Ⅳ, (2), (ⅱ), $\Delta H_{mix}<0$ (発熱)の場合　参照)

(7 章, Ⅴ, (1). 図「エネルギー H vs. 反応経路」参照)

(2) 溶媒 1 －[溶質 2 ＋溶質 3]系の極限部分モル体積 (V_{23}^{∞})

溶媒 1 －[溶質 2 ＋溶質 3]系における極限部分モル体積 (V_{23}^{∞}) は、次のように定義される。

$$V_{23}^{\infty} = (\partial V / \partial n_{23})_{T,P,n1} \quad \cdots\cdots (7)$$

ここで、V は系の体積、n_1 は溶媒 1 のモル数、n_{23} は溶質 2 と溶質 3 の混合溶質のモル数を表す。

また、溶質組成は次のように表される。

溶質組成：$x_3 = n_3/(n_2 + n_3)$ ……図 7-10 ～図 7-15 の横軸

ここで、n_2 と n_3 はそれぞれ溶質 2 と溶質 3 のモル数である。

著者（稲村）らは、混合溶質（溶質 2 ＋溶質 3）の極限部分モル体積 (V_{23}^{∞}) が溶質組成 x_3 にどのように依存するかを調べた。その結果を以下に示す。

（i）混合溶質（2と3）が、ほとんどイオン化しない場合

結果は図7-10のようになった。ベンゼン－［アセトン＋クロロホルム］系、アセトン－［ピリジン＋酢酸］系、水－［アセトン＋メタノール］系、水－［アセトン＋ピリジン］系、水－［アセトン＋酢酸］系などの全ての系において、$V_{23}{}^{\infty}$の測定点は直線上に在り、加成性が成立した。

この結果から、5つの系について、次のことが結論される。溶質2分子と溶質3分子へ接触する溶媒1分子の数は、溶質組成x_3［$=n_3/(n_2+n_3)$］が0から1まで変化しても、全く変化しなかったことが分かる。無限希釈の条件から考えて、溶質2分子と溶質3分子へ、それぞれ最大限の個数の溶媒1分子が配位していると考えられる。

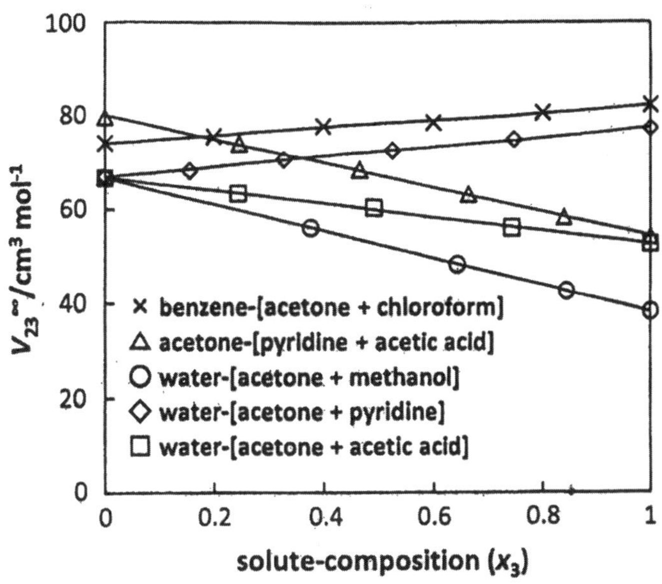

図7-10　溶媒1－［溶質2＋溶質3］系の$V_{23}{}^{\infty}$の溶質組成x_3［$=n_3/(n_2+n_3)$］依存性：この場合、混合溶質（2と3）は、ほとんどイオン化していない。at 30.00 ± 0.05℃

ここで、benzene：ベンゼン　acetone：アセトン
chloroform：クロロホルム　acetic acid：酢酸
methanol：メタノール　pyridine：ピリジン

（ii）混合溶質(2 と 3)がイオン化する場合

この場合の結果は、図 7-11 のようになった。水－［ピリジン＋酢酸］系、水－［ピリジン＋プロピオン酸］系、および水－［ピリジン＋酪酸］系の全ての系において、V_{23}^{∞}の測定点は加成性直線から負の方向に大きく外れた。

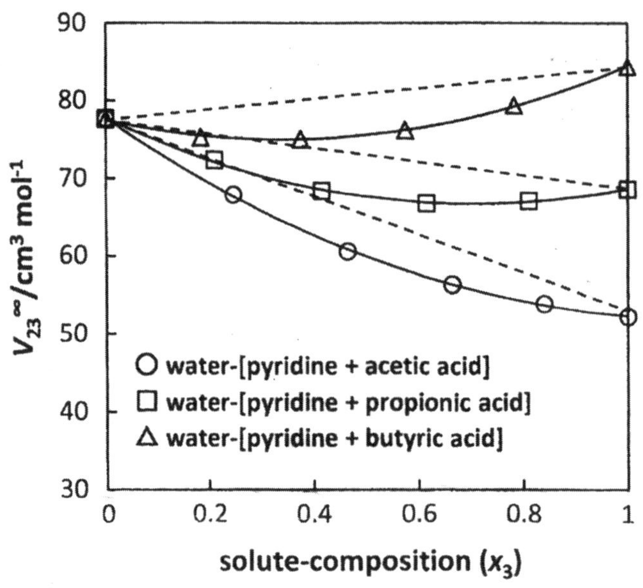

図 7-11　水－［ピリジン＋脂肪酸（酢酸，プロピオン酸 or 酪酸］系の V_{23}^{∞} の溶質組成 $x_3[=n_3/(n_2+n_3)]$ 依存性：この場合、混合溶質(2 と 3)はイオン化している。at 30.00 ± 0.05℃

ここで、acetic acid：酢酸　propionic acid：プロピオン酸
butyric acid：酪酸　pyridine：ピリジン

図 7-12 は水－［ピリジン＋脂肪酸］系における $-\Delta V_{23}^{\infty}$ /cm^{3}mol^{-1} の溶質組成（x_3）依存性を示している。ここで、縦軸の $-\Delta V_{23}^{\infty}$ /cm^{3}mol^{-1} は、図 7-11 において、V_{23}^{∞}が加成性直線から負の方向へどれだけ外れているかを示している。さらに、図 7-13 は水－［ピリジン＋脂肪酸］系における電気伝導度（カッパ）（κ）の溶質組成（x_3）依存性を示している。ここで、電

気伝導度（κ）の値はイオンの数と比例していると考えられる。

（10章，Ⅰ，(a) 伝導度κ　参照）

図7-12と図7-13を比較すると、$-\Delta V_{23}^{\infty}$の近似曲線の形とκの近似曲線の形がほとんど同じである事が分かる。例えば、それぞれ3本の$-\Delta V_{23}^{\infty}$とκの近似曲線は$x_3 \fallingdotseq 0.5$で極大値を取った。そして、グラフ両端で、即ち、$x_3 = 0$ or 1の時、$-\Delta V_{23}^{\infty}$とκの値はゼロか、あるいは非常に小さな値を取った。

これらの実験結果から、次に記すような幾つかの興味深い結論が得られた。$x_3 = 0.5$の時は、存在する全てのピリジン分子と脂肪酸分子は、水中で容易にイオン化する。しかし、$x_3 \neq 0.5$の時の過剰に存在するピリジン分子または脂肪酸分子は、ほんの僅かしかイオン化しないことが結論された。さらに、1個のピリジンイオンによって引き起こされる$-\Delta V_{23}^{\infty}$は、1個の脂肪酸イオンによって引き起こされる$-\Delta V_{23}^{\infty}$と値が非常に近い。結局、$-\Delta V_{23}^{\infty}$とκの実験結果から、V_{23}^{∞}の加成性直線から負方向への外れは、ピリジンと脂肪酸のイオン化が原因であることが明らかにされた。

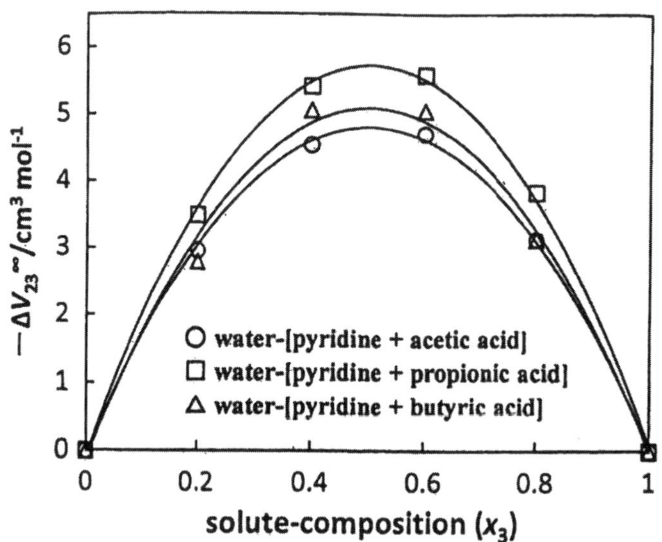

図 7-12　水－[ピリジン＋脂肪酸] 系における $-\Delta V_{23}^{\infty}$ の溶質組成（x_3）依存性：ここで、$-\Delta V_{23}^{\infty}$ は図 7-11 の中で、V_{23}^{∞} が加成性直線から負の方向へどれだけ外れたかを示している。

溶質組成：$x_3 = n_3/(n_2 + n_3)$

at　30.00 ± 0.05℃

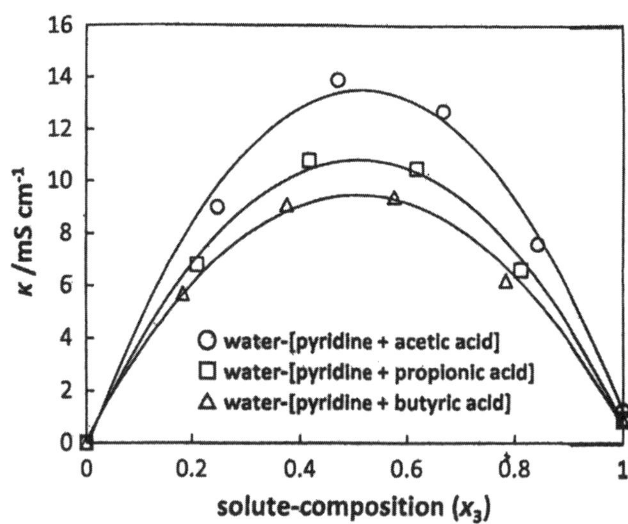

図 7-13　水－[ピリジン＋脂肪酸] 系における電気伝導度（κ）の溶質組成（x_3）依存性：at　30℃

溶質組成：$x_3 = n_3/(n_2 + n_3)$

［混合熱 ΔH_{mix} 測定による分子間力の評価］

図7-14において、全ての溶媒(1)(水)－［溶質(2)＋溶質(3)］系の混合熱 ΔH_{mix} は、加成性直線上に観察された。これらの実験結果から、溶質(2)と溶質(3)は、ほとんどイオン化していないと考えられた。

他方、図7-15においては、水－［ピリジン＋脂肪酸（酢酸，プロピオン酸 or 酪酸)］系の全ての系において、混合熱 ΔH_{mix} は加成性直線から負の方向に大きく外れた。

一般に、混合熱 ΔH_{mix} が減少すると共に、溶質分子と溶媒分子の間の引力が増加すると考えられる。（式(6)参照）それ故、上記の実験結果は、次のように解釈することが出来る。

混合熱 ΔH_{mix} の加成性直線からの負の方向への大きな外れは、強いイオン－H_2O 相互作用、即ち、“イオン水和”によって生じたものである。その結果、イオン－H_2O 間距離は小さくなる。さらに、イオン水和は水の構造を破壊する事も考えられる。これらの理由で、イオン水和が水溶液の体積を大きく減少させた、と結論される。

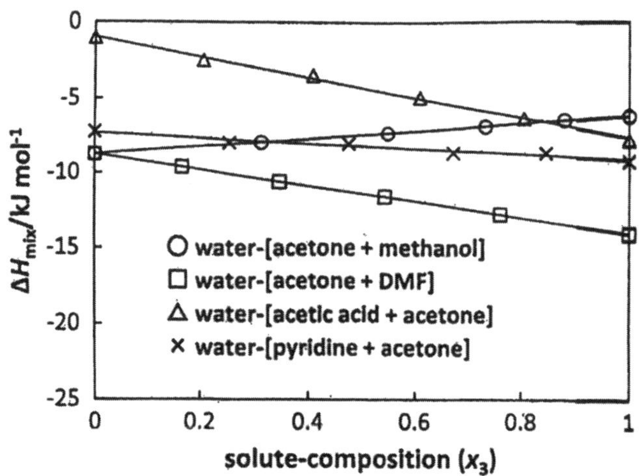

図 7-14　溶媒(1)(水) − [溶質(2) + 溶質(3)] 系における混合熱 ΔH_{mix} の溶質組成 x_3 [$= n_3/(n_2 + n_3)$] 依存性：この場合、溶質(2)と溶質(3)は、ほとんどイオン化していない。DMF：N，N- ジメチルホルムアミド　at 27℃（図7-9参照）

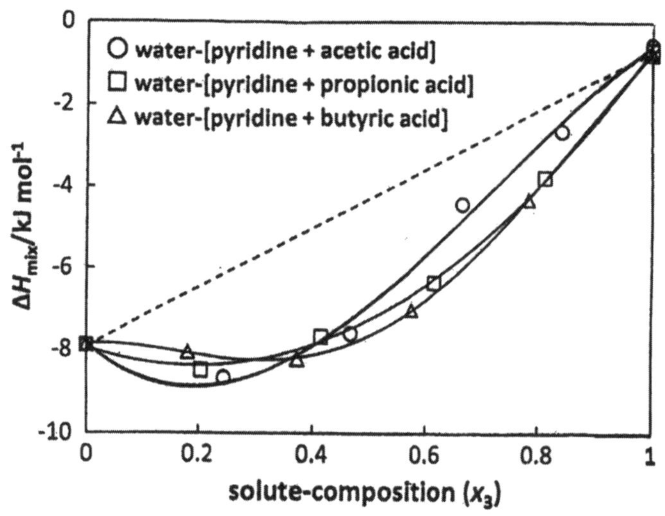

図 7-15　水 − [ピリジン + 脂肪酸(酢酸，プロピオン酸 or 酪酸)] 系における混合熱 ΔH_{mix} の溶質組成 x_3 [$= n_3/(n_2 + n_3)$] 依存性　at 27℃（図7-9参照）

(3) ［溶媒1＋溶媒2］－溶質3系の極限部分モル体積 (V_3^{∞})

さらに、［溶媒(1)＋溶媒(2)］－溶質(3)系における溶質(3)の極限部分モル体積 V_3^{∞} の挙動を同様の方法で検討してみた。各々の3成分系における V_3^{∞} は、幾つかの溶媒組成 x_2［$= n_2/(n_1 + n_2)$］の下で測定された。検討された系は14個であった。即ち、［methanol＋DMF］－carbon tetrachloride, ［isobutylamine＋isobutylalcohol］－water, ［water＋acetone］－methanol, ［methanol＋acetone］－benzene, ［water＋pyridine］－methanol, ［chloroform＋n-heptane］－acetone, ［water＋pyridine］－acetic acid, ［acetone＋n-octane］－benzene, ［benzene＋n-heptane］－acetone, ［ethanol＋chloroform］－benzene, ……等々。

14個の系の V_3^{∞} は、加成性直線からそれぞれ特有な外れ方をした。それらの例として、図7-16 a, b, c に、3つの系の V_3^{∞} 挙動が示されている。しかし、著者（稲村）らは、次に記述する要因を考慮する必要が有った為、残念ながら、14個の全ての系の V_3^{∞} について、加成性直線から外れた理由を明らかにすることは出来なかった。将来、これらが明らかにされることを期待しています。

考えなければならなかった要因：

(a) 溶質(3)の選択溶媒和

(b) 溶質(3)の配位数

(c) 溶質(3)周辺の混合溶媒（1, 2）のパッキング密度

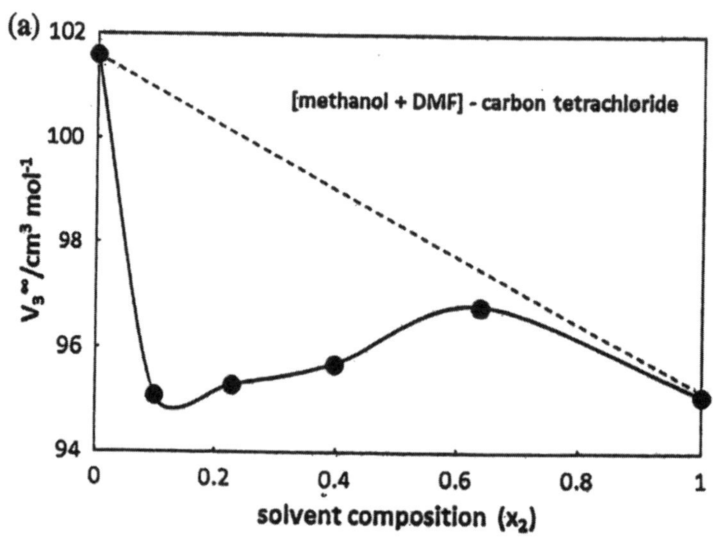
(a)
[methanol + DMF] - carbon tetrachloride
V3∞/cm3 mol-1
solvent composition (x2)

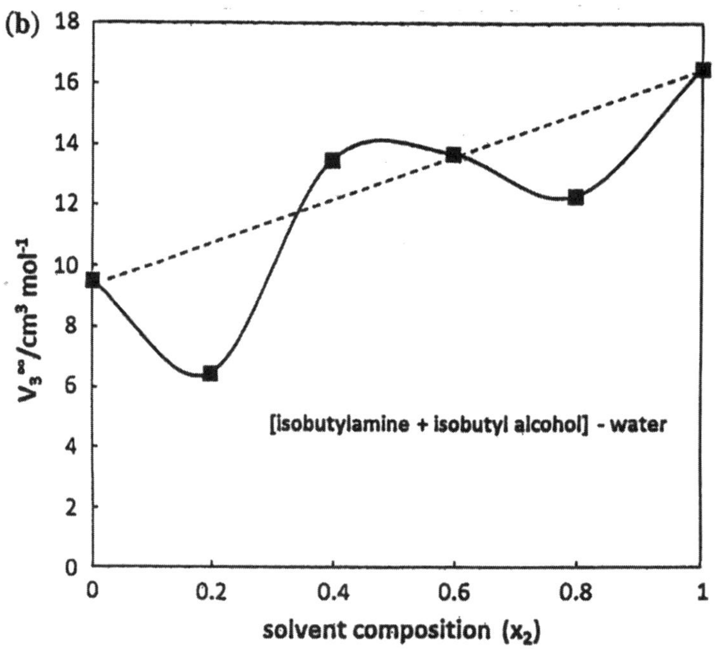
(b)
[isobutylamine + isobutyl alcohol] - water
V3∞/cm3 mol-1
solvent composition (x2)

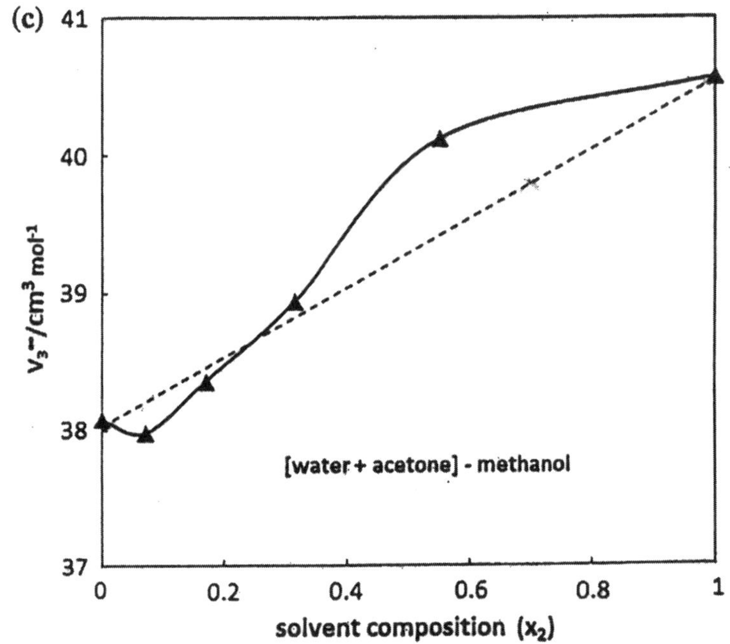

図7-16　[溶媒(1)＋溶媒(2)]－溶質(3)系のV_3^{∞}の溶媒組成x_2 [$=n_2/(n_1+n_2)$] 依存性：ここで、n_1, n_2は溶媒(1)と溶媒(2)のモル数である。at 30.00 ± 0.05℃

ここで、isobutylamine：イソブチルアミン

isobutyl alcohol：イソブチルアルコール

[例題 7－1]

ベンゼンとトルエンから作った溶液は理想溶液と見なし得る。ベンゼンのモル分率 0.4 のベンゼン－トルエン溶液について、20℃における各成分の蒸気分圧を求めよ。ただし、20℃におけるベンゼンとトルエンの蒸気圧は、それぞれ 75mmHg，22mmHg である。

[解答]

理想溶液は次のラウールの法則に従う。

$$P_i = x_i P_i^\circ$$

ここで、

P_i：溶液中の成分 i の蒸気分圧

x_i：溶液中の成分 i のモル分率

P_i°：純成分 i の蒸気圧

故に、$P_{ベンゼン} = x_{ベンゼン} P^\circ_{ベンゼン}$

$$= 0.4 \times 75\mathrm{mmHg} = 30.0\mathrm{mmHg}$$

$$P_{トルエン} = x_{トルエン} P^\circ_{トルエン}$$

$$= (1 - 0.4) \times 22\mathrm{mmHg} = 13.2\mathrm{mmHg}$$

（答）ベンゼンの蒸気分圧：30.0mmHg

トルエンの蒸気分圧：13.2mmHg

［例題7－2］

水 70.0cm^3 とエタノール 30.0cm^3 を混合すると、何cm^3 の溶液が出来るか。

ただし、この組成における水とエタノールの部分モル体積は、それぞれ 18.0cm^3 mol^{-1}, 52.6cm^3 mol^{-1} であり、この温度における水とエタノールの密度は、それぞれ 1.00 g cm^{-3}, 0.785 g cm^{-3} である。また、水とエタノールの分子量はそれぞれ 18.0, 46.1 とする。

［解答］

溶液の体積 V は次式により、各成分の部分モル体積 $\bar{V}_i$ から計算で求めることが出来る。

$$\text{溶液の体積}：V = n_{\text{水}}\bar{V}_{\text{水}} + n_{\text{エタノール}}\bar{V}_{\text{エタノール}}$$

ここで、$\bar{V}_{\text{水}} = 18.0\ \text{cm}^3\ \text{mol}^{-1}$　　$\bar{V}_{\text{エタノール}} = 52.6\ \text{cm}^3\ \text{mol}^{-1}$

$$n_{\text{水}} = \frac{\text{水の質量}}{\text{水の分子量}} = \frac{70.0 \times 1.00}{18.0} = 3.89\ \text{mol}$$

$$n_{\text{エタノール}} = \frac{\text{エタノールの質量}}{\text{エタノールの分子量}} = \frac{30.0 \times 0.785}{46.1} = 0.511\ \text{mol}$$

故に、$V = n_{\text{水}}\bar{V}_{\text{水}} + n_{\text{エタノール}}\bar{V}_{\text{エタノール}}$

$$= 3.89\ \text{mol} \times 18.0\ \text{cm}^3\ \text{mol}^{-1} + 0.511\ \text{mol} \times 52.6\ \text{cm}^3\ \text{mol}^{-1} \fallingdotseq 96.9\ \text{cm}^3$$

（答）96.9 cm^3 の溶液が出来る。

8章　東一的性質

東一的性質とは、「溶質分子の数（即ち、モル分率，容量モル濃度，質量モル濃度）に比例し、溶質の種類には無関係である性質」である。このような性質を初めて発見したのは、フランスの化学者 F. M. Raoult（ラウール）であった（1887年）。

東一的性質には、次の4つが有る。

（1）蒸気圧降下：$P_A^\circ - P_A$　　（2）沸点上昇：$T_b - T_b^\circ$

（3）凝固点降下：$T_f^\circ - T_f$　　（4）浸透圧：π

（1）～（3）については、下図を参照して頂きたい。

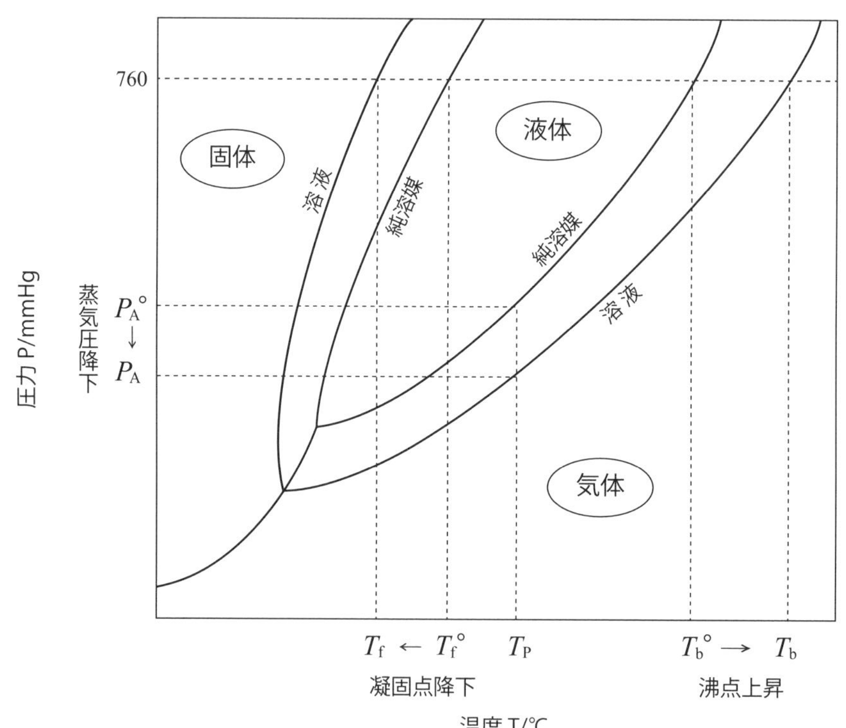

I．蒸気圧降下

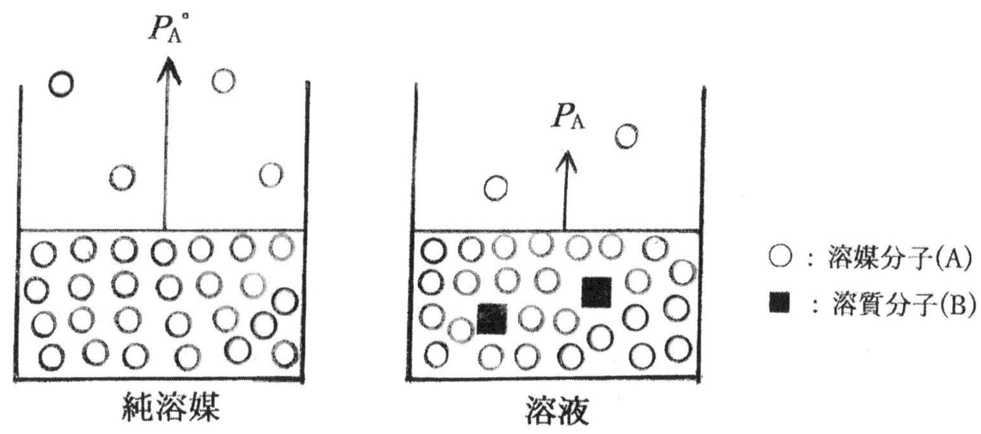

（注意）8章では、A：溶媒　B：溶質　とする

純溶媒の蒸気圧 $P_A°$ が、溶質が添加されることによって、溶液の蒸気圧 P_A へ降下するときの降下率は、

蒸気圧の降下率：$(P_A° - P_A)/P_A° = 1 - P_A/P_A°$　(at T_p)

ラウールの法則より、$P_A = x_A P_A°$　　$\therefore P_A/P_A° = x_A$（溶媒のモル分率）

$\therefore\ (P_A° - P_A)/P_A° = 1 - x_A = x_B$（溶質のモル分率）

故に、蒸気圧降下度：$\Delta P = P_A° - P_A = P_A° x_B$　……………………(1)

⇒ <u>蒸気圧降下は溶質のモル分率に比例し、溶質の種類には無関係である</u>。

故に、蒸気圧降下は東一的性質である !!

式(1)において、x_B の代わりに質量モル濃度 m_B を用いると、

$$\Delta P = \boxed{P_A^{\circ}\,(M_A/1000)}\, m_B$$ となる。 ……………………………………(2)

（誘導省略）

ここで、ΔP：蒸気圧降下度

P_A°：純溶媒の蒸気圧

M_A：溶媒の分子量

m_B：溶質の質量モル濃度［$\mathrm{mol\,kg^{-1}}$（溶媒）］

（注意）上式の□の部分は、溶媒の性質だけから成る定数である!!

式(2)より、ΔP を測定すると、溶質の質量モル濃度 m_B が求まる。一方、m_B は質量モル濃度の定義より次式によって与えられる。

$$m_B = \frac{w_B}{M_B}\frac{1000}{W - w_B}$$

ここで、W：溶液の質量

w_B：溶質の質量

$W - w_B$：溶媒の質量

M_B：溶質の分子量

$$\therefore M_B = \frac{w_B}{m_B}\frac{1000}{W - w_B}$$

従って、この式に、W, w_B, m_B をそれぞれ代入すれば、溶質の分子量 M_B を求めることができる。

Ⅱ．沸点上昇

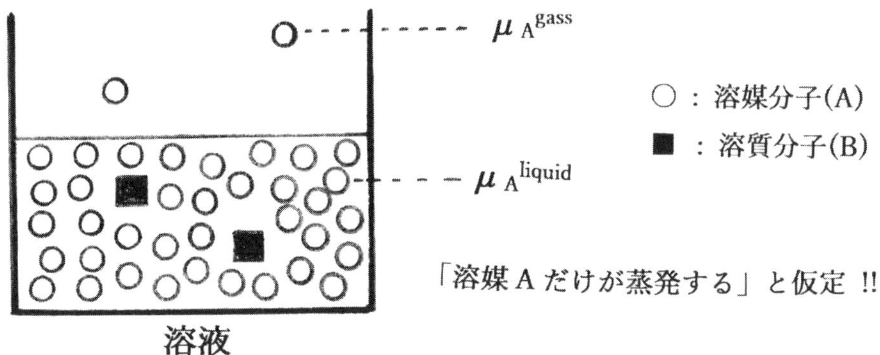

相平衡の条件：気相と液相における溶媒の化学ポテンシャルが等しい。

$$\therefore\ \mu_A{}^{gass} = \mu_A{}^{liquid}$$

この条件から、次式を誘導することが出来る。（誘導省略）

$$沸点上昇度：\Delta T (= T_b - T_b^\circ) = \boxed{\frac{RT_b^{\circ 2}}{\Delta H_A}\ \frac{M_A}{1000}}\ m_B$$

ここで、ΔT：沸点上昇度

R：気体定数（$8.314 JK^{-1}mol^{-1}$）

T_b°：純溶媒の沸点

ΔH_A：溶媒のモル蒸発熱

M_A：溶媒の分子量

m_B：溶質の質量モル濃度［$mol\ kg^{-1}$（溶媒）］

（注意）上式の□の部分は、溶媒の性質だけから成る定数である !!

従って、この部分を［モル沸点上昇：K_b］とする。

モル沸点上昇（K_b）を用いると、上式は次のように表せる。

$$\Delta T = K_b m_B$$

ここで、K_b：モル沸点上昇

上式より、沸点上昇度ΔTを測定すると、溶質の質量モル濃度m_Bが求まる。

一方、m_Bは質量モル濃度の定義より次式によって与えられる。

$$m_B = \frac{w_B}{M_B}\frac{1000}{W - w_B}$$

ここで、W：溶液の質量
w_B：溶質の質量
$W - w_B$：溶媒の質量
M_B：溶質の分子量

$$\therefore M_B = \frac{w_B}{m_B}\frac{1000}{W - w_B}$$

従って、この式に、W, w_B, m_Bをそれぞれ代入すれば、溶質の分子量M_Bを求めることができる。

モル沸点上昇 K_b

溶媒	沸点〔℃〕	K_b
水	100	0.52
ベンゼン	80.1	2.53
シクロヘキサン	80.7	2.75

Ⅲ．凝固点降下

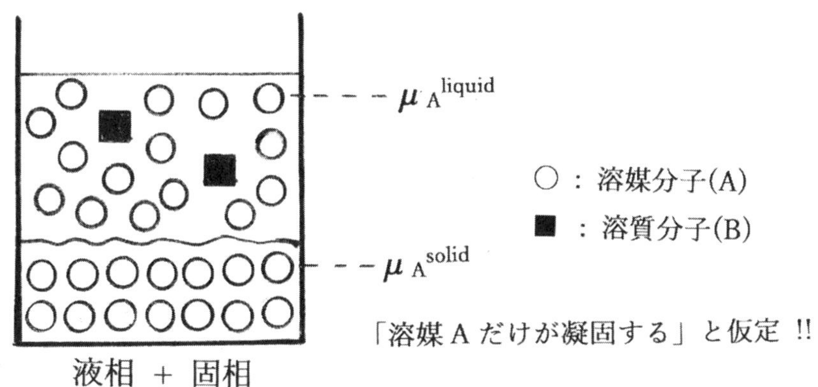

相平衡の条件：液相と固相における溶媒の化学ポテンシャルが等しい。

$$\therefore \ \mu_A^{liquid} = \mu_A^{solid}$$

この条件から、次式を誘導することが出来る。(誘導省略)

凝固点降下度：$\Delta T \ (= T_f^\circ - T_f) = \boxed{\dfrac{RT_f^{\circ 2}}{\Delta H_A}\dfrac{M_A}{1000}} m_B$

ここで、ΔT：凝固点降下度

R：気体定数（$8.314 JK^{-1}mol^{-1}$）

T_f°：純溶媒の凝固点

T_f：溶液の凝固点

ΔH_A：溶媒のモル融解熱

M_A：溶媒の分子量

m_B：溶質の質量モル濃度［$mol\ kg^{-1}$（溶媒)］

（注意）上式の□の部分は、溶媒の性質だけから成る定数である !!

従って、この部分を、モル凝固点降下（K_f）とする。

モル凝固点降下（K_f）を用いると、上式は次のように表せる。

凝固点降下度：$\Delta T = K_f m_B$

ここで、K_f：モル凝固点降下

m_B：溶質の質量モル濃度［mol kg^{-1}（溶媒)］

上式より、凝固点降下度ΔTを測定すると、溶質の質量モル濃度m_Bが求まる。

一方、m_Bは質量モル濃度の定義より次式によって与えられる。

$$m_B = \frac{w_B}{M_B} \frac{1000}{W - w_B}$$

ここで、W：溶液の質量

w_B：溶質の質量

$W - w_B$：溶媒の質量

M_B：溶質の分子量

$$\therefore M_B = \frac{w_B}{m_B} \frac{1000}{W - w_B}$$

従って、この式に、W, w_B, m_Bをそれぞれ代入すれば、溶質の分子量M_Bを求めることができる。

凝固点降下法は、低分子の分子量測定法として重要である!!

モル凝固点降下 K_f

溶媒	凝固点〔℃〕	K_f
水	0.00	1.85
ベンゼン	5.5	5.12
シクロヘキサン	6.5	20.2

Ⅳ．浸透圧

浸透圧π：溶媒分子が、純溶媒相から溶液相へ移動しようとする力

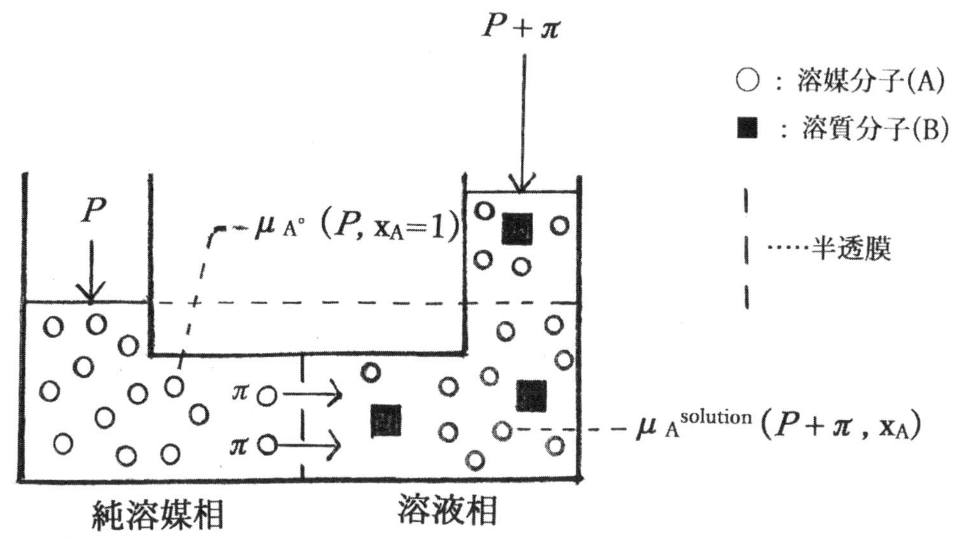

(1) 浸透圧の原因

（ⅰ）上図において、溶媒分子は、溶媒の<u>高濃度相</u>（純溶媒相）から溶媒の<u>低濃度相</u>（溶液相）へ移動している。

溶媒分子が高濃度相から低濃度相へ移動する現象は、“物体が<u>高所</u>から<u>低い所</u>へ落下する”のに似ている!!

（ⅱ）浸透圧πが溶液相にかかっていないと仮定した場合、
4章 Ⅱ & Ⅲ,「化学ポテンシャルと相平衡の関係」より、

$$\mu_A^\circ > \mu_A^{solution}$$

従って、溶媒分子は、化学ポテンシャルが高い純溶媒相から化学ポテンシャルが低い溶液相へ移動しようとする。

その為、溶液相に浸透圧 π がかかる。

“化学ポテンシャルの差”が浸透圧 π の原因である !!

（iii）溶媒分子が純溶媒相から溶液相へ移動すれば、溶質分子はよりバラバラ状態になり、系全体のエントロピーが増大する。これは、熱力学的に有利である !!

“エントロピー増大の原理”が浸透圧 π の原因である !!

(2) ファント ホッフの“浸透圧法則”

相平衡の条件：

純溶媒相における溶媒の化学ポテンシャル μ_A°（$P, x_A = 1$）と溶液相における溶媒の化学ポテンシャル $\mu_A^{solution}$（$P + \pi, x_A$）が等しい。（上図参照）

故に、相平衡の条件：$\mu_A^\circ(P, x_A = 1) = \mu_A^{solution}(P + \pi, x_A)$

ここで、P：大気圧　π：浸透圧　x_A：溶媒のモル分率

この式から、次のファント ホッフの浸透圧法則の式が導かれる。（誘導省略）

$\pi = cRT$………ファント ホッフの浸透圧法則

ここで、

π：浸透圧

c：（溶質の）容量モル濃度；n/V

R：気体定数（0.082 L atm $K^{-1}mol^{-1}$）

T：温度（K）

［参考］$\pi = cRT$の式において、

溶質の容量モル濃度cにn/Vを代入すれば、$\pi V = nRT$となる。

この式は、理想気体の状態方程式$PV = nRT$と等価である。従って、溶液中の溶質分子は“理想気体と似た挙動”をとっていると考えられる。

(3) 浸透圧による分子量測定

浸透圧πを測定すれば、$\pi = cRT$によってcが求まる。

一方、cは溶質の“容量モル濃度”であることより、

$$c = n/V$$

ここで、n：溶質のモル数　V：溶液の体積

さらに、nは溶質の“モル数”であることより、

$$n = w_B/M$$

ここで、w_B：溶質の質量　M：（溶質の）分子量

従って、c について、次の式が成立する。

$$c = \frac{w_B/M}{V} = \frac{w_B}{MV}$$

故に、

$$M = \frac{w_B}{Vc}$$

ここで、M：（溶質の）分子量
w_B：溶質の質量
c：（溶質の）容量モル濃度
V：溶液の体積

この式より、溶質の分子量を求めることが出来る。

従って、ファント ホッフの“浸透圧法則”の式 $\pi = cRT$ によって、分子量 M を求めることが出来る。

［参考］浸透圧による分子量測定法（浸透圧法）は、高分子においては非常に大切である。なぜなら、高分子の“数平均分子量（M_n）”を求める方法は、浸透圧法だけであるから。

高分子の分子量には、M_n 以外に、重量平均分子量（M_w），Z 平均分子量（M_z）などがある。これらの比、M_w/M_n と M_z/M_n は、高分子（試料）の分子量分布の目安として用いられている。M_w/M_n（or M_z/M_n）= 1 の時は単一の分子量であり、1 より大きくなるにつれて、分子量分布はブロードになる。従って、分子量分布を知るためには、M_n は必須である。それ故、浸透圧による分子量測定法は大切である。

[例題 8－1]

容量モル濃度 0.10 $molL^{-1}$ のスクロース水溶液の 20 ℃における浸透圧はいくらか。

[解答]

$\pi = cRT$ ………ファント ホッフの浸透圧法則

ここで、

π：浸透圧（atm）

c：溶質の容量モル濃度（$molL^{-1}$）

R：気体定数（$R = 0.082$ L atm $K^{-1}mol^{-1}$）

T：温度（K）

$$\therefore \pi = 0.10\,molL^{-1} \times 0.082\,L\,atm\,K^{-1}mol^{-1} \times 293\,K$$
$$= 2.4\,atm$$

（答）2.4 atm

[例題 8－2]

ポリビニルアルコール（PVA）2.20 g を水に溶かし、300 ㎖の水溶液を作った。この水溶液の浸透圧を 20℃で測定したら、7.45 mmHg であった。PVA の分子量を求めよ。

[解答]

$\pi = cRT$ ………ファント ホッフの浸透圧法則

ここで、

π：浸透圧（atm）

c：溶質の容量モル濃度（$mol\ L^{-1}$）

R：気体定数（$R = 0.082\ L\ atm\ K^{-1} mol^{-1}$）

T：温度（K）

この式に $\pi = 7.45/760\ atm$　$R = 0.082\ L\ atm\ K^{-1} mol^{-1}$　$T = 273 + 20 = 293\ K$ を代入すると、c が求まる。

$$c = \frac{(7.45/760)\ atm}{0.082\ L\ atm\ K^{-1} mol^{-1} \times 293\ K}$$

$$= 4.08 \times 10^{-4}\quad mol\ L^{-1}$$

また、c には、次の関係式が成立する。

$$c = \frac{w_B/M}{V}$$

ここで、

w_B：溶質の質量（g）

M：溶質の分子量（$g\ mol^{-1}$）

V：溶液の体積（L）

$$\therefore 4.08 \times 10^{-4} = (2.20/M)/0.3$$

$$\therefore M = 2.20/(4.08 \times 10^{-4} \times 0.3)$$

$$= 1.797 \times 10^4$$

$$\fallingdotseq 1.80 \times 10^4$$

（答）1.80×10^4

9章　相平衡

ある系が長時間、放置されても、各相の温度，圧力，組成などの示強性変数が変化しない場合、その系は相平衡の状態にあると言う。相平衡は熱力学をベースにして理解される。特に、4章で既に述べたように、化学ポテンシャル（μ）が関係する。

相平衡は、私たちの日常生活において、よく見かけられる自然現象と関係している場合が多いので興味深い。さらに、相平衡は“化学工業”にも深く関係しているので、将来、学生諸君が化学工業に関係した場合に大いに役立つと考えられる。

この章では、一成分系，二成分系，三成分系の順で、かなり詳しく記述していく。

Ⅰ．一成分系の相平衡

(1) 相図

一成分系の相図（状態図）は、以下に示すように、圧力－温度図（P－T図）で表される。

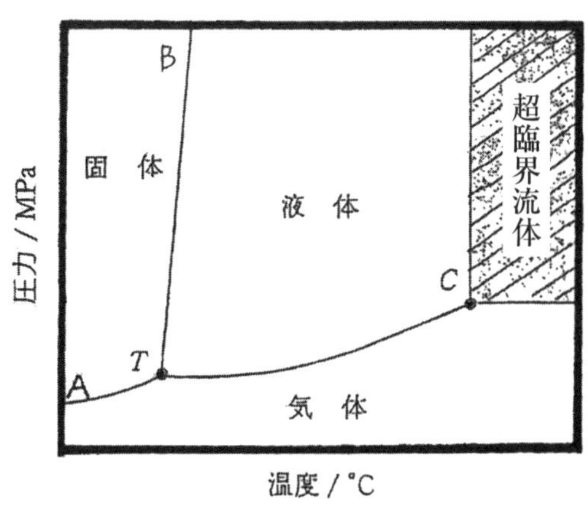

図 9-1　物質の相図
T: 三重点　*C*：臨界点

曲線 TC：蒸発曲線，液化曲線 or 蒸気圧曲線

曲線 TB：融解曲線 or 凝固曲線

（水，ビスマス，アンチモンの場合は左に傾くが、他の場合は右に傾く。）

曲線 TA：昇華曲線

三重点 *T*：気体，液体，固体が共存している点

臨界点 *C*：液化曲線（or 蒸発曲線，蒸気圧曲線）上を進んでいった場合に、液化曲線が無くなり、気体にいくら圧力をかけても液化しなくなる点

超臨界流体：臨界点より高温，高圧の領域に存在し、気体か液体か区別がつかない状態の物質。例えば、超臨界流体の密度は気体と液体の中間の値をとる。

(2) 相図の例

[水の相図]

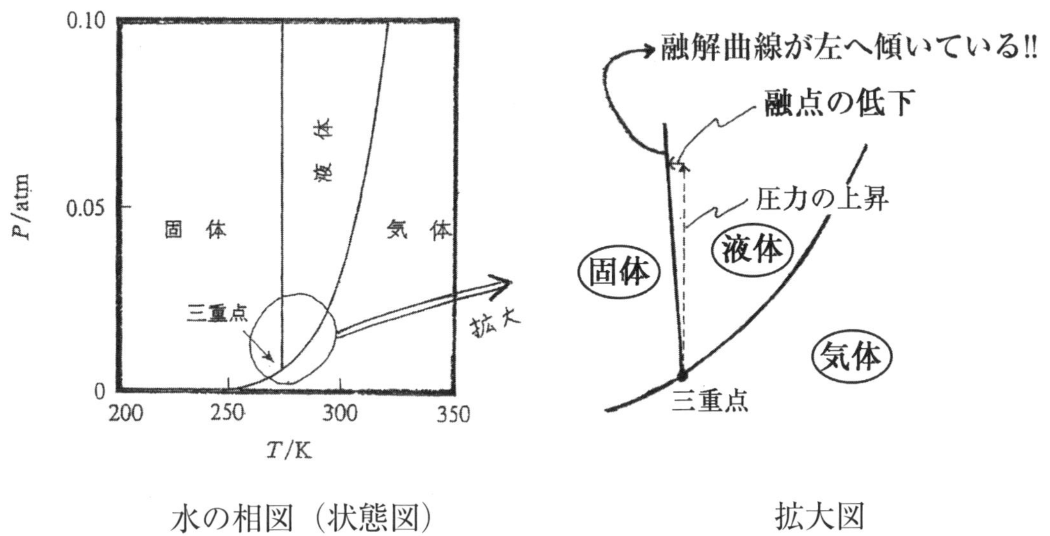

水の相図（状態図）　　拡大図

[参考] スキーができる訳

上記の「水の相図の拡大図」を見ながら説明する。人とスキーの質量が雪にかかり、圧力が上昇すると、雪の融点が低下し、雪は解けて水になる。本来、スキーは抵抗の少ない水の上をすべるものであるから、スキーは可能となる。

[二酸化炭素の相図]

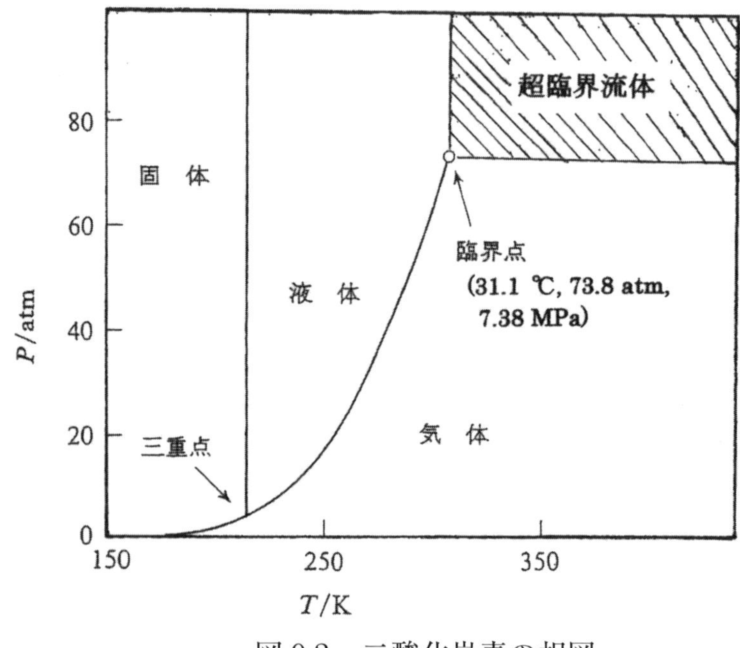

図 9-2　二酸化炭素の相図

二酸化炭素の三重点の圧力が、1atm より高いことに注意！
この為に、固体の二酸化炭素（ドライアイス）は大気圧下では昇華し、いきなり気体になる。

Ⅱ．超臨界流体(ちょうりんかい)

蒸発曲線に沿って温度と圧力を上げて行くと、気体と液体の境界面が消え、もはや気体でも液体でもない状態となる。このような状態の物質が超臨界流体である。

次ページの図 9-3 に、二酸化炭素の超臨界流体の写真を示す。2 つの写真は、窓付き耐圧容器の内部を窓から写したものである。温度を 30℃から 32℃へわずかに変えるだけで、二酸化炭素の液相は消え、超臨界流体相だけとなる。

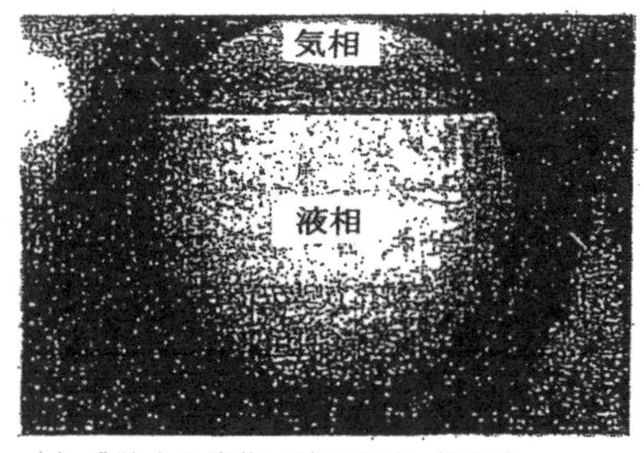

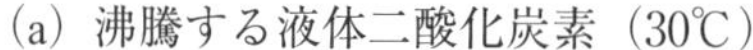
(a) 沸騰する液体二酸化炭素（30℃）

(b) 超臨界二酸化炭素（32℃，10.2MPa）

図 9-3　二酸化炭素の超臨界流体の写真

図 9-4 は、二酸化炭素の密度 ρ，粘度 η，拡散係数 D の 40℃における圧力依存性を示している。この場合、40℃は臨界温度（31.1℃）より高いので、圧力を変化させても気体－液体相転移は無い。従って、圧力を変えることによって、二酸化炭素を極めて希薄な低密度の状態から液体に匹敵する高密度の状態にまで変えることができる。特に、臨界圧 P_c（7.38MPa）付近では、圧力のわずかな変化で密度が急激に変化することが分かる。

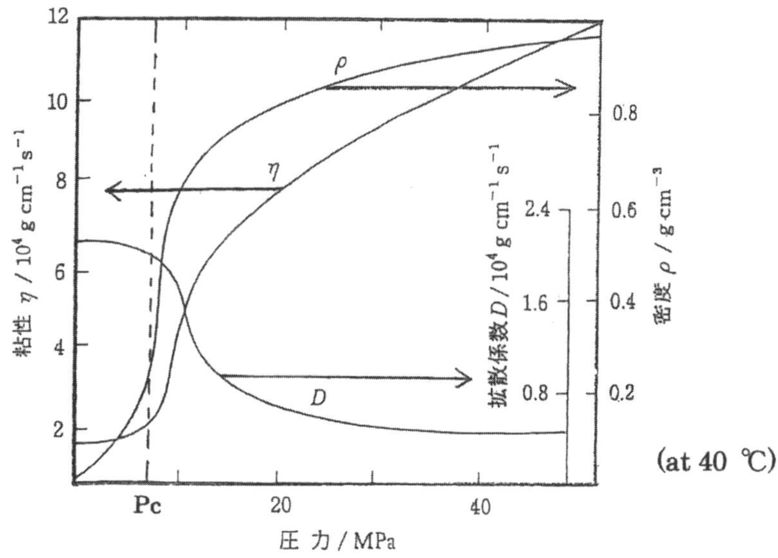

図 9-4　超臨界二酸化炭素の密度，粘性および拡散係数の圧力依存性
P_c：臨界圧（7.38MPa，73.8atm）　ここで、0.1MPa = 1atm

［超臨界流体の溶媒としての特徴］

(1) 温度と圧力を変えることによって、超臨界流体の密度を自由に変えることができるため、密度に依存する多くの“溶媒特性”をコントロールすることができる。

(2) 圧力を変えることによって、超臨界流体の溶解力を大幅に変えることができるため、“抽出溶媒”としての利用が大いに期待される。現在、超臨界二酸化炭素を用いて、コーヒー豆からカフェインを抽出している。一般に、このような技術を“超臨界抽出”と言っている。

(3) 二酸化炭素のような臨界温度が低い超臨界流体を用いれば、“低温での操作”が可能になり、熱による影響を避けることができる。

(4) 超臨界流体は高密度であると同時に分子の熱運動が激しいため、分子間の“衝突頻度”は気体や液体に比べて高い。このことから、“反応速度の増大”が期待される。

(5) 超臨界流体を“合成反応の媒体”として利用しようとする研究は、1990 年代になって本格的に始まった。超臨界流体は、気体，液体，固体につぐ、“第 4 番目の反応場”となる可能性を秘めている。

Ⅲ. クラウジウス-クラペイロンの式

Clausius（クラウジウス）- Clapeyron（クラペイロン）の式は、下に示す圧力－温度図における相平衡曲線の“傾き”である。特に、蒸気圧曲線の傾きを示す場合が多い。

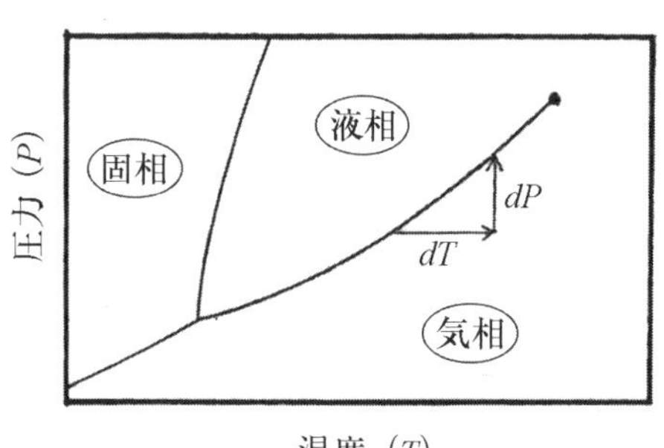

相平衡曲線の傾きであることから、

$$\frac{dp}{dT}=\frac{\Delta S}{\Delta V}$$

ここで、$\Delta S=\frac{q}{T}=\frac{\Delta H}{T}$　より、

$$\frac{dp}{dT}=\frac{\Delta S}{\Delta V}=\frac{\Delta H}{T\Delta V}$$ …………クラウジウス-クラペイロンの式

ここで、ΔH：（相）転移熱　　T：（相）転移点

この式を不定積分すると、

$$\mathrm{In}P=-\frac{\Delta H}{RT}+\mathrm{C}$$ ……クラウジウス-クラペイロンの式

定積分すると

$$\mathrm{In}\frac{P_2}{P_1}=-\frac{\Delta H}{R}\left(\frac{1}{T_2}-\frac{1}{T_1}\right)$$ ……クラウジウス-クラペイロンの式

もし、相平衡曲線が蒸気圧曲線であれば、上式のΔHを蒸発熱ΔH_{vap}にすれば良い。

［例題 9－1］

ベンゼンの 1*atm* での沸点は 80.1℃である。このことから、ベンゼンの 0.9*atm* での沸点を計算せよ。ただし、ベンゼンの蒸発熱は 31.0$kJmol^{-1}$ である。

［解］

クラウジウス - クラペイロンの式

$$\mathrm{In}\frac{P_2}{P_1} = -\frac{\Delta H_{\mathrm{vap}}}{R}\left(\frac{1}{T_2} - \frac{1}{T_1}\right)$$

ここで、T_1 = 273.1 + 80.1 = 353.2K　　P_1 = 1atm

T_2 = ?　　P_2 = 0.9atm

$$\therefore \mathrm{In}\frac{0.9}{1} = -\frac{31000}{8.314}\left(\frac{1}{T_2} - \frac{1}{353.2}\right)$$

$\therefore T_2$ = 349.8K = (349.8 − 273.1)℃ = 76.7℃

答　76.7℃

Ⅳ．相律

相律は J.W. Gibbs（ギブズ）が 1878 年に発見したもので、相平衡において、決定的な役割を果たす大切な法則である。

相律：C 個の成分と P 個の相から成る系の自由度 f は、

$$f = C - P + 2$$

で与えられる。これを相律という。

上記の相律の式から、次のことが分かる。

“成分の数 C が一定で、相の数 P が増えると、自由度 f は減少する。逆に、相の数 P が一定で、成分の数 C が増えると、自由度 f は増大する。”

このような自由度の増減は、後で相平衡の現象を考える場合、あるいは相図を見る場合に、いろいろな形で関係してくる。

以下、自由度 f, 成分の数 C, 相の数 P について、それぞれ説明する。

(1) 自由度 f

相平衡は系の温度，圧力および各相における各成分の濃度（モル分率）などの示強性変数によって記述されるが、その中で自由に変えることができる示強性変数の数を自由度という。

(2) 成分の数 *C*

各相において、濃度を自由に変えることができる“化学種の数”を成分の数 C とする。

その系で化学反応が起こる場合には、“化学反応式”の数だけの濃度は計算で求められるのでその値は決定されており、私たちが自由に変えることはできない。従って、この場合には次式が成立する。

成分の数 C = ［化学種の数］−［化学反応式の数］

(3) 相の数 *P*

系の中で、同じ物理的・化学的性質をもつ部分を“相”という。系の中に含まれている相の数を P とする。

以下、“相の数 P”の例を示す。

気体の場合：種類の異なる気体でも完全に混合するので、気体は常に一相である。($P = 1$)

液体の場合：完全に混合する場合は、一相である。($P = 1$)

水＋メタノール，水＋アセトン，……

部分的にしか混合しない場合は、一相 or 多相である。

水＋フェノール（$P = 1$ or $P = 2$）

水＋トリエチルアミン（$P = 1$ or $P = 2$）

全く混合しない場合は、多相である。

水＋ベンゼン（$P = 2$）

固体の場合：完全に混合する場合は、一相である。

Cu + Ni，Au + Pt……固溶体（$P = 1$）

部分的にしか混合しない場合は、一相 or 多相である。

Cu + Ag……2種類の固溶体（$P = 1$ or $P = 2$）

全く混合しない場合は、多相である。

Sb + Pb……結晶（$P = 2$）

水＋塩化アンモニウム……結晶（$P = 2$）

ベンゼン＋ナフタレン……結晶（$P = 2$）

岩石には多相系が多い

花崗岩（かこうがん）……石英，長石，雲母，角セン石などの相

(4) 相律（$f = C - P + 2$）の誘導

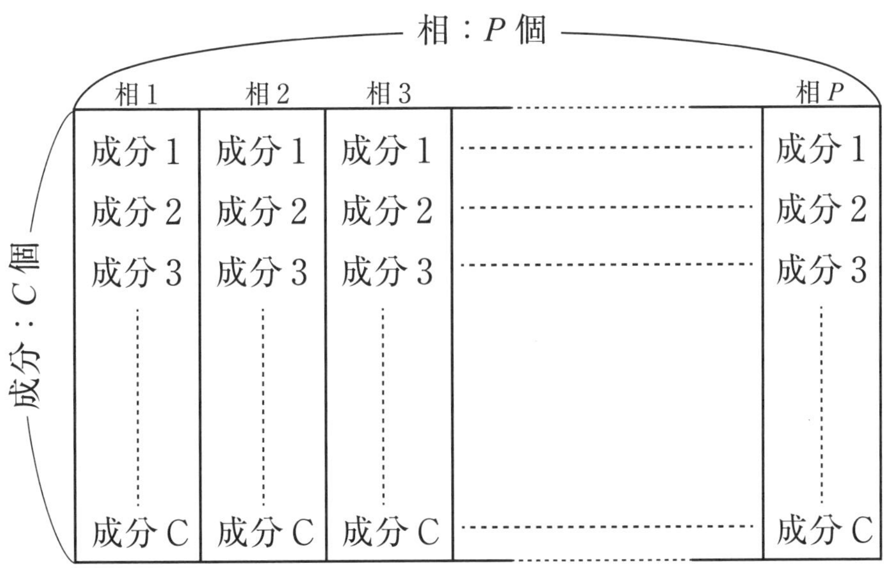

C 個の成分（成分 1，成分 2，……，成分 C）が、P 個の相（相 1，相 2，……，相 P）に分布している系を考える。（上図参照）

系を記述する示強性変数は、全ての成分の全ての相におけるモル分率（PC 個）および系の温度と圧力（2 個）である。従って、系を記述する示強性変数の数はそれらの和となり、$(PC+2)$ 個である。

しかし、$(PC+2)$ 個の変数の中には、次の (a) と (b) で示す“自由に変えることのできない変数”が含まれている。

(a) 各相において、全成分のモル分率を合計すると 1 になる。故に、各相で 1 個のモル分率は計算で求められるので、（私たちが）自由に変えることはできない。この系は P 個の相を持つので、P 個のモル分率（変数）は自由に変えることができない。

(b) 相平衡の条件は、“各成分の化学ポテンシャル（$\mu_1, \mu_2, \cdots\cdots, \mu_c$）の各々が、全ての相で等しくなっている。”ということである。

$$
\begin{array}{ccccccc}
\mu_1(\text{相}\,1) & = & \mu_1(\text{相}\,2) & = & \mu_1(\text{相}\,3) & \cdots\cdots\cdots\cdots = & \mu_1(\text{相}\,P) \\
\mu_2(\text{相}\,1) & = & \mu_2(\text{相}\,2) & = & \mu_2(\text{相}\,3) & \cdots\cdots\cdots\cdots = & \mu_2(\text{相}\,P) \\
\vdots & & \vdots & & \vdots & & \vdots \\
\mu_c(\text{相}\,1) & = & \mu_c(\text{相}\,2) & = & \mu_c(\text{相}\,3) & \cdots\cdots\cdots\cdots = & \mu_c(\text{相}\,P)
\end{array}
$$

上式において、等号の数は、縦 C ×横（$P-1$）$= C$（$P-1$）個である。従って、$C(P-1)$ 個の化学ポテンシャル（変数）は計算で求められるので、（私たちが）自由に変えることはできない。

従って、自由に変えることのできる示強性変数の数、即ち、自由度 f は、系を記述する示強性変数の数（$PC+2$）から、(a) と (b) の“自由に変えられない変数”の数［$P+C(P-1)$］を差し引いた値になる。

従って、自由度fは次式で求められる。

$$
\begin{aligned}
\text{自由度}f &= (PC+2)-[P+C(P-1)] \\
&= PC+2-P-PC+C \\
&= C-P+2
\end{aligned}
$$

$$\therefore f = C-P+2$$

（誘導おわり）

［例題9－2］

次の系について、成分の数C，相の数P，自由度fはいくらになるか。また、自由度fの値からどのようなことが言えるか、具体的な示強性変数を用いて考察せよ。

(1) 窒素と酸素の混合物と見なした場合の空気
(2) 閉じたガラス容器の底に少量入っている水
(3) 氷，水，水蒸気が平衡になっている系
(4) 次の化学反応式で表わされる平衡系
$CaCO_3(s) \rightleftarrows CaO(s) + CO_2(g)$
(5) 細かい結晶が析出している食塩の飽和水溶液が、閉じたガラス容器の底に少量入っている系

［解答］

(1) この系は窒素と酸素から成るので、成分の数は2個である。$C = 2$
気体は均一に混合するから、相の数は1個である。$P = 1$
自由度fは相律の式（$f = C-P+2$）から求められる。

$$f = C - P + 2 = 2 - 1 + 2 = 3 \ (3変系)$$

故に、自由に変えられる示強性変数は3個である。

従って、空気は温度（気温），圧力（気圧），窒素の濃度（即ち、窒素と酸素の混合比）を自由に変えることが出来る。このことは、気象において、“その日の気圧がその日の気温によって影響を受けることは絶対に無い”ことからも理解される。

(2) この系は水だけから成るので、成分の数は1個である。 $C = 1$
水は蒸発して水蒸気になり、水と水蒸気は平衡状態になるので、相の数は2個である。 $P = 2$

自由度 $f = C - P + 2 = 1 - 2 + 2 = 1$ (1変系)

故に、自由に変えられる示強性変数の数は1個である。
従って、(私たちが) 温度を決めると、水蒸気の圧力は一義的に定まりこの値を自由に変えることは出来ない。

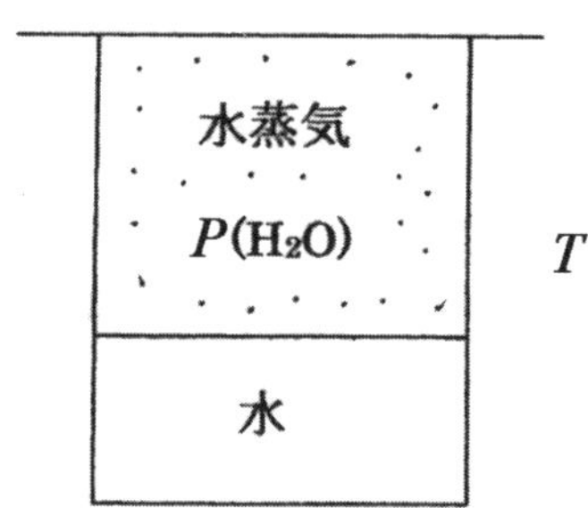

(3) 化学種は水だけなので、成分の数は1個である。$C = 1$
氷，水，水蒸気の3つの相が共存するので、相の数は3個である。
$P = 3$

自由度 $f = C - P + 2 = 1 - 3 + 2 = 0$（不変系）

故に、自由に変えられる示強性変数は無い。
即ち、水の場合、温度0.0075℃，圧力4.6mmHgに定まっている。
相図において、三相共存の点を“三重点”と呼ぶ。（下図参照）

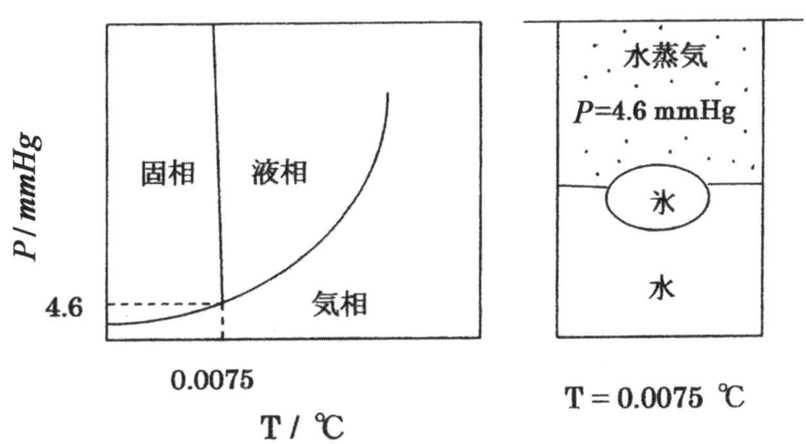

(4) $CaCO_3$，CaO，CO_2 の3個の化学種があるが、化学反応式が1個あるので、成分の数 C は次のようになる。

成分の数 C =［化学種の数］−［化学反応式の数］$= 3 - 1 = 2$

2個の固相と1個の気相があるので、相の数は3個である。 $P = 3$

自由度 $f = C - P + 2 = 2 - 3 + 2 = 1$（1変系）

故に、自由に変えられる示強性変数は1個である。
従って、（私たちが）この系の温度を決めると、CO_2 の圧力は一義的に定まる。

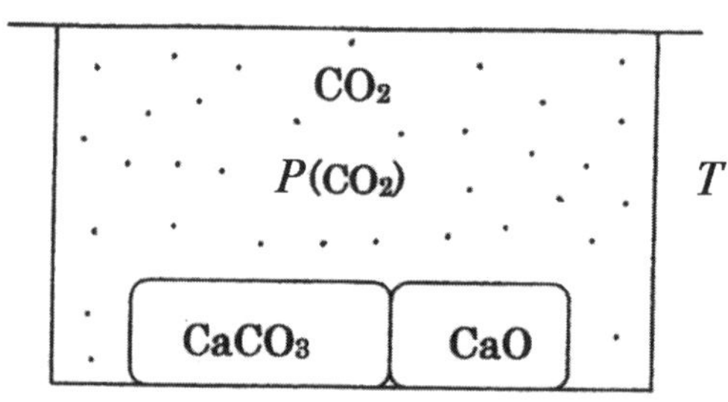

(5) この系の化学種は水と食塩であるから、成分の数は2個である。

$C = 2$

（注意）この場合、食塩が解離して出来るイオンは成分の数に入れる必要は無い。何故なら、成分の数を数える場合には、"独立している化学種"だけを考えれば良いからである。

気相，液相，固相が存在するので、相の数は3個である。 $P = 3$

自由度 $f = C - P + 2 = 2 - 3 + 2 = 1$（1変系）

故に、自由に変えられる示強性変数の数は1個である。
従って、（私たちが）この系の温度を決めると、食塩濃度，水蒸気圧などの他の示強性変数は一義的に定まる。

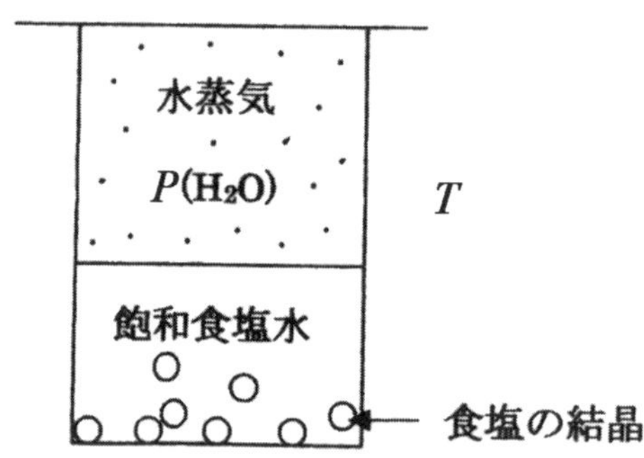

V．二成分系の気－液相平衡

(1) 蒸気圧（圧力）－組成図 と 沸点（温度）－組成図の関係

二成分系の気－液相平衡については、「7章　溶液」において、ラウールの法則に従う溶液、ラウールの法則から正または負にずれる溶液、それぞれについて、蒸気圧（圧力）－組成図を既に示している。しかし、この章においては、沸点（温度）－組成図も考慮に入れなければならない。

蒸気圧（圧力）－組成図と沸点（温度）－組成図には互換性がある。
以下、蒸気圧（圧力）－組成図から沸点（温度）－組成図を得る方法を示す。

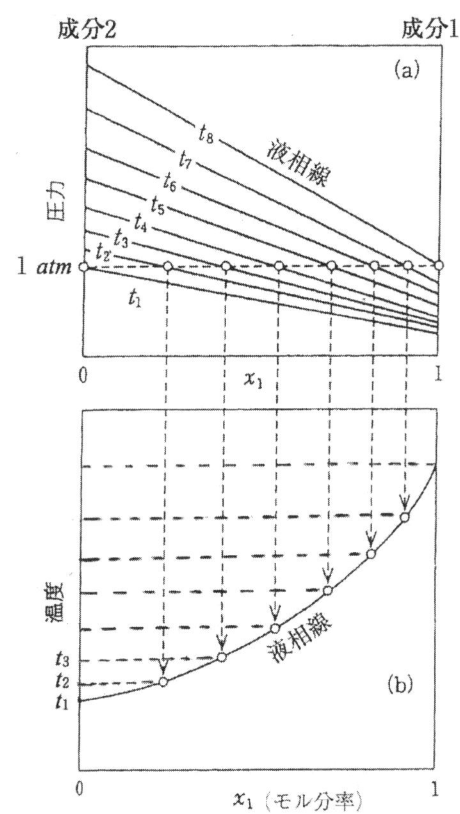

図 9-5　2成分系の圧力－組成図から温度－組成図をつくる方法（理想溶液の場合）

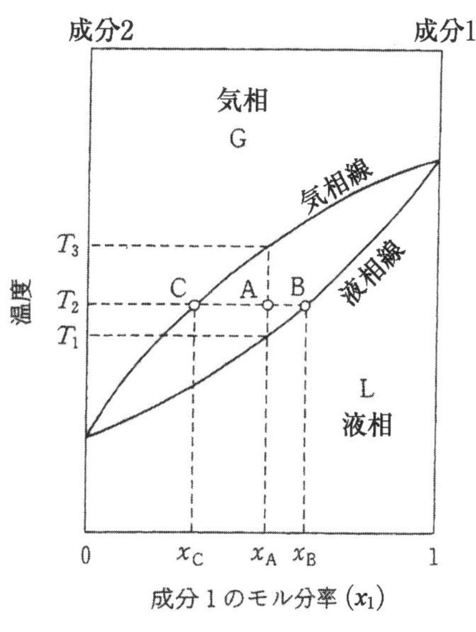

図 9-6　2成分系液相－気相状態図（温度－組成図）（理想溶液の場合）

図 9-5(a)には、蒸気圧(圧力)－組成図の中に、温度 t_1, t_2, t_3,……での 8 本の液相線が示されている。この場合、横軸の組成は、“液相”における成分 1 のモル分率（x_1）である。

蒸気圧 1atm で引いた水平線が 8 本の液相線と交わる点の組成は、これらの温度（t_1,t_2,t_3,……）かつ 1atm において、気相と平衡にある液相の組成を表す。従って、図 9-5(b)に示すように、交点の組成に対応する温度（t_1, t_2, t_3,……）を組成 x_1 に対してプロットすれば、1atm における沸点(温度)－組成図の液相線が得られる。

上記の操作において、“液相線”の代わりに“気相線”を用いれば、沸点(温度)－組成図の気相線が得られる。

以上の操作によって得られた、沸点(温度)－組成図の気相線と液相線を、図 9-6 に示しておく。

(2) 理想溶液の沸点(温度)－組成図

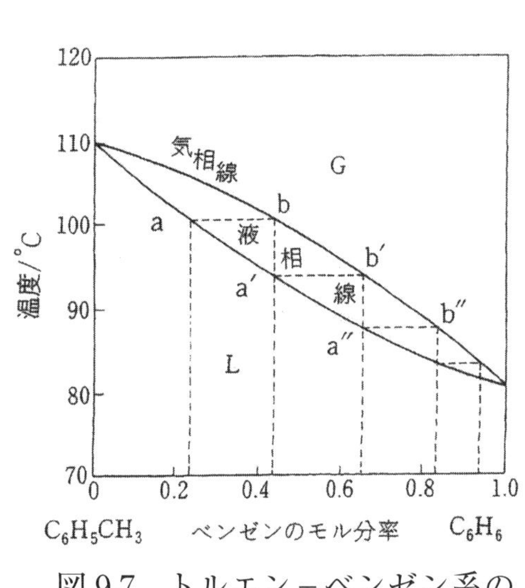

図 9-7 トルエン－ベンゼン系の沸点図

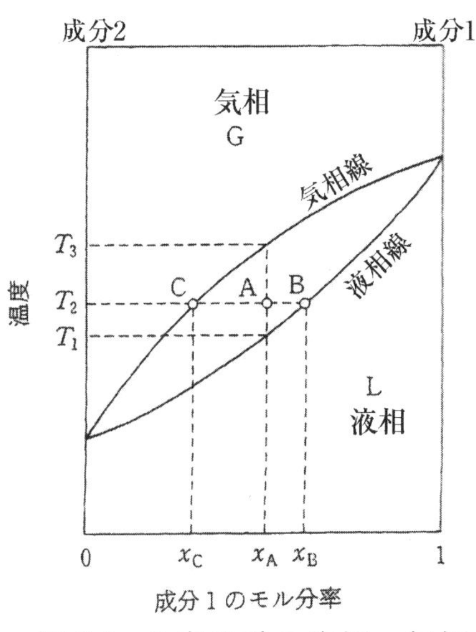

図 9-8 2 成分系の液相－気相状態図（温度－組成図）

図 9-7 には、ラウールの法則（7 章, Ⅲ. ラウールの法則 参照）に従う理想溶液、トルエン－ベンゼン系の沸点（温度）－組成図が示されている。また、前述の図 9-5(a)において、液相線が全て直線であることから、図 9-6 の相図もラウールの法則に従う理想溶液の沸点（温度）－組成図と考えてよい。これら二つの相図（図 9-6, 図 9-7）を見て分かるように、理想溶液（あるいは理想溶液に近い溶液）の沸点（温度）－組成図の特徴は、気相線と液相線が“葉巻形（はまきがた）の領域”を作ることである。

［沸点（温度）－組成図の見方］

図 9-8 を使って、沸点（温度）－組成図の見方を説明する。

組成 x_A の混合系は、$T < T_1$ の温度では（液相線より下の温度では）液相として存在し、$T > T_3$ の温度では（気相線より上の温度では）気相として存在し、$T_1 \leqq T \leqq T_3$ の温度では（葉巻形領域の中の温度では）気相と液相が共存している。

例えば、この混合系（組成 x_A）の温度が T_2 のときは、組成 x_c の気相と組成 x_B の液相が共存している。その時、気相と液相の量比は次式で与えられ、“てこの規則”が成立している。

$$\frac{\text{気相のモル数}}{\text{液相のモル数}} = \frac{AB\text{の長さ}}{AC\text{の長さ}}$$

[分留]

このタイプの沸点(温度)－組成図（図9-9）を使って、分留のメカニズムを説明する。

今、成分1のモル分率がx_Aである溶液が有ったとしよう。これを加熱していくと温度が上昇し液相線に達した時点で沸騰が始まる。このとき出てくる蒸気の組成はx_A'であり、元の溶液より成分2を多く含む。この蒸気を冷却して液化し、再び加熱して沸騰させると、出てくる蒸気組成はx_A''となる。これを液化すればさらに成分2に富んだ溶液が得られる。

このような操作を繰り返せば、最終的に、純粋な成分2を得ることができる。この原理に基づく液体混合物の分離・精製を"分留"と言い、分留のための装置として"分留塔"がある。

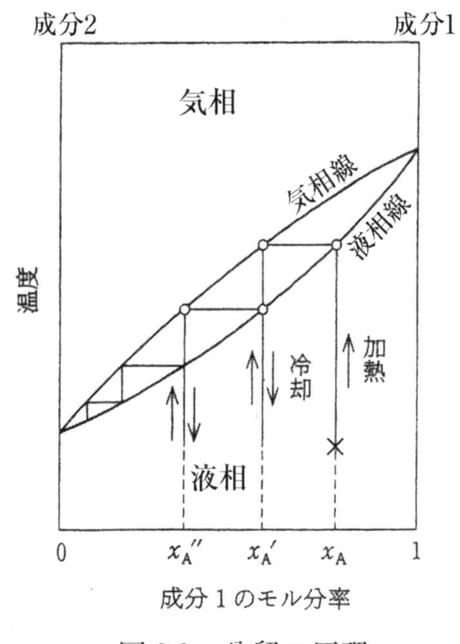

図9-9　分留の原理

(3) 実在溶液の沸点(温度)－組成図

図9-10と図9-11は、ラウールの法則から大きく外れた実在溶液の沸点(温度)－組成図である。それぞれの図において、極大点あるいは極小点で、液相線と気相線は接する。これらの極大点，極小点では、共存する液相と気相の組成が等しい。従って、極大点，極小点の組成をもつ溶液は、沸騰したとき液相と同じ組成の蒸気を出すので、"共沸混合物"という。共沸

混合物を作る溶液は、分留によって成分を分離・精製することは出来ない。例えば、極大点をもつ溶液を蒸溜しても、図 9-10 で分かるように、やがて液相の組成は共沸混合物となり、それ以上の精製は出来なくなる。極小点を持つ場合も、図 9-11 で分かるように、やがて気相の組成は共沸混合物となり、それ以上の精製は出来なくなる。

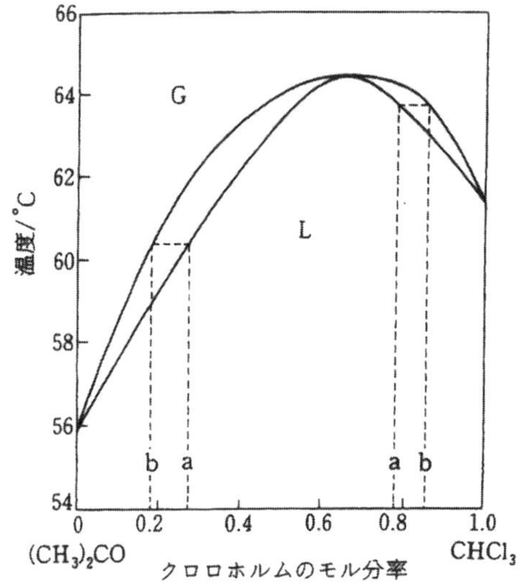

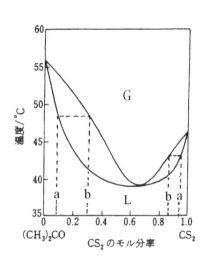

図 9-10　アセトン－クロロホルム系の沸点－組成図

図 9-11　アセトン－二硫化炭素系の沸点－組成図

表 9-1 に、いくつかの共沸混合物の例を挙げておく。

表 9-1　共沸混合物の例（at 1atm）

	A 成分	B 成分	沸点 /℃ A 成分	沸点 /℃ B 成分	沸点 /℃ 共沸混合物	（組成）B 成分の質量百分率
極大沸点	H_2O	HCl	100	−84.9	108.6	20.2
	H_2O	HNO_3	100	83	120.7	68
	$(CH_3)_2CO$	$CHCl_3$	56.2	61.1	64.4	75.5
	CH_3COOH	C_5H_5N	118.5	105	138.1	48.9
極小沸点	$(CH_3)_2CO$	CS_2	56.2	46.3	39.3	67
	C_2H_5OH	C_6H_6	78.3	80.1	67.9	68.6
	H_2O	C_2H_5OH	100	78.3	78.1	96.0
	CH_3COOH	C_8H_{18}	118.5	125.7	105.7	53.7

Ⅵ. 二成分系の液－液相平衡

二成分が完全には混合せず部分的にしか混合しない場合は、液－液相分離が起こることがよくある。その場合、分離している二つの液相は平衡状態にある。従って、このような相平衡を二成分系の“液－液相平衡”という。

二成分系の液－液相平衡には、これから説明する３つのタイプがある。

(1) 上限臨界共溶（りんかいきょうよう）温度（UCST）をもつタイプ

UCST：Upper Critical Solution Temperature

このタイプの相図は“UCST 型”と呼ばれている。また、高温で二成分が溶解（共溶）し均一溶液になるので、“高温溶解型”とも呼ばれている。

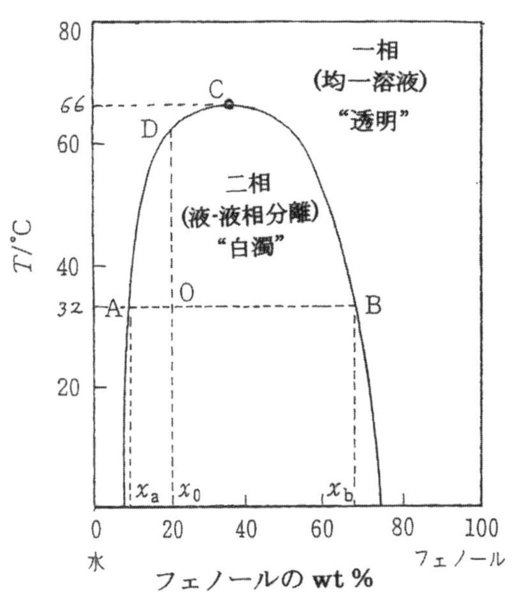

図 9-12　水－フェノール系の相図

曲線内部：二相（液－液相分離）

曲線外部：一相（均一溶液）

C 点：上限臨界共溶点

66℃：上限臨界共溶温度（UCST）

この図において、組成 x_0 の混合物を32℃に保つと、組成 x_a の液相 A と組成 x_b の液相 B に液 - 液相分離する。（下図参照）

混合物（組成 x_0）→　液相 A（組成 x_a）＋ 液相 B（組成 x_b）

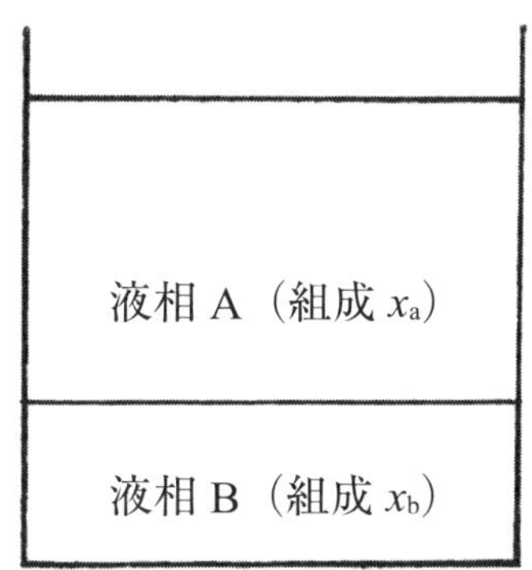

このとき、次の“てこの規則”が成立している。

$$\frac{\text{液相 A の質量}}{\text{液相 B の質量}} = \frac{x_b - x_0}{x_0 - x_a} \quad \cdots\cdots\cdots \text{てこの規則}$$

図 9-12 において、全組成 O と二つの液相の組成 A，B を結ぶ直線 AOB は、“タイライン (tie line)”あるいは“連結線”と呼ばれている。

組成 x_0 の混合物を D 点より高温にすると、一相（すなわち均一溶液）になる。このように、このタイプの相図は、高温で溶解するので、“高温溶解型”と呼ばれている。

(2) 下限臨界共溶温度（LCST）をもつタイプ

LCST：Lower Critical Solution Temperature

このタイプの相図は、“LCST 型”と呼ばれる。また、低温で二成分が溶解（共溶）し、均一溶液になるので、“低温溶解型”とも呼ばれている。

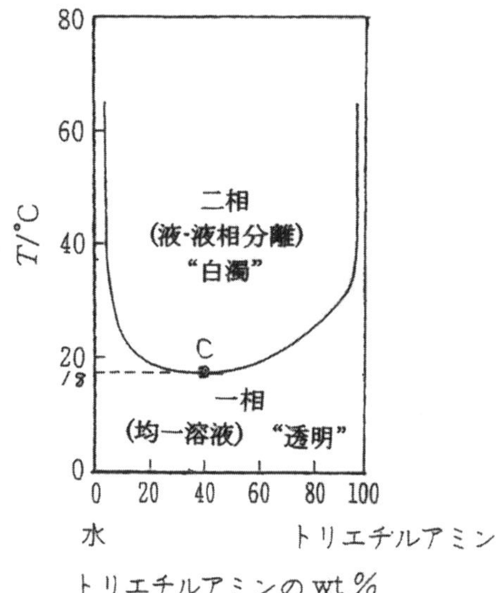

曲線内部：二相（液 - 液相分離）
曲線外部：一相（均一溶液）

C 点：下限臨界共溶点
18℃：下限臨界共溶温度（LCST）

図 9-13　水－トリエチルアミン系の相図

このタイプの混合系は、低温ほどよく溶け合うので、低分子系ではもちろん珍しい。しかし、高分子系ではそう珍しくはない。むしろ、よく見かけられるケースである。例えば、水－ポリエチレングリコール（PEG）系は、高温より低温の方が溶解性が高く、均一溶液を作り易い。

(3) UCSTとLCSTの両方をもつタイプ

UCSTとLCSTの二つの曲線が結合して、“ループ”を形成している!!

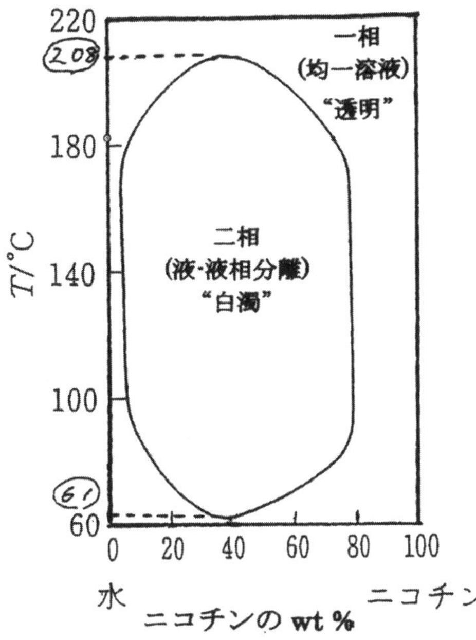

図9-14　水－ニコチン系の相図

このタイプは、低分子系，高分子系いずれの場合でも極めて珍しい!!

ループ内部：二相（液 - 液相分離）

ループ外部：一相（均一溶液）

208℃：UCST

61℃：LCST

（注意）相図の中の曲線やループは、“バイノーダル曲線”あるいは、“共存曲線”，“相互溶解度曲線”，“液 - 液相分離曲線”などと呼ばれている。文献によって呼び方がまちまちで、統一されていない。

表9-2　臨界共溶温度

A－B系	UCST/℃	Aのwt%	LCST/℃	Aのwt%
フェノール-水	66.4	36.6	－	－
アニリン-水	165	26.1	－	－
硫黄-ベンゼン	164	65	－	－
トリエチルアミン-水	－	－	18.4	34
ジエチルアミン-水	－	－	143.5	37.4
ニコチン-水	208	34.0	60.8	34.0
2,6-ジメチルピリジン-水	164.9	33.8	45.3	27.2
β-ピコリン-水	152.5	26.4	49.4	26.4

Ⅶ．二成分系の固－液相平衡

固相と液相の平衡、即ち“固－液相平衡”は、気－液相平衡，液－液相平衡に比べて複雑で難解である。しかし、合金，プラスチックなどの各種材料の製造過程において、固相と液相が共存する場合が非常に多い。従って、固－液相平衡についての理解は、製品開発において大いに役立つと考えられる。

二成分系の固－液相平衡は、次の３つのタイプに分類される。

⑴　固相で、２成分が完全に混合する場合

⑵　固相で、２成分が全く混合しない場合

⑶　固相で、２成分が部分的に混合する場合

（ただし、全てのタイプにおいて、液相で、２成分は完全に混合している。）

以下、これらの３つの固－液相平衡のタイプについて説明する。

⑴　固相で、２成分が完全に混合する場合

融液を冷却したとき、広範囲な濃度の“固溶体”を析出する!!

固溶体：各成分が原子，分子レベルで混合した固体
（金属の固溶体は、“合金”とも呼ばれる）

このタイプの相図は液相線と固相線が存在し、気相線と液相線をもつ気－液相平衡の相図とよく類似している!!

液相線：液相（融液）の組成と、凝固点の関係を示す。

固相線：固相（固溶体）の組成と、融点の関係を示す。

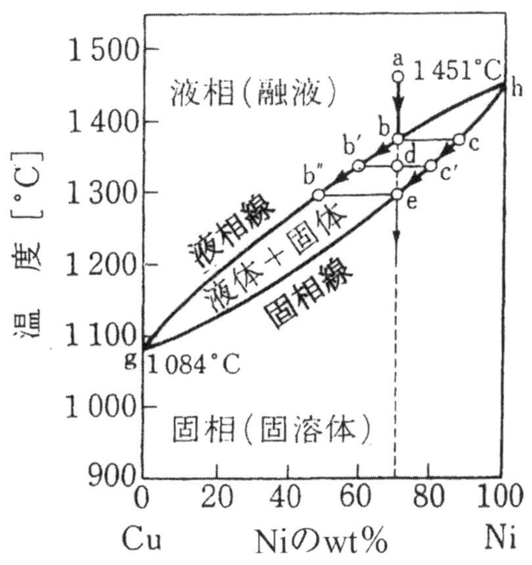

図 9-15　銅－ニッケル系の状態図

点 a の融液をゆっくり冷却していくと、b 点に到達した時点で固溶体を析出し始める。この固溶体の組成（Ni の wt%）は c 点の横座標で示される。固溶体は Ni に富むので、融液は反対に Cu 濃度が高くなる。そこで、融液の組成は液相線 b → b’ → b” に沿って変化し、固溶体の組成は固相線 c → c’ → e に沿って変化する。

この混合系が点 b’（点 d, 点 c’）に対応する温度になったとき、融液と固溶体の量比は次式で与えられる。即ち、“てこの規則” が成立する。

$$\frac{\text{融液の質量}}{\text{固溶体の質量}} = \frac{c'\,d\text{の長さ}}{b'\,d\text{の長さ}}$$

この式から分かるように、温度低下に従って融液の量が少なくなり、遂に点 b”に達する時点で、全て固溶体になってしまう。そのときの固溶体の組成は、もちろん元の点aの融液の組成に等しい。

（注意）固溶体の組成は変化する !!

いったん析出した固溶体でも、その固溶体はあくまでも融液と平衡状態にあるので、各成分は常に両相を行ったり来たりしている。従って、混合系の温度が下がるにつれて、既に析出していた固溶体の組成は刻々と変化していくことになる。

［参考］“帯域(たいいき)融解法”あるいは“帯域(たいいき)精製”

上記の例で分かるように、融液から析出する固溶体の組成は、高融点成分（Ni）に富んでいる。冷却過程で初期に析出した固溶体を再び融解しまた冷却するという操作を繰り返すと、固溶体の高融点成分（Ni）の濃度は益々高くなる。この原理で、固体の精製を行う方法を“帯域融解法”あるいは“帯域精製”と呼び、工業的によく利用されている。例えば、半導体素子の製造過程で、極めて純度の高いシリコンあるいはゲルマニウムを作るのに、この方法が使われている。

（注意）ここで帯域(たいいき)とは、9章, V. で記述した“葉巻型(はまきがた)の領域”と同義であると考えられる。

(2) 固相で、2成分が全く混合しない場合

融液を冷却したとき、それぞれの成分の“結晶”が析出する!!

このタイプの相図は、一般に次に示すような図になる。

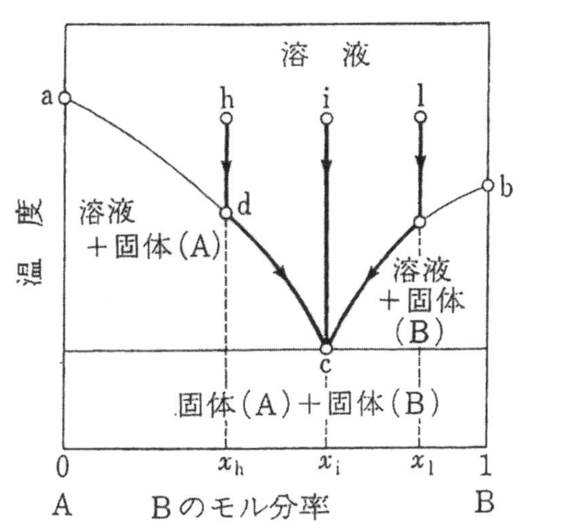

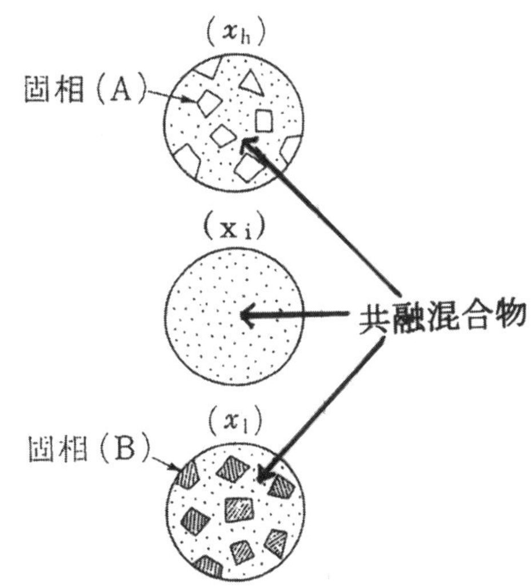

成分Aと成分Bは固相で全く溶け合わないので、このタイプの固-液相平衡の相図は“凝固点降下”の相図に対応する。曲線acはAの凝固点曲線（または析出曲線）であり、曲線bcはBの凝固点曲線（または析出曲線）である。これら2つの凝固点曲線はc点で一致する。

今、点hの融液（組成x_h）をゆっくり冷却していくと、d点でAの結晶が析出してくる。Aの析出が続くと、融液はBに富むようになり、融液の組成は凝固点曲線acに沿って矢印の方向に変化していく。このとき、融液の温度はどんどん下がり、いわゆる凝固点降下の現象が見られる。c点に到達すると、Bの凝固点曲線と交わるので、Bも結晶を析出し始める。そしてこの温度で、融液が無くなるまで、AとBの結晶が析出し続ける。

c 点は“共融点”と呼ばれ、その温度での析出物質は“共融混合物”あるいは“共晶”と呼ばれる。共融混合物は、“A と B の微細な結晶粒の混合物”である。

この場合に、最終的に得られる固体の構造は、上図の（x_h）で示されているように、A の結晶の周りを共融混合物が埋めた構造になっている。

点 l の融液（組成 x_l）をゆっくり冷却していくと、融液は B の結晶を析出しながら凝固点曲線 bc に沿って矢印の方向に変化していく。この場合も、c 点に達すると、融液が無くなるまで共融混合物が析出し続ける。

この場合に、最終的に得られる固体の構造は、上図の（x_l）で示されているように、B の結晶の周りを共融混合物が埋めた構造になっている。

点 i の融液（組成 x_i）を冷却していくと、直接 c 点に達し、直ちに共融混合物を析出し続ける。得られる固体の構造は、上図の（x_i）で示されているように、全体が共融混合物である。

（例）

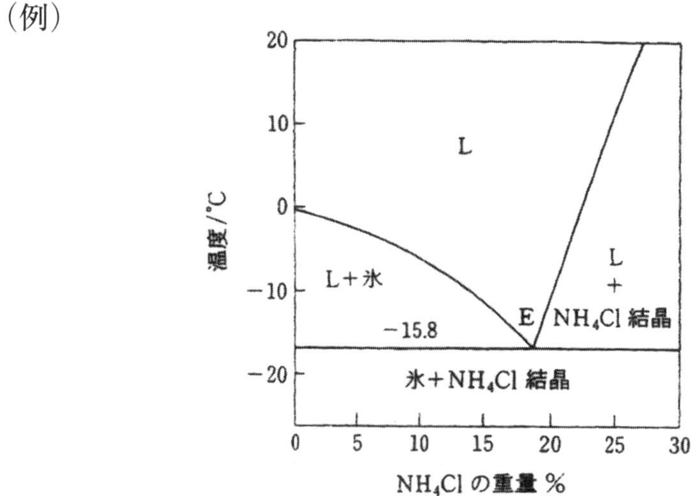

図 9-16　水－塩化アンモニウム系の固相－液相状態図
L：溶液（水溶液）

Ⅷ. 三成分系の液－液相平衡

三成分系の液－液相平衡は三角座標を用いて表す。従って、先ず三角座標の読み方を説明しておく。その後で、低分子と高分子の三成分系の液－液相平衡の例をいくつか挙げる。最後に、“粒子形成”と“異種高分子間の相溶性”についても触れ、液-液相平衡と化学工業との関連について述べる。

(1) 三角座標の読み方

三成分系の液－液相平衡はT，P一定のもとで測定され、その結果は三角座標上に一つのバイノーダル曲線（共存曲線）として表される。

下の図によって、三角座標の読み方を説明する。

三角座標の目盛りは、三つの成分の組成（例えば、wt%）である。三つの頂点は、純A（100％A)，純B（100％B)，純C（100％C）に対応する。頂点Aの対辺BCは、Aを含まないこと（すなわち0％A）に対応する。そして、対辺BCに平行な直線は、Aのwt%が一定であることを示す。B，Cのwt％も同様に、それぞれの対辺（0％）から頂点（100％）に向かって増加する。

以上述べた方法により、三角座標の中の任意の点の組成を読み取ることができる。

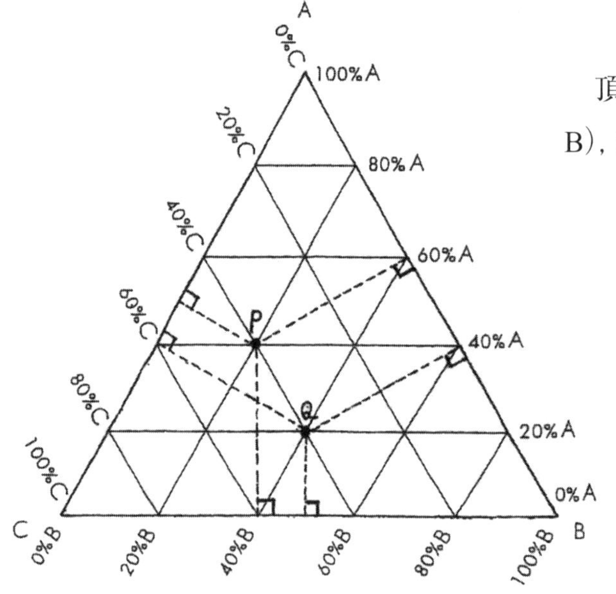

頂点は、純 A（100% A），純 B（100% B），純 C（100% C）に対応する。

任意の点での A, B, C の組成（%）は、それぞれの対辺におろした“垂線の長さ”で表される。

P 点：A40%, B20%, C40%

Q 点：A20%, B40%, C40%

図 9-17　三成分系の組成を表すための三角座標（wt%）

(2) 三成分系の“液－液相平衡”の一般的性質

三成分が完全には混合せず、部分的にしか混合しない場合は、“液－液相分離”が起こることが多い。その時、分離している二つの液相は平衡状態になるので、このような相平衡は“液－液相平衡”と呼ばれる。

三成分系の液－液相平衡については、既に膨大なデータが出されている。それらは大別すると、溶媒(1)－低分子液体(2)－低分子液体(3)系と、溶媒(1)－高分子(2)－高分子(3)系に分類される。（これら２つのケースは、後で詳しく記述する。）

いずれの場合でも、成分(2)と成分(3)は相溶性が悪く（溶けにくく）、溶媒(1)はそれら２つの成分と相溶性が良い。即ち、溶媒(1)が両者の仲立ちをすることによって、三成分が溶け合うのである。

二成分系の液－液相平衡では、温度と組成を変化させていたが、三成分系の場合には、温度は固定し組成だけを変化させて相挙動を測定する。(この違いは、相律で説明できる。) 得られた結果は、バイノーダル曲線として三角座標上に描かれる。バイノーダル曲線は、液－液相分離が起こり始める組成（即ち臨界組成）を与える曲線である。即ち、この曲線の内部は二相領域で液－液相分離が起こり、曲線の外部は一相領域で均一溶液である。この点については、二成分系の場合と全く同じである。

三成分系の液－液相平衡のバイノーダル曲線には、いくつかのタイラインン（連結線）が引かれていることがよくある。各々のタイラインは、平衡にある2液相の組成と全組成とを結んでいる。相図にタイラインが加わると、混合系が量的にどのように相分離するかが分かるので、情報量がさらに増えることになる。

二成分系の液－液相平衡の場合には、タイラインは温度一定の水平線であるため、敢(あ)えて書き込む必要が無かったのである。

(3) バイノーダル曲線を求める方法

三成分系のバイノーダル曲線を求める方法は、次の2つの方法がある。

方法(1)：白濁（消失）点を決定する方法

相溶性の悪い（即ち、互いに溶けにくい）2種類の“低分子液体”の混合物、あるいは2種類の“高分子”の混合物を、混合比を変えて幾つか作っておく。(高分子混合物の場合は、あらかじめ適当量の溶媒を加え、懸濁液(けんだくえき)にしておく。) 各々の混合物に“溶媒”を少しずつ加えて行き滴定を行い、白濁点（この場合、白濁消失点）を決定する。

白濁（消失）点は混合物の数だけ求まる。これらの白濁（消失）点をなめらかに繋（つな）ぐと、１本のバイノーダル曲線が得られる。

この方法は、比較的、簡単であるが、タイライン（tie line）は得られない。

方法⑵：タイライン（tie line）を決定する方法

混合比を変えて作った幾つかの三成分系混合物を液－液相分離させる。次に、上相（○）と下相（△）の組成を適当な方法で決定する。（それぞれのケースで、最適な方法を考えなければならない。）次に、三角座標上で、これら２つの組成（○，△）と、混合物の全組成（×）を結ぶタイラインを引く。タイラインは混合物の数だけ得られる。タイラインの両端を滑らかに繋（つな）ぐと１本のバイノーダル曲線が得られる。

この方法は、タイラインが得られる点で優れている。

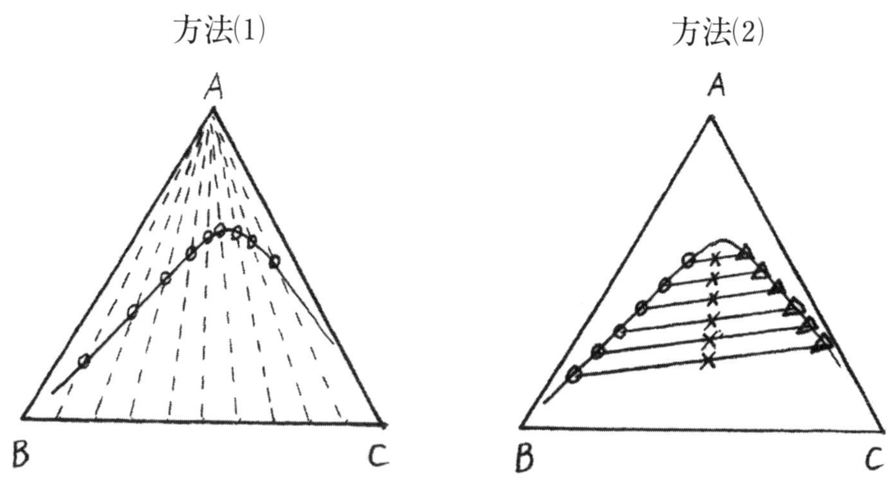

A：溶媒　　B, C：低分子液体 or 高分子（B と C の相溶性は低い）

［参考］方法⑴については、１回目の白濁消失点を決定後、この溶液に高分子（B or C）濃厚溶液を少し加え白濁させた後、２回目の滴定を行う。さらに、同様にして３回目以降の滴定を行う。このように“連続的

に”滴定を行う、要領の良いやり方も有る。

(4) 溶媒(1)－低分子液体(2)－低分子液体(3)系の液－液相平衡

（例）酢酸－クロロホルム－水 系

酢酸が溶媒として働いている !!（クロロホルムと水は相溶性が悪い）

⇒　酢酸がクロロホルムと水の仲立ちをすることによって、三成分が曲線外部で溶け合うことが可能になる !!

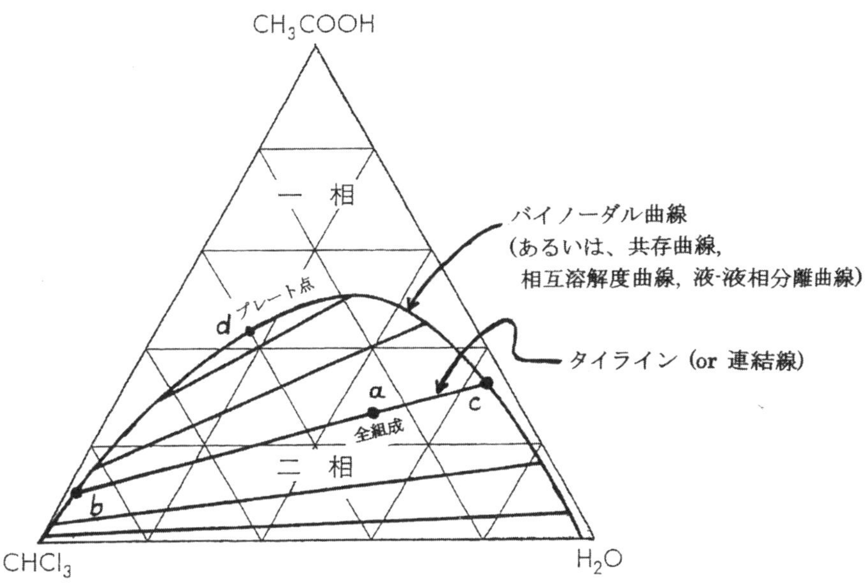

図 9-18　酢酸－クロロホルム－水系の液－液相分離曲線（at 18℃）

曲線内部では、次のような液－液相分離が起こる。

全組成 a の混合物　→　組成 b の液相　＋　組成 c の液相

プレート点 d は、平衡二液相の組成が等しくなる点である。

（例）アセトン－フェノール－水系

アセトンが溶媒として働いている !!（フェノールと水は相溶性が悪い。）

⇒　アセトンがフェノールと水の仲立ちをすることによって、三成分が曲線外部で溶け合うことが可能になる !!

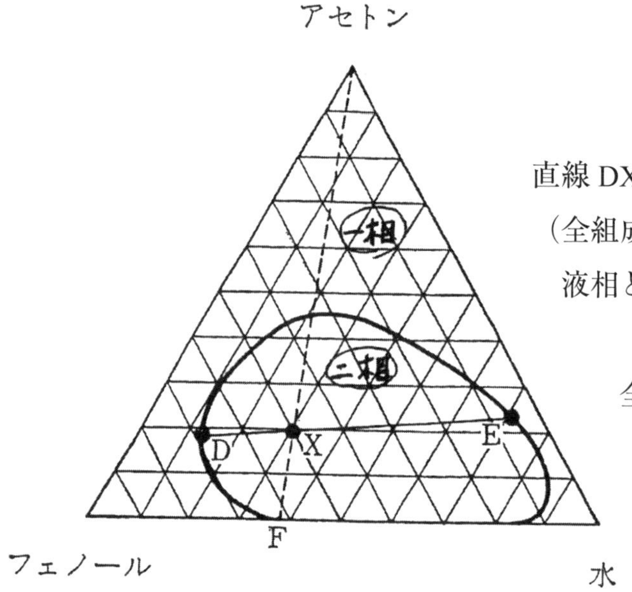

アセトン

一相

二相

D　X　E

F

フェノール　水

直線 DXE：タイライン（tie line）
（全組成 X の混合物は、組成 D の液相と組成 E の液相に分離する。）

全組成 X：アセトン 20%
フェノール 50%
水 30%

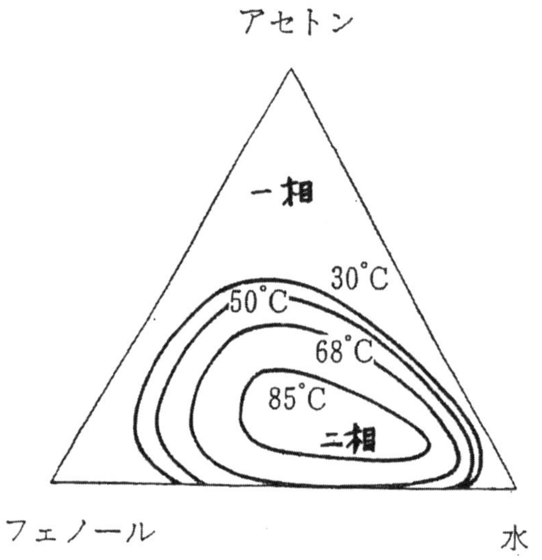

アセトン

一相

30°C　50°C　68°C　85°C

二相

フェノール　水

“温度依存性”

温度上昇と共に、
バイノーダル曲線のループは
小さくなっている !!
故に、温度上昇と共に、
三成分の“相溶性”が良くなる !!

（例）酢酸－ベンゼン－水 系

酢酸が溶媒として働いている !!（ベンゼンと水は相溶性が悪い。）

⇒　酢酸がベンゼンと水の仲立(なかだ)ちをすることによって、三成分が（曲線外部で）溶け合うことが可能になる !!

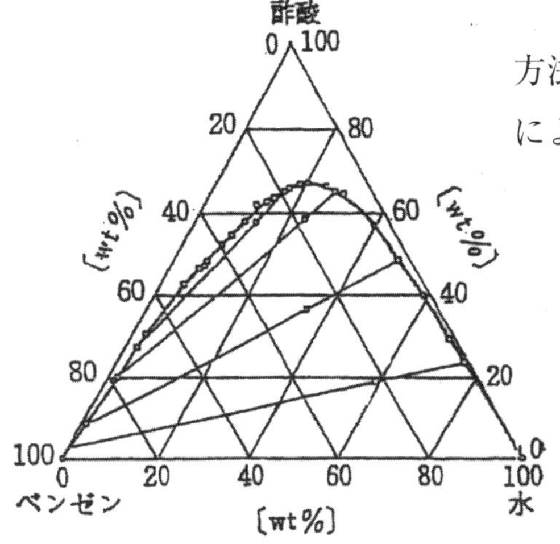

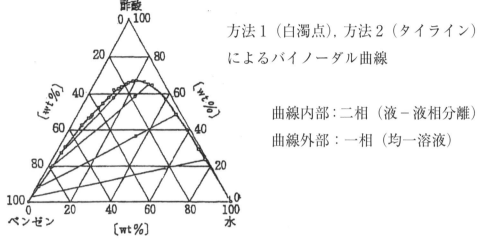

方法 1（白濁点），方法 2（タイライン）によるバイノーダル曲線

曲線内部：二相（液－液相分離）
曲線外部：一相（均一溶液）

図 9-19　酢酸－ベンゼン－水系の液－液相分離曲線（at 30℃）

（例）エタノール－ベンゼン－水 系

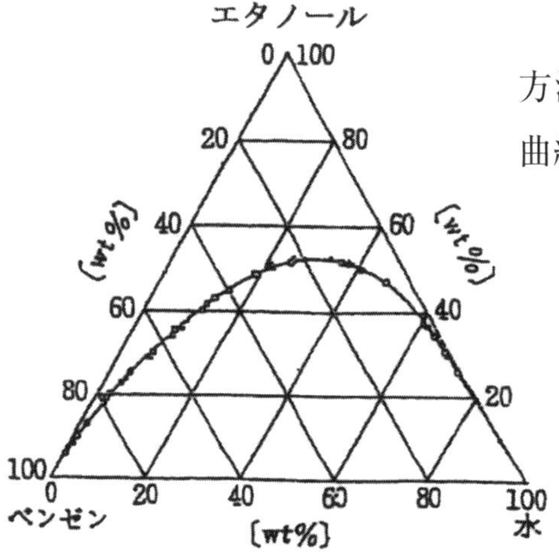

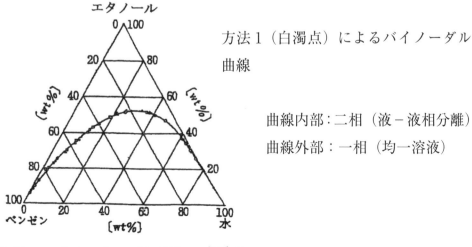

方法 1（白濁点）によるバイノーダル曲線

曲線内部：二相（液－液相分離）
曲線外部：一相（均一溶液）

図 9-20　エタノール－ベンゼン－水系の液－液相分離曲線（at 25℃）

(5) 溶媒(1)－高分子(2)－高分子(3)系の液－液相平衡

（例） ベンゼン－ポリスチレン－ポリ酢酸ビニル 系

ベンゼンが溶媒である !!

（ポリスチレンとポリ酢酸ビニルは相溶性が悪い。）

⇒ ベンゼンがポリスチレンとポリ酢酸ビニルの仲立ちをすることによって、三成分が曲線外部で溶け合うことが可能になる !!

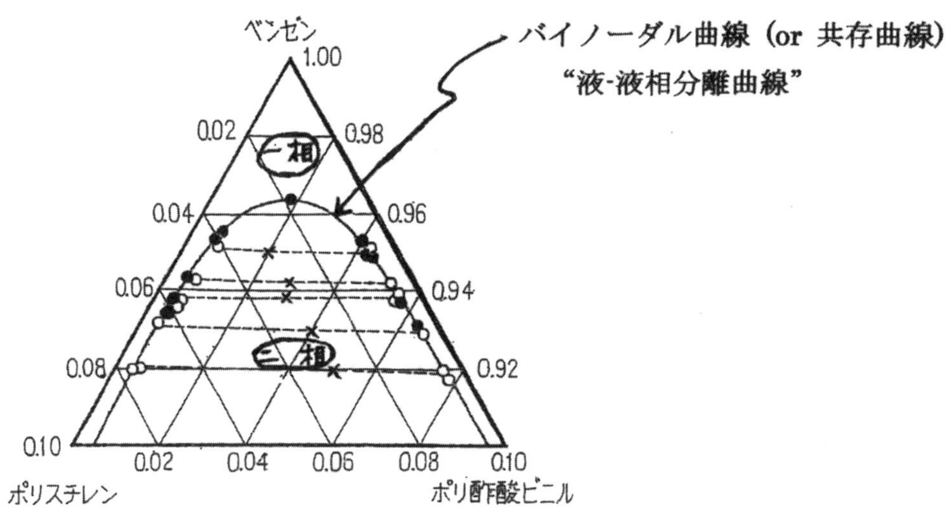

図 9-21　ベンゼン－ポリスチレン－ポリ酢酸ビニル系の液－液相分離曲線

2 つの方法を採用している。

●：方法 1

滴定によって白濁点を多数決定し、それらをつないでバイノーダル曲線を作成している。

○…×…○：方法 2

分離 2 相の組成（○）と全組成（×）を結ぶタイラインを引き、それらの両端をつないでバイノーダル曲線を作成している。

（例）アセトン－酢酸セルロース－ポリビニルアセタール系

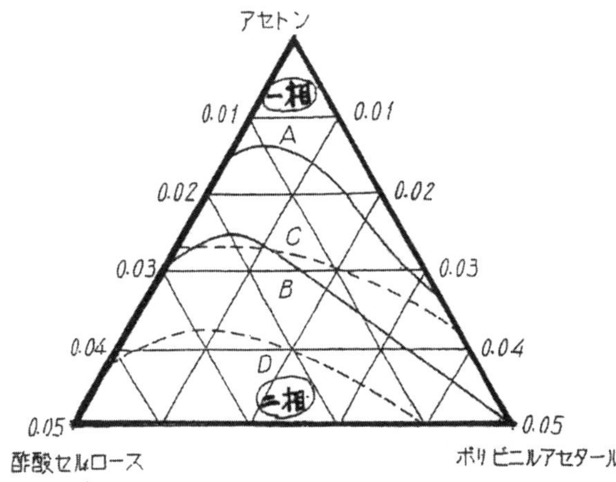

図 9-22　アセトン－酢酸セルロース－ポリビニル
アセタール系の液－液相分離曲線

分子量が大きくなると共に、バイノーダル曲線はアセトン頂点に近づいた。

故に、分子量が大きくなると、2つのポリマーおよびアセトンの相溶性が悪くなった !!

（例）水－ PVP － PEG 系

著者（稲村）らは方法1（白濁点）によって、バイノーダル曲線を作成し、分子量と温度への依存性を調べた。

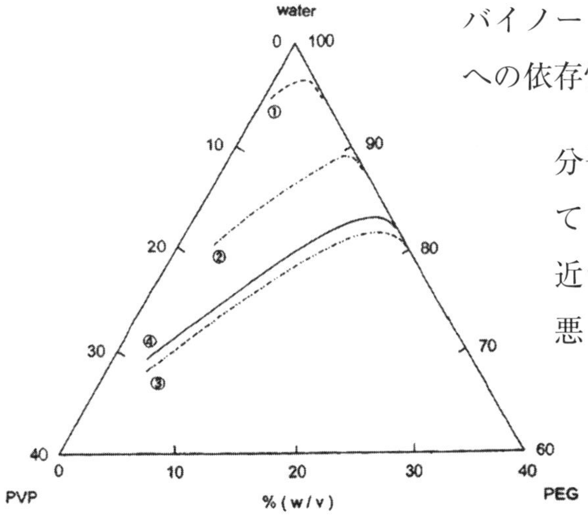

分子量が増大しても、温度が低下しても、バイノーダル曲線は水頂点に近づき、PVP，PEG，水の相溶性が悪くなった。

I.Inamura, Y.Jinbo, M.Kittaka, And A.Asano, Polym.J., 36, 108, (2004).

図 9-23 Molecular weight dependence (①, ②, and ③) of binodal curve for the water-PEG-PVP ternary system at 30℃ ; combinations of molecular weight divided by 10^4 for PEG/PVP mixtures are ① 30/36, ② 2.1/36, and ③ 2.1/4.0, respectively. Temperature dependence (③ at 30℃ and ④ at 10℃) of binodal curve for the PEG (2.1)/PVP (4.0) system.

（例）水－ PVA － PEG 系

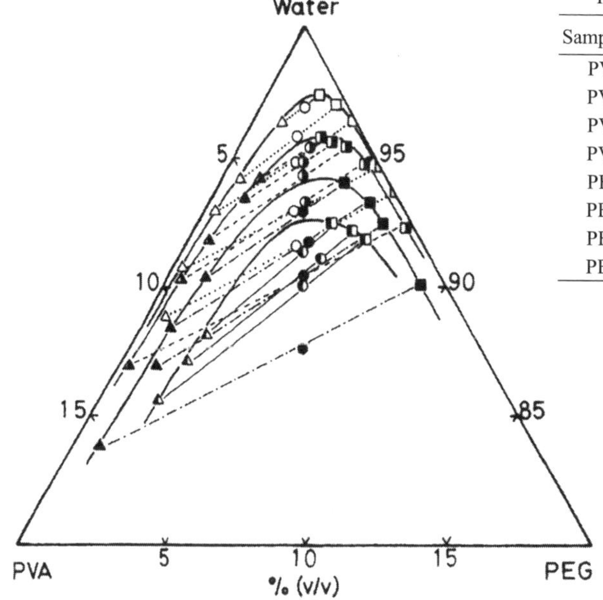

図 9-24　Phase diagram for the PVA-PEG-water system at 30℃ and 1 atm. The tie lines connecting the equilibrium compositions of the two conjugate phases (triangles, squares) *via* that of the original mixture (circles) are shown. △---○---□, PVA-4-PEG-2; ◭--◑--◨, PVA-3-PEG-2; ▲---●---■, PVA-2-PEG-2; ◭—◐—◧, PVA-1-PEG-2.

Table I.　Characteristics of the polymer samples

Sample code	$M_v \times 10^{-5\,a}$	$M_w \times 10^{-5}$	M_w/M_n
PVA-1	0.37		1.38
PVA-2	0.93		1.44
PVA-3	1.59		1.43
PVA-4	7.30		1.57
PEG-1		0.072	1.08
PEG-2		0.20	1.10
PEG-3		1.60[b]	1.04[b]
PEG-4		6.68[b]	1.04[b]

M_n：数平均分子量

M_w：重量平均分子量

M_v：粘度平均分子量

M_w/M_n ＝ 1 のとき、単一分子量。

M_w/M_n が 1 から大きくなるにつれ、分子量分布は広くなる！

著者（稲村）らは方法 2（タイライン）によって、バイノーダル曲線を作成した。

分子量が増大すると共に、バイノーダル曲線は水頂点に近づき、三成分の相溶性が悪くなった。

さらに、著者（稲村）らは、曲線内部の二相領域の混合物がいろいろなサイズの粒子を形成する現象に興味を持ち、その観察結果も同時に報告している。（次の節 (6) 参照）

I.Inamura, K.Toki, T.Tamae, and T.Araki, Polym.J., 16, 657 (1984).

(6) 液－液相分離による粒子形成

水－ PVA － PEG 系で、液－液相分離によって粒子が形成される様子を図を描くことによって示す。

PVA：ポリビニルアルコール　PEG：ポリエチレングリコール

［I.Inamura, Polym.J., 18, 269 (1986) 参照］

なお、ここで示す現象は、この系に限らず、液－液相分離が起こる系では、一般的に見られる普遍的な現象である。

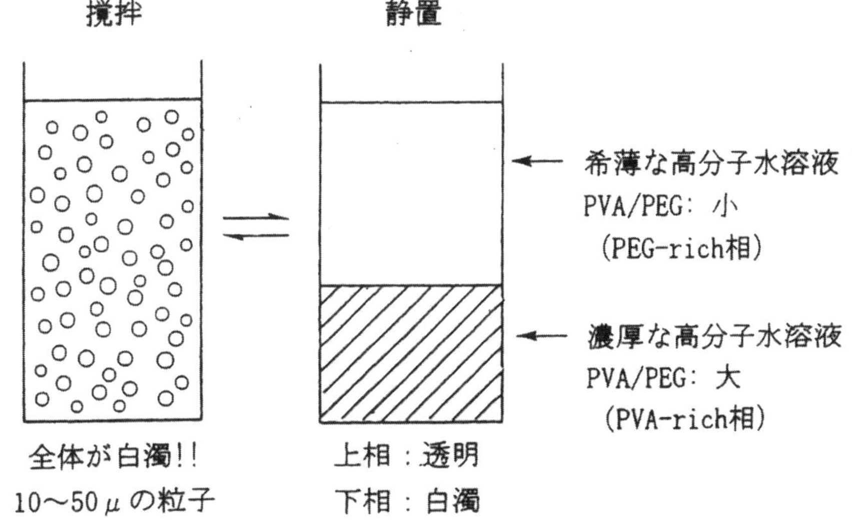

PVA 水溶液と PEG 水溶液を混合した場合、攪拌している間は、上図（左）のように直径 10 ～ 50 μm の球形粒子が観察される。

しかし、この混合物を静置しておくと、上図（右）のように上相と下相に分離する。上相は透明で高分子濃度の低い相であり、下相は白濁した高分子濃度の高い相である。さらに、高分子組成については、上相：PEG-rich 相，下相：PVA-rich 相である。なお、下相は、上図（左）の粒子が沈降し、さらに融合して出来たものである。

攪拌時の粒子形成［上図（左)］は、“ペイント”,“エマルジョン”,“ラテックス”,“医薬品用カプセル”などの製造工程に直接関係する現象であり、工業的に大切である。

また、ソ連の有名な生化学者、オパーリン（1894～1980年）は、このような高分子の粒子形成（コアセルベーション）を原子細胞に至る一つの過程であると考え、1922年に生命の起源に関する「コアセルベート説」を提出した。この学説は、その後、世界の生物学者や生化学者に非常に強い影響を与えた。

高分子化学や溶液化学の立場からすれば、「粒子がどのようなメカニズムによって生ずるか??」に大きな興味が生ずる。

(7) 異種高分子間の相溶性

溶媒(1)－高分子(2)－高分子(3)系の相平衡は、“ポリマーブレンド”,“ポリマーアロイ”,“エンジニアリング・プラスチック”などの高分子材料の基礎研究としても重要である。

このような高分子材料を開発するためには、高分子(2)と高分子(3)の間の（異種高分子間の）“相溶性”が高いことが要求される。何故なら、相溶性が高い場合（即ち、分子レベルで混合している場合）は、機械的強度などの物性が“飛躍的に”向上するケースがよくあるからである。

従って、高機能な高分子材料を開発する為には、相溶性が高いと考えられる一相領域（バイノーダル曲線外部）を出来るだけ広くするように努力する必要がある。

10章　電解質溶液

溶媒に溶けた時、“イオン”に解離する物質が電解質である。そして、その溶液は電解質溶液と呼ばれる。特に、溶媒が水の場合は、“電解質水溶液”と呼ばれる。

しかし、溶媒が水以外（例えば、有機溶媒）の場合は、遭遇することが非常に少ない。従って、この章では、“電解質水溶液”のみを扱うこととする。そこで、この章で「電解質溶液」の記述は、“電解質水溶液”と考えて頂きたい。

電解質溶液の中に1個の金属を浸すと電極（あるいは半電池）が出来、2個の金属を浸すと電池が出来る。従って、電解質溶液と第11章の“電池”とは密接に関係している。さらに、第12章の“半導体”は、電荷を持つイオン，電子，正孔の挙動が基盤となって、諸現象を引き起こす。

「電解質溶液」，「電池」，「半導体」などの項目は、“電気化学”の学問領域に入る。

電気化学は、“電荷を持たない物質の化学”に比べ、非常に複雑になって来る。しかし、私たちの生活に、直接、多大な恩恵を与えてくれることが多いことを考えると、電気化学はやはり非常に大切な学問領域と言える。一見、非常に複雑に見える電気化学も、基本的な内容をしっかり理解してしまえば、後は、結構、楽しく勉強できる領域かもしれない。

I．電解質溶液の電気伝導度

電解質溶液の大きな特徴は電気を導くことである。その時、電気の運び手は“イオン”である。

［注意］“電気の運び手”が物質の種類によって違うことに注意する必要がある!!

金属：電子

半導体：電子と正孔（これらはキャリアと呼ばれる）

電解質溶液：イオン

電解質溶液の電気伝導度の程度を表す物理量は、以下に述べるように、幾つかの種類がある。目的に応じて、使い分ける必要がある。

(a) 伝導度 κ（カッパ）

電解質溶液に２枚の電極を入れ、その両端を電池に繋ぐと回路に電流が流れる。この時、電極間の電位差（電圧）Vと電流Iの間には、次式のようなオームの法則が成立する。

$$V = RI \quad \cdots\cdots\cdots \text{オームの法則}$$

ここで、比例定数Rは抵抗である。今、私たちは“電気伝導性”に注目しているので、この式は次のように書き換えた方が良い。

$$I = (1/R)V = GV$$

この式は、「溶液中を流れる電流は、かけた電圧に比例する」ことを表している。ここで、比例定数 G（$= 1/R = \Omega^{-1}$）は、単位電圧（1V）をかけた時に流れる電流 I に相当し、電気伝導度の一応の目安になる。

しかし、G は同一の溶液を測定した場合でも、電極の面積と電極間の距離によって違った値になるので、溶液の電気伝導性を評価することはできない。

［参考］G は電極面積に比例し、電極間距離に反比例する。

そこで、下図に示すように、面積 1cm^2 の電極 2 枚が 1cm だけ離れて置かれたときの G を考え、これを伝導度 κ（カッパ）とする。このとき、次式が成立する。

$$I = (1/R)V = \kappa V \text{（1cm}^2\text{ の電極 2 枚が 1cm 離れて存在）}$$

伝導度 κ は、電解質溶液の（電気）伝導度を評価する物理量として、現在、普通によく使われている。

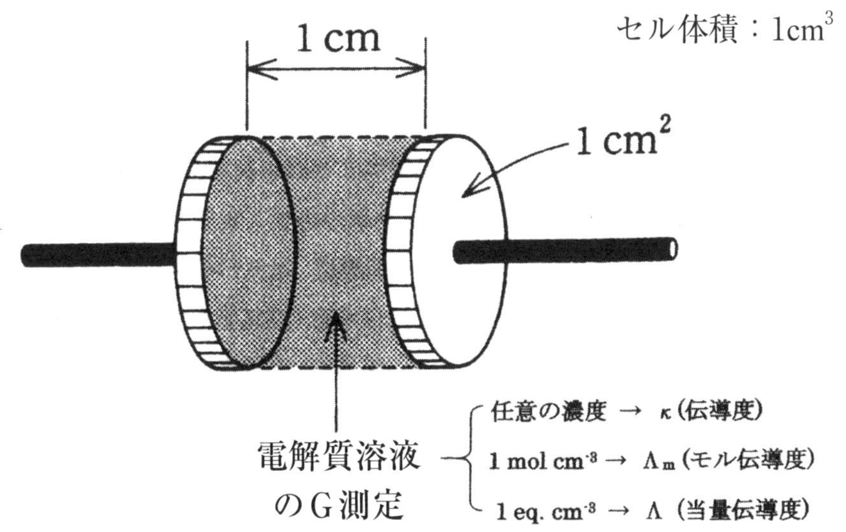

図 10-1　伝導度 κ，モル伝導度 Λ_m，当量伝導度 Λ の説明図
（Λ_m と Λ は、比例計算によって求める !!）

比例定数 G は、電極の面積 (A) に比例し、電極間距離 (ℓ) に反比例するから、G と κ の間には次の関係が成立する。

$$G = \kappa \ (A/\ell)$$

$$\therefore \kappa = G \ (\ell/A)$$

ここで、$G = 1/R = \Omega^{-1}$ であった

故に、κ の単位 $= G\ (\ell/A) = \Omega^{-1} \times \dfrac{cm}{cm^2} = \Omega^{-1} \times cm^{-1} = S cm^{-1}$

（注意）ここで、S はジーメンスと読み、$S = \Omega^{-1}$ の関係がある！

従って、上記のように、伝導度 κ（カッパ）の単位は S（ジーメンス）cm^{-1} と表わされる。

（注意）伝導度 κ（カッパ）については、呼び方，記号が以下に示すように、幾通りもあるので注意が必要である。（いずれも伝導度 κ と同一と考えて良い !!）

呼び方：伝導度，電気伝導度，
伝導率，電気伝導率，
電導率，導電率

記号：κ（カッパ），σ（シグマ）
（σ は、金属，半導体のような固体の場合によく使われる。）

(b) モル伝導度 Λ_m（ラムダ・エム）

伝導度 κ（カッパ）は電解質溶液の濃度によって、その値が違ってくる。従って、"一定濃度"での伝導度 κ が必要とされる。

そこで、図10-1の体積1cm^{3}のセル中に、電解質1molが溶けているときの（即ち、濃度1mol cm^{-3}のときの）伝導度 κ を"モル伝導度 Λ_m"とする。

（注意）上記の濃度1mol cm^{-3}は仮想的な濃度である。こんな高い濃度の溶液は作れない!!　実際には、もっと薄い濃度で伝導度 κ を測定し、その値を使って、濃度1mol cm^{-3}のときの伝導度 κ（即ち、モル伝導度 Λ_m）を比例計算により求めている。

例えば、モル濃度 C mol ℓ^{-1} [= ($C/1000$) mol cm^{-3}] の溶液が伝導度 κ であると測定された場合、モル伝導度 Λ_m（濃度1 mol cm^{-3}のときの伝導度 κ）は次式によって求められる。

$$\frac{C}{1000}\,\mathrm{mol\ cm^{-3}} : \kappa = 1\ \mathrm{mol\ cm^{-3}} : \Lambda_m$$

$$\therefore \frac{C}{1000}\,\mathrm{mol\ cm^{-3}}\,\Lambda_m = \kappa\ \mathrm{mol\ cm^{-3}}$$

$$\therefore \Lambda_m = \frac{\kappa}{\frac{C}{1000}} = \frac{1000\kappa}{C} \quad \cdots\cdots (1)$$

ここで、κ の単位がS cm^{-1}、Cの単位がmol cm^{-3}であることより、

$$\Lambda_m = 1000\kappa / C = 1000\ \mathrm{S\,cm^{-1}/(mol\,cm^{-3})}$$
$$= 1000\ \mathrm{Scm^2\,mol^{-1}}$$

故に、モル伝導度Λ_m（ラムダ・エム）の単位は、$\mathrm{Scm^2mol^{-1}}$と表すことが出来る。

(c) 当量伝導度 Λ（ラムダ）

モル伝導度Λ_mは“イオンの価数”が考慮されていない。その欠点を克服する為に、次に述べる当量伝導度Λ（ラムダ）が考案されている。

図10-1の体積1cm^{3}のセルの中に、電解質1当量（equivalent）が溶けているときの（即ち、濃度1eq.cm^{-3}のときの）伝導度κを“当量伝導度Λ”とする。当量伝導度Λは電気伝導性を評価するのに理想的な物理量であり、最もよく使われている。

［参考］当量（equivalent：eq.）とは、アボガドロ数個の“単位・正負電荷対”のことである。

例えば、NaClの1molは1 eq.であり、Na_2SO_4や$CuSO_4$の1molは2 eq.であり、$Fe_2(SO_4)_3$の1molは6 eq.である。

例えば、当量濃度C^* eq. ℓ^{-1}［$= (C^*/1000)\ eq.cm^{-3}$］の溶液の伝導度がκであると測定された場合、当量伝導度Λ（濃度1 eq. cm^{-3}のときの伝導度κ）は次式によって求められる。

$$\frac{C^*}{1000}\,eq.cm^{-3} : \kappa = 1eq.cm^{-3} : \Lambda$$

$$\therefore \frac{C^*}{1000}\,eq.cm^{-3}\,\Lambda = \kappa\ eq.cm^{-3}$$

$$\therefore \Lambda = \frac{\kappa}{\frac{C^*}{1000}} = \frac{1000\kappa}{C^*} \quad \cdots\cdots (2)$$

ここで、κ（伝導度）の単位：Scm^{-1}

C^*（当量濃度）の単位：$eq.cm^{-3}$

これらを式(2)に代入すると、

$$\Lambda = 1000\kappa/C^* = 1000\,Scm^{-1}/(eq.cm^{-3}) = 1000\,Scm^2eq.^{-1}$$

故に、当量伝導度 Λ（ラムダ）の単位は $Scm^2eq.^{-1}$ と表すことが出来る。

（図 10-2，図 10-3，表 10-3 参照）

Ⅱ．κ，Λ_m，Λ の測定方法

既に述べているように、モル伝導度 Λ_m または当量伝導度 Λ を与える濃度（1 mol cm^{-3} または 1 eq. cm^{-3}）は、実現不可能な高濃度である。従って、Λ_m と Λ は直接測定することは出来ない。直接、測定できるのは伝導度 κ だけである。

そこで、上記 3 種類のどの物理量（κ，Λ_m，Λ）を求めようとする場合でも、ある適当な濃度で、伝導度 κ を測定することになる。

そして、もしΛ_mあるいはΛが必要なときは、前述の式(1)または式(2)を用いて、比例計算により求めることになる。

伝導度κの測定用機器としては、「伝導度計」,「導電率計」などの商品名で、比較的安価で市販されている（2～20万円)。操作は簡単で、κの値が直接、計器に表示されるので、時間もあまり必要としない。

Ⅲ．当量伝導度Λ（ラムダ）の濃度依存性

既に述べているように、当量伝導度Λは、ある適当な濃度で測定された伝導度κを濃度1eq.cm^{-3}当たりに換算して得られたものである。故に、たとえ溶液濃度が変化しても、Λの値は変化しないように思える。しかし、実験をしてみると、図10-2, 図10-3に示すように、全てのΛは水平にならず、溶液濃度によって変化する（ここで、横軸のC^*はκ測定時の溶液の当量濃度eq.dm^{-3}またはeq.ℓ^{-1})。これは一見、奇妙な現象であるが、この“奇妙さ”の中から、私たちは電解質溶液の中で起こっている幾つかの現象を知ることが出来る。

2つの図を見て分かるように、Λの濃度依存性には2つのタイプが有る。この2つのタイプによって、電解質を強電解質と弱電解質にはっきり分類することが出来る。

強電解質のΛは、弱電解質のΛより大きな値を取り、濃度増加と共に直線的に減少する。一方、弱電解質のΛは強電解質のΛに比べて小さいが、溶液濃度が減少し無限希釈（濃度ゼロ）に近づくと、急激に上昇し、(縦軸との）切片の読み取りが不可能となる。

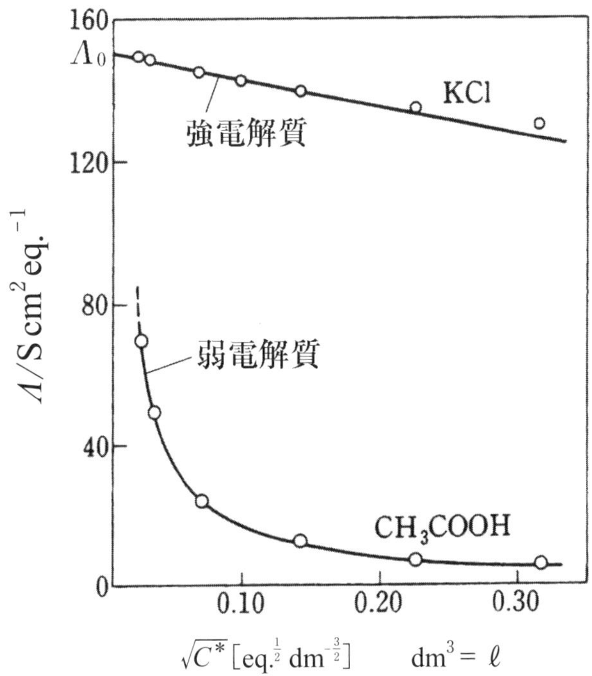

図 10-2　Λ と $\sqrt{C^*}$ の関係（at 25℃）

Λ_0：無限希釈当量伝導度

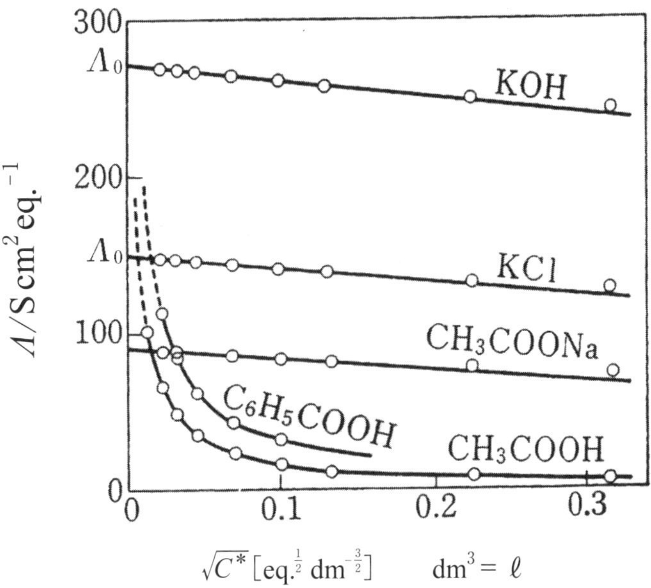

図 10-3　Λ と $\sqrt{C^*}$ の関係（at 25℃）

Λ_0：無限希釈当量伝導度

これらの図によって、電解質を強電解質と弱電解質の２つに明確に分類することが出来た。以下、これら２種類の電解質の性質をそれぞれ記述する。

Ⅳ．強電解質

(a) Kohlrausch（コールラウシュ）の平方根則

図 10-2 と図 10-3 で示されているように、強電解質の当量伝導度 Λ は、溶液濃度の平方根 $\sqrt{C^*}$ と共に直線的に減少した。これは Kohlrausch（コールラウシュ）によって実験的に見い出された現象であり、次式で表される。

$$\Lambda = \Lambda_0 - k\sqrt{C^*}$$ ………コールラウシュの平方根則

ここで、k は実験で求められる定数である。Λ_0 は濃度ゼロに補外した当量伝導度であり、無限希釈当量伝導度と呼ばれる。また、上式はコールラウシュの平方根則と呼ばれている。

(b) 当量伝導度 Λ が $\sqrt{C^*}$ と共に減少する理由

Λ が $\sqrt{C^*}$ と共に減少するのは、次の２つの理由が考えられる。

(ⅰ) イオン雰囲気の“非対称効果”

ある注目した陽イオンの周りには、陰イオンから成る球対称の“イオン雰囲気”が形成される［図 10-4 (a) 参照］。伝導度 κ 測定の時のように、電場がかけられると、正負イオンは互いに逆向きに移動する。その時、イオン雰囲気は、球対称から“非対称”に変化する［図 10-4 (b) 参照］。その結果、移動する陽イオンの背後で陰イオン密度が高くなり、陽イオンの移動を遅らせるクーロン力が働く。このような効果をイオン雰囲気の“非対称効果”と呼ぶ。非対称効果は溶液濃度が増し、イオン数が増えると増加する。その為に、図 10-2 と図 10-3 で見られたように、強電解質の当量伝導度 Λ は $\sqrt{C^*}$ と共に減少すると考えられる。

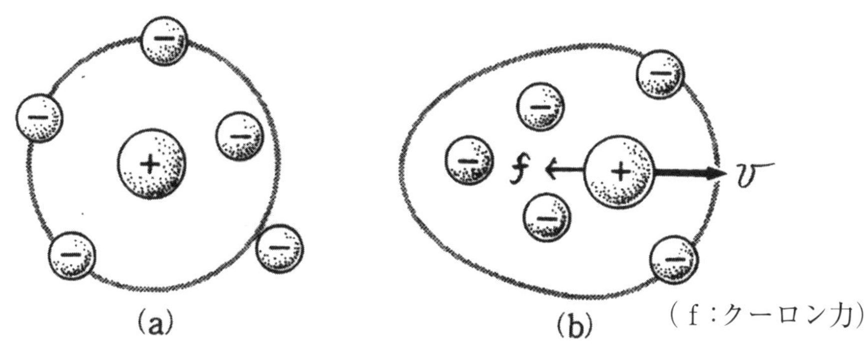

図 10-4　イオン雰囲気の非対称効果

（ⅱ）電気泳動効果

正負イオンはそれぞれ水和層と共に移動する。そこで、電場がかかった時、反対電荷イオン同士はそれぞれの水和層を摩擦しながら移動することになる。その結果、“粘性抵抗”が増し、イオンの移動速度が落ちる。このような効果を“電気泳動効果”と言う。電気泳動効果は溶液濃度が増し、イオン数が増えると増加する。その為、図 10-2 と図 10-3 で示すように、当量伝導度 Λ は $\sqrt{C^*}$ と共に減少すると考えられる。

（注意）上記（ⅰ），（ⅱ）の効果は、いずれも“イオンの相互作用”の効果と言うことが出来る。従って、これらは、（後述する）弱電解質の場合の“電離度 α 変化”の効果とは全く異なることに注意しなければならない。

(c) イオン独立移動の法則―無限希釈イオン当量伝導度 λ_0^+，λ_0^-（ラムダ・ゼロ）

図 10-2，図 10-3 における無限希釈当量伝導度 Λ_0 は、上記の（ i ），(ii ）のイオン移動を妨害する効果が存在しない条件での当量伝導度 Λ である。故に、Λ_0 はその電解質に固有な物理量と見なすことが出来る。

表 10-1 に、共通イオンを持つ塩について、Λ_0 の差が示されている。陰イオンが何であっても、カリウム塩とリチウム塩の Λ_0 の差は約 34.8 である。一方、陽イオンが何であっても、塩化物と硝酸塩の Λ_0 の差は約 4.9 である。故に、無限希釈において、各イオンは相手イオンの種類に無関係に、塩の Λ_0 に対して一定の寄与をしていることになる。

表 10-1　共通イオンをもつ 1 対の電解質の無限希釈当量伝導度 Λ_0

電解質	Λ_0/Scm^{2}eq.$^{-1}$	電解質	Λ_0/Scm^{2}eq.$^{-1}$	差
KCl	149.86	KNO_3	144.96	4.90
LiCl	115.03	$LiNO_3$	110.1	4.93
差	34.83		34.86	

⇒　強電解質の無限希釈当量伝導度 Λ_0 には、陽イオンと陰イオンがそれぞれ独立に寄与している。従って、Λ_0 は、無限希釈陽イオン当量伝導度 λ_0^+ と無限希釈陰イオン当量伝導度 λ_0^- の和として与えられる。即ち、次式が成立する。

$$\Lambda_0 = \lambda_0^+ + \lambda_0^- \quad \cdots\cdots\cdots \text{イオン独立移動の法則}$$

この式は、“イオン独立移動の法則”と呼ばれている。

（注意）Λ と λ は、ギリシャ文字ラムダの大文字と小文字である。

(d) 無限希釈当量伝導度 Λ_0（ラムダ・ゼロ）の求め方

“弱電解質” の無限希釈当量伝導度 Λ_0 は、測定値 Λ を濃度ゼロに補外して求めることは出来ない！ しかし、“イオン独立移動の法則” を利用して、計算で求めることが出来る。例えば、酢酸の Λ_0 は、表 10-2 を利用して、次のようにして求められる。

$$\Lambda_0(CH_3COOH) = \lambda_0(CH_3COO^-) + \lambda_0(H^+)$$
$$= \lambda_0(CH_3COO^-) + \lambda_0(H_3O^+)$$
$$= 40.9 + 349.8$$
$$= 390.7\ Scm^2eq.^{-1}$$

（Λ_0, λ_0 のルビ：ラムダ・ゼロ）

表 10-2 に、幾つかのイオンについて、無限希釈イオン当量伝導度 λ_0^+, λ_0^- を載せておく。（なお、これらの λ_0^+, λ_0^- の値は、輸率測定から求められている。）

表 10-2　無限希釈イオン当量伝導度 $\lambda_0^\pm$（at 25℃）

陽イオン	λ_0^+/Scm^{2}eq.$^{-1}$	陰イオン	λ_0^-/Scm^{2}eq.$^{-1}$
H_3O^+	349.8	OH^-	198.3
Li^+	38.7	Cl^-	76.4
Na^+	50.1	Br^-	78.1
K^+	73.5	I^-	76.8
Ag^+	61.9	NO_3^-	71.4
NH_4^+	73.6	ClO_4^-	67.4
Mg^{2+}	53.1	CH_3COO^-	40.9
Ca^{2+}	59.5	SO_4^{2-}	80.0
Ba^{2+}	63.6	$Fe(CN)_6^{3-}$	100.9
Cu^{2+}	53.6	$Fe(CN)_6^{4-}$	110.5
Al^{3+}	63		

V．弱電解質

(a) 当量伝導度Λが$C^* = 0$付近で急激に変化する理由

図10-2と図10-3を再度、見て頂きたい。

これらの図において、弱電解質の当量伝導度Λは、濃度C^*が減少し濃度ゼロに近づくと、急激に上昇した。

この現象は、Arrhenius（アレニウス）の電離説「弱電解質溶液中では、電離によって生じたイオンと未解離の分子との間に平衡が存在している」によって、さらに「電離度αの急激な変化」によって、うまく説明できる。（強電解質では、全濃度範囲で完全電離が起きている。）

以下、1価－1価型の弱電解質ABを例にとって説明する。

電離平衡：$AB \rightleftarrows A^+ + B^-$　アレニウスの電離説 ……………………(3)

ここで、弱電解質ABが電離している割合を電離度αとする。

<u>無限希釈溶液（濃度$C^* = 0$）では、“弱電解質でも”完全に電離している！ 従って、濃度ゼロにおいては、$\alpha = 1$である。</u>

しかし、<u>濃度C^*がゼロから高くなると、弱電解質の電離度αは“急激に”小さくなる！</u> その結果、溶液中の<u>イオン濃度は</u>、弱電解質の濃度C^*から期待される値より<u>大幅に小さくなる</u>。その結果、<u>当量伝導度Λは大幅</u>

に低下する。従って、図10-2と図10-3で示されているように、Λは濃度C^*がゼロから高くなると、急激に低下することになる。換言すれば、Λは濃度C^*が減少し、ゼロに近づくと、急激に増大することになる。

(b) 電離度αの求め方

電離平衡：$AB \leftrightarrows A^+ + B^-$

が成立している溶液では、"イオン独立移動の法則"から類推して、ある一定濃度において、次の関係が成立すると考えられる。

$$\Lambda = \alpha\lambda(A^+) + \alpha\lambda(B^-) = \alpha[\lambda(A^+) + \lambda(B^-)] \qquad \alpha：電離度$$

ここで、$\lambda(A^+)$と$\lambda(B^-)$は、それぞれA^+とB^-のイオン当量伝導度である。ところが、弱電解質ABでは電離度αが小さい為、A^+とB^-の濃度は極めて低く、イオン当量伝導度λは無限希釈イオン当量伝導度λ_0で近似できる。従って、上式は近似的に次式となる。

ラムダ　ラムダ・ゼロ　ラムダ・ゼロ

$$\Lambda = \alpha[\lambda_0(A^+) + \lambda_0(B^-)]$$

ここで、$[\lambda_0(A^+) + \lambda_0(B^-)]$は、弱電解質ABの無限希釈当量伝導度$\Lambda_0$である。(Ⅳ, (d)参照) 従って、次式が得られる。

$$\Lambda = \alpha[\lambda_0(A^+) + \lambda_0(B^-)] = \alpha\Lambda_0$$

故に、電離度：$\alpha = \dfrac{\Lambda}{\Lambda_0}$ ……………………………………………………(4)

この式を利用すれば、電解質の当量伝導度Λを測定することによって、電離度αを求めることが出来る。ただし、Λ_0を、イオン独立移動の法則($\Lambda_0 = \lambda_0{}^+ + \lambda_0{}^-$)に基づいて、表10-2の$\lambda_0{}^+$と$\lambda_0{}^-$の値を利用して算出しておく必要がある。

（注意）強電解質の場合は、Λの濃度増加による減少（図10-2, 図10-3参照）は、“イオンの相互作用”の効果が原因であった。従って、強電解質の場合には、上式(4)によって、電離度αを求めることは出来ない!!

(c) 浸透圧と“Arrhenius（アレニウス）の電離説”の関係

電解質溶液の浸透圧πは、次の式で表される。

$$\pi = iCRT$$

i：粒子の個数　　C：容量モル濃度（n/V）

ここで、iはvan't Hoff係数である。

［参考］非電解質溶液では、$\pi = CRT$が成立する。(8章, Ⅳ, (2) 参照)

強電解質のiについては、浸透圧πの測定によって、NaClとKClで$i = 2$、$BaCl_2$とK_2SO_4で$i = 3$、$LaCl_3$で$i = 4$となった。浸透圧が束一的性質(即ち、溶質粒子の数だけで決まる性質)であることを考慮すると、iは溶液中の粒子の個数と考えられる。従って、上記の強電解質は、(電場をかけなくても)溶液中で完全に電離していると推察される。このような推察は、Arrheniusの電離説を支持するものであった。

他方、弱電解質の場合は、浸透圧測定から求めたiは整数とならなかった!!　従って、この場合は、部分的にしか電離せず、次に示すような電離平衡が存在していると考えられた。ここで、分子とイオンの量的関係は、電離度αによって次のように表される。

$$\begin{array}{cccccc} AB & \rightleftarrows & A^{+} & + & B^{-} \\ (1-\alpha) & & \alpha & & \alpha \end{array}$$

………Arrhenius（アレニウス）の電離説

ここで、上式の中のiは溶液中の粒子の個数と考えられるので、次の関係が成立する。

$$i = (1-\alpha) + \alpha + \alpha = 1 + \alpha$$

故に、αは次の式で与えられる。

$$\alpha = i - 1$$ （ただし、$AB \rightleftarrows A^{+} + B^{-}$のとき）

従って、浸透圧測定によってiを決定すれば、上式によって電離度αを求めることが出来る。

浸透圧から求められた電離度αの値は、前述の式(4)から求められた電離度αの値と一致した。

以上の浸透圧の実験結果は、「弱電解質溶液中では、電離によって生じたイオンと未解離の分子との間に平衡が存在している。」というArrhenius（アレニウス）の電離説を支持したことになる。これ以後、Arrheniusの電離説は、世界の全化学者に認められることになった。

(d) 解離定数 K と解離指数 pK の求め方

今、水に溶かした弱電解質 AB の濃度を C mol ℓ $^{-1}$、AB の電離度を α とすれば、溶液中の各溶質の濃度 (mol ℓ $^{-1}$) は次のように表される。

$$
\begin{array}{ccccc}
\mathrm{AB} & \rightleftarrows & \mathrm{A}^{+} & + & \mathrm{B}^{-} \\
C(1-\alpha) & & C\alpha & & C\alpha
\end{array}
$$

従って、この電離平衡の平衡定数、即ち、解離定数 (or 電離定数) K は、次式で与えられる。

$$\text{解離定数}：K = \frac{C\alpha C\alpha}{C(1-\alpha)} = \frac{C\alpha^2}{1-\alpha}$$

ここで、式(4)の $\alpha = \Lambda/\Lambda_0$ の関係を用いれば、次式が得られる。

$$\text{解離定数}：K = \frac{C(\Lambda/\Lambda_0)^2}{1-(\Lambda/\Lambda_0)} = \frac{\Lambda^2 C}{\Lambda_0(\Lambda_0-\Lambda)}$$ ……… Ostwald(オストワルド)の希釈律

この式は、弱電解質の解離定数 K と当量伝導度 Λ の関係を与えるもので、Ostwald(オストワルド)の希釈律と呼ばれる。

弱電解質の Λ を 2 種以上の C で測定し、Λ_0 を計算で求めれば、この式によって解離定数 K を求めることが出来る。

いろいろな濃度の酢酸水溶液について、Ostwald の希釈律の式から得られた解離定数 K の値を表 10-3 に示しておく。

表 10-3　種々の濃度で得られた酢酸の解離定数 K（at 25℃）；$\Lambda_0 = 390.7 S\mathrm{cm}^2\mathrm{eq.}^{-1}$

C/mol dm^{-3}	$\Lambda/S\mathrm{cm}^2\mathrm{eq.}^{-1}$	$\alpha = \Lambda/\Lambda_0$	$K/10^{-5}$mol dm^{-3}
0.00002801	210.4	0.5385	1.760
0.0001532	112.0	0.2867	1.767
0.001028	48.15	0.1232	1.781
0.002414	32.22	0.08247	1.789
0.005912	20.96	0.05365	1.798
0.01283	14.37	0.03678	1.803
0.05000	7.36	0.01884	1.808

解離定数 K が求まると、次のように定義される解離指数 pK を計算で求めることが出来る。

解離指数：$\mathrm{p}K = -\log K$

［参考］水素イオン指数：$\mathrm{pH} = -\log[\mathrm{H}^+]$

酸解離指数 pK_a と塩基解離指数 pK_b は、pH と同様、酸，塩基としての強さを反映するので、多くの化学の分野で大切である。以下、表 10-4，表 10-5 で、pK_a と pK_b の例を挙げておきます。

表 10-4　酸の解離定数 K と解離指数 pK_a（at 25℃）

酸		共役塩基	K/mol dm^{-3}	pK_a
ギ酸	$HCOOH$	$HCOO^-$	1.77×10^{-4}	3.75
酢酸	CH_3COOH	CH_3COO^-	1.75×10^{-5}	4.76
モノクロロ酢酸	$CH_2ClCOOH$	CH_2ClCOO^-	1.38×10^{-3}	2.86
安息香酸	C_6H_5COOH	$C_6H_5COO^-$	6.30×10^{-5}	4.20
シアン化水素	HCN	CN^-	7.2×10^{-10}	9.14
硫化水素	H_2S	HS^-	K_1　1.1×10^{-7}	6.96
	HS^-	S^{2-}	K_2　1.0×10^{-14}	14.0
炭酸	H_2CO_3	HCO_3^-	K_1　4.3×10^{-7}	6.37
	HCO_3^-	CO_3^{2-}	K_2　5.6×10^{-11}	10.25
リン酸	H_3PO_4	$H_2PO_4^-$	K_1　7.5×10^{-3}	2.12
	$H_2PO_4^-$	HPO_4^{2-}	K_2　6.2×10^{-8}	7.21
	HPO_4^{2-}	PO_4^{3-}	K_3　4.8×10^{-13}	12.32

表 10-5　塩基の解離定数 K と解離指数 pK_b（at 25℃）

塩基		共役酸	K/mol dm^{-3}	pK_b
アンモニア	NH_3	NH_4^+	1.79×10^{-5}	4.75
メチルアミン	CH_3NH_2	$CH_3NH_3^+$	4.38×10^{-4}	3.36
ジメチルアミン	$(CH_3)_2NH$	$(CH_3)_2NH_2^+$	5.12×10^{-4}	3.29
トリメチルアミン	$(CH_3)_3N$	$(CH_3)_3NH^+$	5.27×10^{-5}	4.28
アニリン	$C_6H_5NH_2$	$C_6H_5NH_3^+$	3.83×10^{-10}	9.42

（注意）pK_a，pK_b の値が小さい程、それぞれ強酸性，強塩基性である。

Ⅵ. イオン移動度 u^+, u^-

(a) イオン移動度 u^+, u^- の定義

電解質溶液に電場 E（Vcm^{-1}）をかけると、イオンは電極に向かって移動し始める。しばらく時間が経つと定常状態になり、イオンは等速 v で移動するようになる。この時のイオンの速度 v は、電場 E に比例し、次式が成立する。

$$v = u^{\pm}E$$

比例定数 $u^{\pm}$ が"イオン移動度"である。

従って、イオン移動度 $u^{\pm}$ は、単位電場、例えば 1 Vcm^{-1} がかかっている時の"イオンの移動速度 (cm s^{-1})"である。故に、イオン移動度 $u^{\pm}$ の単位は $cm\,s^{-1}/(V\mathrm{cm}^{-1})$、即ち $cm^2s^{-1}V^{-1}$ である。

(b) イオン移動度 $u^{\pm}$ と Λ, $\lambda^{\pm}$ との関係

既に述べているように、電解質溶液の電気伝導性はイオンの移動が原因であった。従って、イオン移動度 u^+, u^-（即ち、1 Vcm^{-1} がかかっている時のイオン移動速度 $cm\,s^{-1}$）と、当量伝導度 Λ あるいはイオン当量伝導度 $\lambda^{\pm}$ との間には、何か関係が有りそうである。実際、次式の関係が存在する。(誘導省略)

$$\Lambda = (u^+ + u^-)F \quad \cdots\cdots (5)$$

$\lambda^+ = u^+F \qquad \lambda^- = u^-F$ ……………………………………………………………… (6)

ここで、+, −：電荷の符号

F：Faraday 定数（96,500 クーロン mol^{-1} = 96,500 Ceq.$^{-1}$）

Λ と $\lambda^\pm$ は、イオン移動度 $u^\pm$ と Faraday 定数 F の積である !!

前述しているように、イオン当量伝導度 $\lambda^\pm$ は次に述べる輸率の測定によって求められる。（表 10-2 参照）

Ⅶ．輸率（ゆりつ）t^+，t^-

電気分解の際、陽極で放電する陰イオンの当量数と、陰極で放電する陽イオンの当量数は等しい。（放電：帯電した物体が電荷を失うこと）しかし、これは必ずしも両イオンが等しい速度で電極へ向かって移動した結果ではない。（図 10-6 参照）

一般に、陽イオンと陰イオンはそれぞれ独立に、固有の速度（イオン移動度）で電解質溶液中を移動する。従って、両イオンは電解質溶液中を流れる全電流のうち、（イオン移動度によって決められる）ある一定の割合を分担することになる。陽イオンが分担する割合を陽イオンの輸率（ゆりつ）(transport number) t^+ と呼び、陰イオンが分担する割合を陰イオンの輸率 t^- と呼ぶ。

陽イオンの輸率 t^+ は、全電流 I（$= I^+ + I^-$）に対する、陽イオンが運

ぶ電流 I^+ の割合である。故に、次式が成立する。

$$t^+ = \frac{I^+}{I} = \frac{I^+}{I^+ + I^-} = \frac{u^+}{u^+ + u^-} \quad \cdots\cdots (7)$$

ここで、u^+, u^-：イオン移動度〔$cm\,s^{-1}/(V\mathrm{cm}^{-1}) = cm^2 s^{-1} V^{-1}$〕
故に、u^+, u^- は、単位電場 ($1\ V\mathrm{cm}^{-1}$) がかかっている時の、
イオンの移動速度 ($cm\,s^{-1}$) である。

同様にして、陰イオンの輸率 t^- は次式で表される。

$$t^- = \frac{u^-}{u^+ + u^-} \quad \cdots\cdots (8)$$

当然、陽イオンの輸率と陰イオンの輸率の和は1となる。

$$t^+ + t^- = 1$$

さらに、式(6)は次のように表わすことが出来る。

$$u^\pm = \lambda^\pm / F \quad \cdots\cdots (9)$$

式(9)を式(7), (8)に代入すると、次の式(10), (11)が得られる。

$$t^+ = \frac{\lambda^+}{\lambda^+ + \lambda^-} = \frac{\lambda^+}{\Lambda} \quad \cdots\cdots (10)$$

$$t^- = \frac{\lambda^-}{\lambda^+ + \lambda^-} = \frac{\lambda^-}{\Lambda} \quad \cdots\cdots (11)$$

ここで、既に述べている「イオン独立移動の法則」の式、
$\Lambda = \lambda^+ + \lambda^-$ を使用した。(Ⅳ, (c) 参照)

⇒　従って、イオンの輸率 $t^{\pm}$ が測定されたら、その値と、別に（前述した方法で、即ち、p.269 の式(2)によって）測定された Λ の値を式(10), (11)に代入することによって、イオン当量伝導度 $\lambda^{\pm}$（あるいは無限希釈イオン当量伝導度 $\lambda_0{}^{\pm}$）を決定することができる。

［参考］表 10-2 の $\lambda_0{}^{\pm}$ は、このようにして、輸率測定から求められたものである。

さらに、$\lambda^{\pm}$, $\lambda_0{}^{\pm}$ の値を式(9)に代入することによって、イオン移動度 $u^{\pm}$（あるいは無限希釈イオン移動度 $u_0{}^{\pm}$）を求めることが出来る。

ここで、無限希釈での値 Λ_0, $t_0{}^{\pm}$, $\lambda_0{}^{\pm}$, $u_0{}^{\pm}$ を求める為には、いろいろな濃度における測定値を濃度ゼロに補外しなければならない。

表 10-6 に、陽イオンの輸率 t^{+}, $t_0{}^{+}$ の測定値を示しておく。さらに、表 10-7 に、無限希釈イオン移動度 $u_0{}^{\pm}$ の測定値を載せておく。

表 10-6　陽イオンの輸率 t^{+}, $t_0{}^{+}$（at 25℃）

C/mol l^{-1}	HCl	NaCl	KCl	CH_3COONa	$AgNO_3$	NH_4Cl	$\frac{1}{2}CaCl_2$	
0	0.8210	0.3962	0.4906	0.5507	0.4643	0.4909	0.4382	← $t_0{}^{+}$
0.01	0.8251	0.3918	0.4903	0.5537	0.4648	0.4907	0.4264	← t^{+}
0.05	0.8292	0.3878	0.4899	0.5573	0.4664	0.4905	0.4140	← t^{+}
0.10	0.8314	0.3853	0.4898	0.5594	0.4682	0.4907	0.4060	← t^{+}

表 10-7　無限希釈イオン移動度 $u_0^{\pm}$ ($10^{-4}cm^2s^{-1}V^{-1}$), at 25℃

陽イオン	u_0^+	陰イオン	u_0^-
H_3O^+	36.3	OH^-	20.6
Li^+	4.01	Cl^-	7.92
Na^+	5.19	NO_3^-	7.40
K^+	7.62	ClO_4^-	6.98
Mg^{2+}	5.50	HCO_3^-	4.61
Ca^{2+}	6.17	CH_3COO^-	4.24
Ba^{2+}	6.59	SO_4^{2-}	8.29

Ⅷ．輸率 t^+，t^- の測定方法：Hittorf（ヒットルフ）の方法

輸率の測定には3つの方法が有るが、ここでは Hittorf（ヒットルフ）の方法を紹介する。Hittorf の方法は電解質溶液に電流を流し、その結果、電極付近に生じた電解質濃度の変化を測定することによって輸率を求めるものである。

［装置］

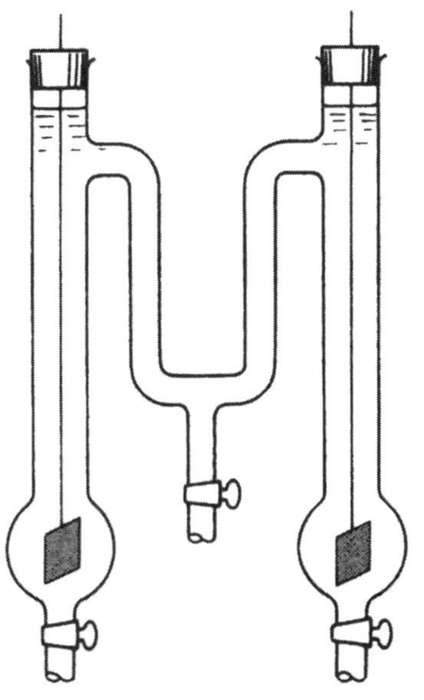

図 10-5　Hittorf の輸率測定装置

［操作］

(1) 3室から成る電解セルに、ある時間、電流を流し、その時の電気量Q（クーロン）を電量計で測る。

(2) セルの中央室で、電解質濃度に変化が無いことを確かめる。

（注意）図10-6において、セル中央室の電解質濃度（+，−の数）が、初期状態から終局状態まで変化していないことに注意して頂きたい！

(3) 陽極室における電解質の当量減少Δn_{anode}、および、陰極室における電解質の当量減少$\Delta n_{cathode}$をそれぞれ測定する。

(4) イオンの輸率$t^{\pm}$、さらには、イオン当量伝導度$\lambda^{\pm}$，イオン移動度$u^{\pm}$を計算する。

［輸率の計算］

下図は、Hittorf（ヒットルフ）法による輸率測定の原理を示している。

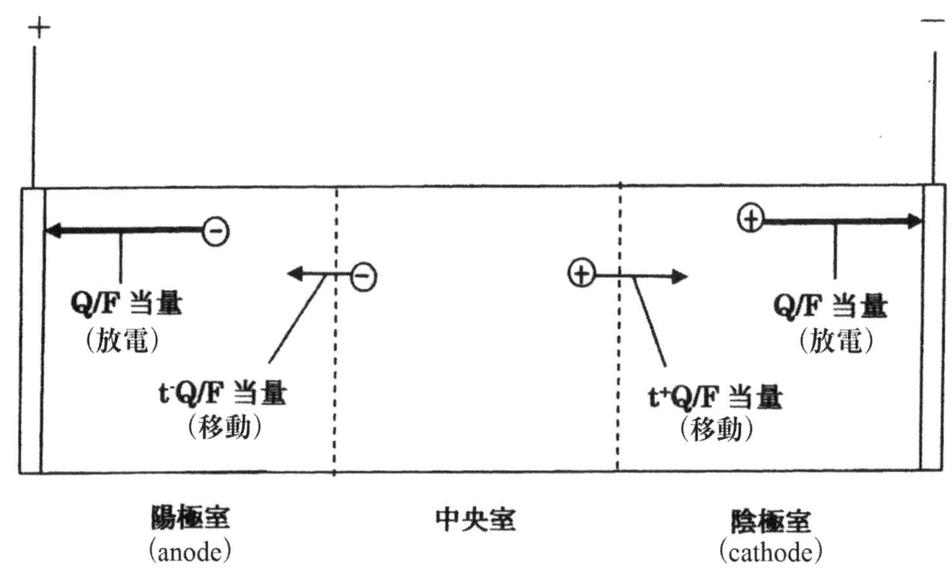

上図の電解セルに、Q クーロンの電気量を流すと、2 つの電極で、次のようなイオンの“放電”が起こる。　放電：(イオンが) 電荷を失うこと。

陽極では、Q/F 当量の陰イオンが放電する。

陰極では、Q/F 当量の陽イオンが放電する。

(注意) ここで、F ＝ 96,500 C/eq.＝96,500 クーロン/当量

さらに、上図の電解セル中で、イオンの“移動”が起こっている。陽イオンと陰イオンの輸率をそれぞれ t^+, t^- とすると、両イオンの移動量はそれぞれ次のようになる。

○陽イオンは全電流 Q クーロンのうち、t^+Q クーロンを分担する。従って、t^+Q/F 当量の陽イオンが中央室から陰極室の方へ移動する。
○陰イオンは全電流 Q クーロンのうち、t^-Q クーロンを分担する。従って、t^-Q/F 当量の陰イオンが中央室から陽極室の方へ移動する。

以上述べた、イオンの“放電”と“移動”の結果、陽極室と陰極室では、それぞれ陰イオンと陽イオンが減少することになる。

○陽極室で減少する陰イオンの当量数：$\Delta \mathrm{n}_{\mathrm{anode}} = \mathrm{Q/F} - t^- \mathrm{Q/F}$
○陰極室で減少する陽イオンの当量数：$\Delta \mathrm{n}_{\mathrm{cathode}} = \mathrm{Q/F} - t^+ \mathrm{Q/F}$

$$\therefore \Delta \mathrm{n}_{\mathrm{anode}} = (\mathrm{Q/F})(1 - t^-) = t^+(\mathrm{Q/F})$$ (ここで、$t^+ + t^- = 1$ を用いた)

$$\therefore t^+ = \frac{\Delta n_{anode}}{Q/F} \qquad \cdots\cdots (12)$$

$$\therefore \Delta n_{cathode} = (Q/F)(1 - t^+) = t^-(Q/F)$$

$$\therefore t^- = \frac{\Delta n_{cathode}}{Q/F} \quad \cdots\cdots (13)$$

従って、Δn_{anode} と $\Delta n_{cathode}$ を測定すれば、式⑿, ⒀により、イオンの輸率 t^+, t^- を求めることが出来る。（例題 10-2 参照）

［参考］下図を見ると、イオンの“放電”と“移動”の様子が現実的（リアル）に分かる！

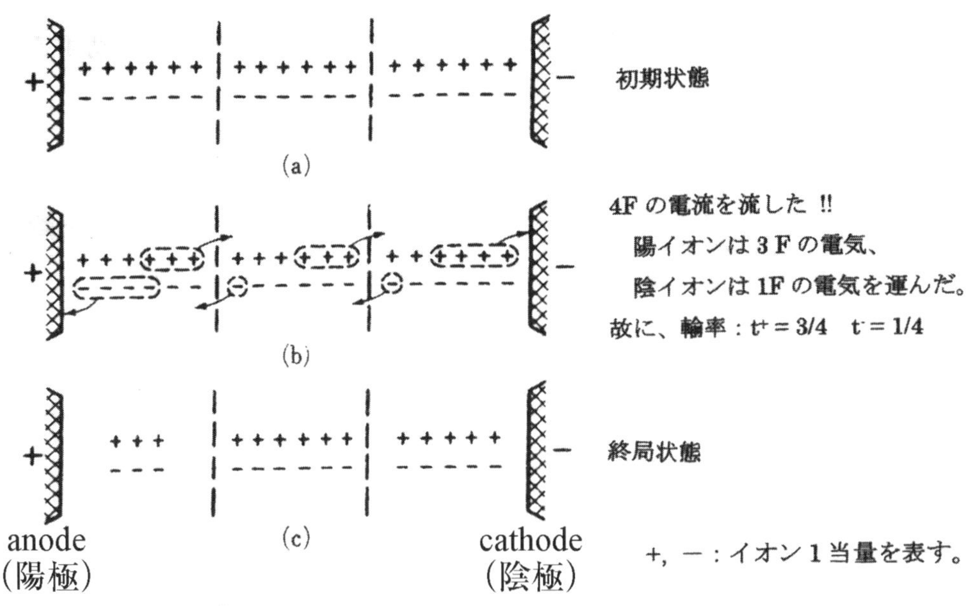

図 10-6　Hittorf 法による輸率測定
イオンの“放電”と“移動”の様子を表現！
F：Faraday 定数
（= 96,500 Cmol^{-1} = 96,500 Ceq.$^{-1}$）

Ⅸ．無限希釈イオン移動度 $u_0^{\pm}$ の測定値からの考察

ここで、再度、表 10-7 に示されている無限希釈イオン移動度 $u_0^{\pm}$ の測定値に注目して頂きたい。この表を見ていると、いくつか面白いことに気づく。

表 10-7　無限希釈イオン移動度 $u_0^{\pm}$ $(10^{-4}cm^2s^{-1}V^{-1})$, at 25℃

陽イオン	u_0^{+}	陰イオン	u_0^{-}
H_3O^{+}	36.3	OH^{-}	20.6
Li^{+}	4.01	Cl^{-}	7.92
Na^{+}	5.19	NO_3^{-}	7.40
K^{+}	7.62	ClO_4^{-}	6.98
Mg^{2+}	5.50	HCO_3^{-}	4.61
Ca^{2+}	6.17	CH_3COO^{-}	4.24
Ba^{2+}	6.59	SO_4^{2-}	8.29

(a) イオン半径 r についての考察

イオン移動度 u は単位電場（1 Vcm^{-1}）が、かかっている時のイオンの移動速度（$cm\ s^{-1}$）であるが、理論的には次のように表される。

$$u = \frac{ze}{6\pi r\eta}$$

ここで、z：価数　e：電気素量（電子あるいは陽子の電荷）
r：イオンの半径　η（イータ）：イオンが受ける粘性抵抗

上式から、半径の大きいイオンほど、無限希釈イオン移動度 $u_0^{\pm}$ は小さ

くなるはずである。しかし、表 10-7 を見ると、アルカリ金属イオンについては、逆の関係が見られる。イオン半径は $Li^+ < Na^+ < K^+$ の順に大きくなるから、移動度 u_0^+ は $Li^+ > Na^+ > K^+$ の順に小さくなると思われる。ところが、上表は逆の順になっている。

この不一致は"イオンの水和"によって説明されている。小さいイオンほど強い電場を作り、より多くの水が水和するので、水和層を含めた有効半径は $K^+ < Na^+ < Li^+$ の順に大きくなる。従って、移動度 u_0^+ は上表のように、$K^+ > Na^+ > Li^+$ の順に小さくなる。

(b) H_3O^+ と OH^- の異常に大きな無限希釈イオン移動度 $u_0^\pm$ からの考察

H_3O^+ と OH^- の移動度 $u_0^\pm$ は、他のイオンと比べて異常に大きい!! この異常性は、H_3O^+ あるいは OH^- が"自分自身で"溶液中を移動する移動メカニズム以外に、別の移動メカニズムが存在している為、と説明されている。

別の移動メカニズムとは、次のようなものである。

水中には、沢山の水分子が水素結合によって鎖状に連なった構造が存在している。(6 章, Ⅳ, (2)［現在、考えられている"水の構造"］参照）この鎖の隣接した水分子を介して"プロトン"が次々と受け渡されて行き、結果的に、H_3O^+ あるいは OH^- が移動したことになるという移動メカニズムが、現在考えられている。(図 10-7 参照)

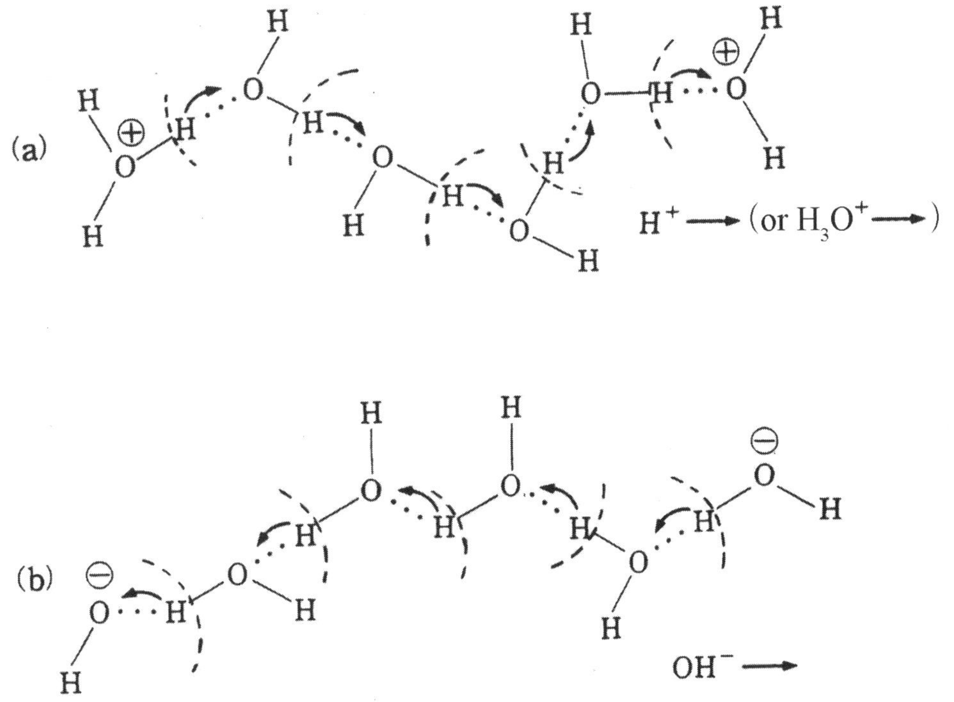

図 10-7　水中での H_3O^+ (a) と OH^- (b) の移動メカニズム

［例題 10-1］

濃度 1.00×10^{-2}mol dm^{-3} の酢酸水溶液の伝導度 (κ) を測定したら、1.65×10^{-4}Scm^{-1} であった。この濃度における酢酸の当量伝導度 (Λ)，電離度 (α)，解離定数 (K) を求めよ。ただし、酢酸水溶液の無限希釈当量伝導度 (Λ_0) は 391Scm^{2}eq.$^{-1}$ である。

［解答］

当量伝導度 Λ は、10 章，I，(c) に出て来る式(2)によって求めることが出来る。

当量伝導度：$\Lambda = 1000\,\kappa / C^*$ ………………………………………………… (2)

ここで、伝導度：$\kappa = 1.65\times10^{-4}$ S cm^{-1}

当量濃度：$C^* = 1.00\times10^{-2}$ eq. cm^{-3}

（注意）式(2)の右辺が 1000 倍されており、さらに酢酸が 1 価の酸であることから、濃度 C^* について、問題文の $C^* = 1.00\times10^{-2}$mol dm^{-3} から、上記の $C^* = 1.00\times10^{-2}$ eq. cm^{-3} に変えていることに注意して頂きたい。

ここで、単位 dm（デシ メーター）について、説明しておきます。

d（デシ）は 10^{-1} を意味する SI 単位の接頭語です。（表 1-3 参照）

故に、次の関係が成立する。$\mathrm{dm} = 10^{-1}\mathrm{m} = 10^{-1}\times100\ \mathrm{cm} = 10\ \mathrm{cm}$

故に、次の関係が成立する。$\mathrm{dm}^{-3} = 1/(10\mathrm{cm})^3 = 1/(1000\mathrm{cm}^3) = 1/(1\ell) = \ell^{-1}$

上記の κ と C^* の値を式(2)に代入すると、当量伝導度 Λ の値が得られる。

$$\begin{aligned}\Lambda &= 1000\times1.65\times10^{-4}\,Scm^{-1}/(1.00\times10^{-2}\,eq.\,cm^{-3})\\ &= 10^3\times1.65\times10^{-4}\times1.00\times10^{2}\,Scm^{-1}\,eq.^{-1}\,cm^3\\ &= 1.65\times10\,Scm^2\,eq.^{-1} = 16.5\,Scm^2\,eq.^{-1}\ \cdots\cdots\ 答(1)\end{aligned}$$

電離度αについては、10章, V, (b)電離度αの求め方、に出て来る式(4)によって求められる。

$$\text{電離度}\ \alpha = \Lambda/\Lambda_0 \cdots\cdots (4)$$

ここで、無限希釈当量伝導度$\Lambda_0 = 391\,S\,cm^2\,eq.^{-1}$は問題文の中に与えられている。

故に、電離度$\alpha = \Lambda/\Lambda_0 = 16.5\,S\,cm^2\,eq.^{-1} / (391\,S\,cm^2\,eq.^{-1})$

$= 0.0422 = 4.22 \times 10^{-2}$ ……… 答(2)

解離定数(K)とαの間には、次式が成り立つ。(10章, V, (d) 参照)

$$\text{解離定数}\ K = C\alpha^2/(1-\alpha)$$

ここで、モル濃度C：$mol\ dm^{-3}$,　$mol\ \ell^{-1}$

$K = C\alpha^2/(1-\alpha)$

$= 1.00 \times 10^{-2}\,mol\,dm^{-3} \times (4.22 \times 10^{-2})^2/(1-4.22 \times 10^{-2})$

$= 1.86 \times 10^{-5}\,mol\,dm^{-3}$ ……… 答(3)

（注意）ここで得られたΛ, α, Kの値は、表10-3に載っている濃度C = 0.01283 mol dm^{-3}における、酢酸のΛ, α, Kの値とそれぞれ良く一致していることに注意して頂きたい。

[例題10-2]

ある濃度のKCl水溶液について、Hittorf（ヒットルフ）法による輪率測定を行った。電流を通じる前、この溶液には100cm^{3}当たり、KClが0.530g含まれていた。2.0Aの電流を5分間流した後、陽極室(100cm^3)の溶液にKClが0.307g含まれていた。以上の実験結果から、K^+とCl^-の輪率を求めよ。ただし、KClは74.6g mol^{-1}とし、Faraday定数(F) = 96,500クーロンeq.$^{-1}$ =96,500 Ceq.$^{-1}$とする。

［解答］

陽極室（anode）(100cm^3）で減少した陰イオンの当量数Δn_{anode}を求めれば、輸率t_{K^+}は10章，Ⅷ. に記載の式⑿により求めることが出来る。

$$t_{K^+} = \frac{\Delta n_{anode}}{Q/F} \quad \cdots\cdots (12)$$

通電前の陽極室のKClのモル数は、

$$\frac{0.530\mathrm{g}}{74.6gmol^{-1}} = 7.10\times10^{-3}\mathrm{mol}$$

通電後の陽極室のKClのモル数は、

$$\frac{0.307\mathrm{g}}{74.6gmol^{-1}} = 4.12\times10^{-3}\mathrm{mol}$$

故に、$\Delta n_{anode} = 7.10\times10^{-3}\mathrm{mol} - 4.12\times10^{-3}\mathrm{mol}$

$= 2.98\times10^{-3}\mathrm{mol} = 2.98\times10^{-3}\mathrm{eq.}$

（注意）KClは1価より、mol数＝ eq. 数（＝当量数）

流した電気量は、$Q = 2.0\,\mathrm{A}\times(5\times60)\,\mathrm{s} = 600\,\mathrm{sA} = 600\,\mathrm{C}$

ここで、クーロン：C ＝ sAを使用している。（表1-2参照）

故に、式⑿より、

$$t_{K^+} = \frac{\Delta n_{anode}}{Q/F} = \frac{2.98\times10^{-3}\mathrm{eq.}}{600C/(96500Ceq.^{-1})}$$

$$= \frac{2.98\times10^{-3}\mathrm{eq.}\times96500Ceq.^{-1}}{600C}$$

$= 0.48$ ……………………… 答(1)

$\therefore t_{Cl^-} = 1 - t_{K^+} = 0.52$ ………… 答(2)

［例題 10-3］

0.100 mol dm^{-3} LiCl 水溶液について、

当量伝導度（Λ）＝ 103 $Scm^2eq.^{-1}$

Li^+の輸率（$t_{Li}{}^+$）＝ 0.320

の測定結果が得られた。この溶液中に存在するLi^+イオンとCl^-イオンのイオン当量伝導度（λ^+，λ^-）とイオン移動度（u^+，u^-）をそれぞれ求めよ。

［解答］

輸率について、次式が成立する。（10 章，Ⅶ，式⑽，式⑾ 参照）

$$t_{Li}{}^+ = \frac{\lambda_{Li}{}^+}{\Lambda} \quad \cdots\cdots (10)$$

$$t_{Cl}{}^- = \frac{\lambda_{Cl}{}^-}{\Lambda} \quad \cdots\cdots (11)$$

$$\therefore \lambda_{Li}{}^+ = t_{Li}{}^+\Lambda = 0.320 \times 103\ Scm^2eq.^{-1} = 33.0\ Scm^2eq.^{-1} \cdots\cdots \text{答}(1)$$

ここで、$t_{Cl}{}^- = 1 - t_{Li}{}^+ = 1 - 0.320 = 0.680$

$$\therefore \lambda_{Cl}{}^- = t_{Cl}{}^-\Lambda = 0.680 \times 103\ Scm^2eq.^{-1} = 70.0\ Scm^2eq.^{-1} \cdots\cdots \text{答}(2)$$

さらに、イオン当量伝導度λ^+，λ^-とイオン移動度u^+, u^-に次式が成立する。（10 章，Ⅵ，（b），式(6) 参照）

$$\lambda_{Li}{}^+ = u^+F \qquad \lambda_{Cl}{}^- = u^-F \quad \cdots\cdots (6)$$

ここで、F：Faraday 定数（＝96,500 $Ceq.^{-1}$）

C：クーロン（電気量の単位）

さらに、式(6)から次の式(1)が得られる。

イオン移動度 u^+(Li) ＝ λ_{Li^+}/F = 33.0 Scm^{2}eq.$^{-1}$/(96500 Ceq.$^{-1}$)

＝ 3.42×10^{-4} Scm^2/C ……………………………… (1)

ここで、S（ジーメンス） ＝ Ω^{-1}（10 章，I，(a) 参照）

Ω（オーム）：電気抵抗

また、1 A の電流が 1 秒間に運ぶ電気量を 1 C（クーロン）とする。

∴ 1C ＝ 1As　　A：電流（アンペア）　　s：秒

従って、式(1)の単位の中の S/C は次のように表される。

$$S/C = \Omega^{-1}/(As) = \Omega^{-1}A^{-1}s^{-1} = (\Omega\ A)^{-1}s^{-1}$$

ここで、オームの法則より、ΩA ＝ V

故に、S/C ＝ V^{-1}s^{-1}

これを式(1)に代入すると、次式が得られる。

イオン移動度 u^+(Li) ＝ 3.42×10^{-4}cm^{2}s^{-1}V^{-1} ………………………… 答(3)

さらに、次式が得られる。

イオン移動度 u^-(Cl) ＝ λ_{Cl^-}/F = 70.0 Scm^{2}eq.$^{-1}$/(96500Ceq.$^{-1}$)

＝ 7.25×10^{-4} Scm^2/C

＝ 7.25×10^{-4}cm^{2}s^{-1}V^{-1} ………………………… 答(4)

（注意）ここで得られた u^+(Li) と u^-(Cl) の値は、表 10-7 の u_0^+(Li) と u_0^-(Cl) の値と比べて、すこし（それぞれ 15%，8.5% だけ）小さい値が得られている。これは、無限希釈（即ち、0 eq. dm^{-3}）と 0.100 eq. dm^{-3} の濃度差によるものと考えられる。

11章　電池

酸化還元反応は、一つの系が電子を放出し、その電子を別の系が受け取ることによって進む。この電子移動を“電流”として外部に取り出す装置が電池である。酸化還元反応が関与する電池は、化学電池と呼ばれる。この章では、化学電池の原理と応用について記述する。

一方、電池には酸化還元反応が関与しない物理電池がある。その代表例が太陽電池である。太陽電池については、「12章　半導体」で詳しく記述する。

I．金属のイオン化傾向

金属には、電子を放出して陽イオンになろうとする傾向がある。陽イオンになり易い順序を“イオン化傾向”という。以下に、金属のイオン化傾向を示す。

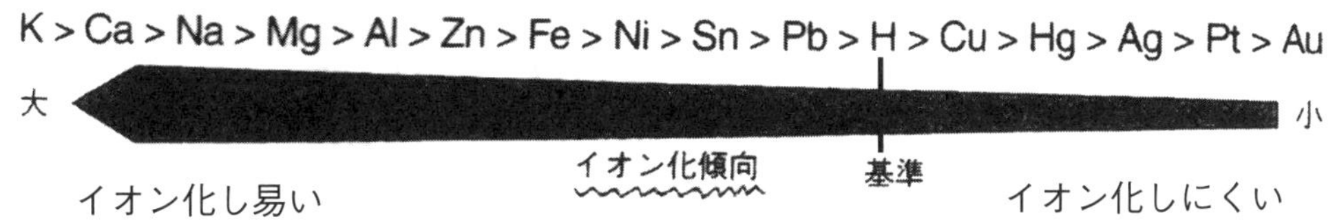

覚え方：カネ（K）カ（Ca）ソウ（Na）/ マァ（Mg）/ ア（Al，Zn）テ（Fe）
ニ（Ni）ス（Sn）ナ（Pb）/ ヒ（H）ド（Cu）ス（Hg）ギル（Ag）
シャッ（Pt）キン（Au）

（金貸そう，まぁ，当てにすな，ひど過ぎる借金）

Ⅱ．ダニエル電池

電池の基本構造は、電解質溶液の中に、2種類の金属が電極として浸(ひた)されたものである。ここでは、次の関係が成立している。

負極：イオン化傾向の大きい金属（電子を放出し易い金属）
正極：イオン化傾向の小さい金属（電子を受け取り易い金属）

世界初の電池は、イタリアの物理学者 A. Volta(ボルタ) が 1800 年に発明したボルタ電池である。その後、イギリスの化学者 J.F. Daniell(ダニエル) が 1836 年にダニエル電池を発明した。（下図参照）

ダニエル電池は構造がシンプルであり、電池の原理を説明するのに適している。以下、ダニエル電池によって、電池の原理を説明する。

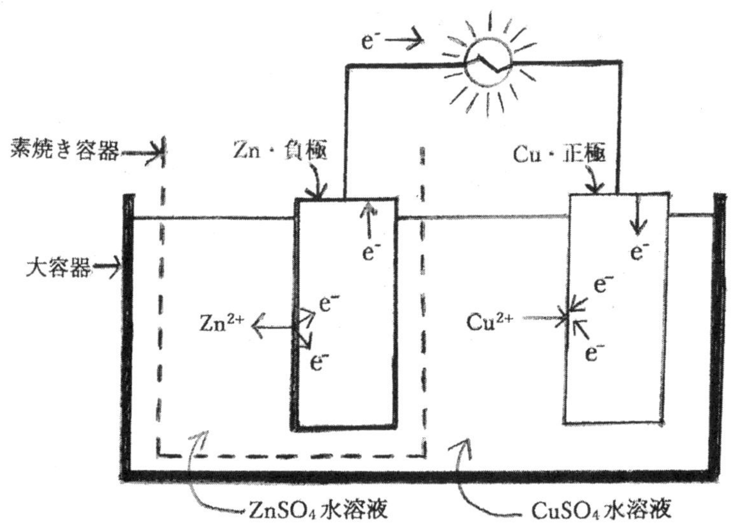

図 11-1　ダニエル電池

ダニエル電池は、素焼き容器の $ZnSO_4$ 水溶液に亜鉛を浸し、大容器の $CuSO_4$ 水溶液に銅を浸している。

イオン化傾向が Zn ＞ Cu より、亜鉛が負極、銅が正極となる。電池図は次のように表される。

電池図：（負極）Zn ｜ $ZnSO_4$ ‖ $CuSO_4$ ｜ Cu（正極）

上記のように、電池図は左側に負極、右側に正極を書くように約束されている。

この時、

負極：酸化反応（電子を放出する反応）が起こる。

正極：還元反応（電子を受け取る反応）が起こる。

正極と負極を外部回路でつなぐと、外部回路に電子が流れ、次の反応が継続的に起こる。

負極：$Zn \rightarrow Zn^{2+} + 2e^-$　（Zn が酸化される：酸化反応）

正極：$Cu^{2+} + 2e^- \rightarrow Cu$　（Cu^{2+} が還元される：還元反応）

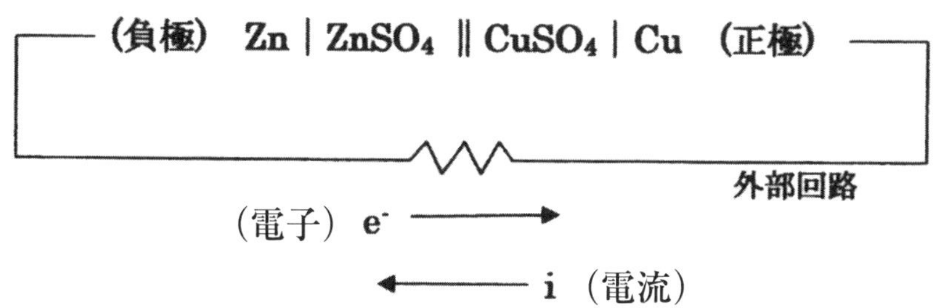

[電子が流れる方向]

Zn は Zn^{2+} にイオン化すると同時に、電子（$2e^-$）を負極へ放出する。この電子（$2e^-$）は、外部回路を通って正極へ行き、電解質溶液との界面で Cu^{2+} と結合する。

従って、電子（e^-）は外部回路を左から右へ流れる。

[電流の方向]

電流の方向は、電子の流れの方向と反対であると決められている。従って、電流（i）は外部回路を右から左へ流れる。

[素焼き容器（塩橋）の役割]

電池反応が進行すると、Zn^{2+} の濃度は増加し、Cu^{2+} の濃度は減少する。その結果、それぞれの容器の中で、陽イオンと陰イオンの数が異なって来て、電気的に不安定（高エネルギー）になる。

その為、SO_4^{2-} イオンは大容器から“素焼き容器”へ移動しなければならない。そこで、SO_4^{2-} イオンは、素焼きの中に無数に存在する“細孔”を通って移動する。この時の“素焼き容器”は“塩橋（えんきょう）”として働いている。

[塩橋]

２つの電極溶液の混合を防ぎ、かつ、イオンを移動させることによって２つの電極溶液を電気的につなぐ働きをする装置を“塩橋”と呼ぶ。ダニエル電池では、塩橋として“素焼き容器”が用いられた。

しかし、一般的な塩橋は、KCl（あるいは、KNO_3）の濃厚水溶液を寒天あるいはゼラチンでゲル状に固め、それをU字管に詰めて作製されている。（下図参照）

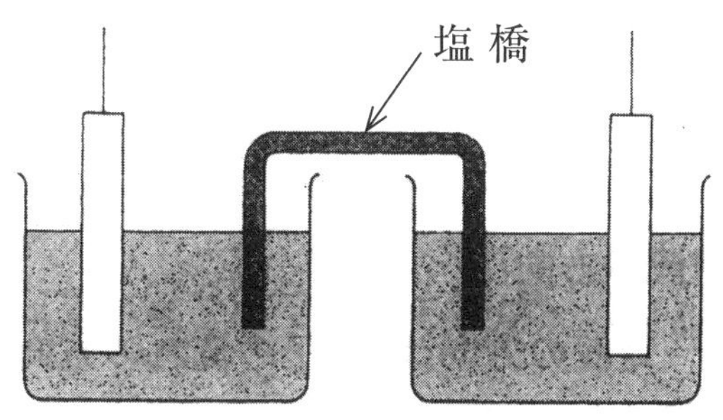

図 11-2　一般的な塩橋

［電池図の記号］

｜：水溶液と電極の界面　　　‖：塩橋

Ⅲ．電池の充電

ダニエル電池を長時間にわたって使用すると、起電力（電圧）が次第に低下し、やがて使用不能となる。

使用不能となったダニエル電池の両極に外部直流電源を接続して電流を通じ、放電時と反対の化学反応を起こさせると、起電力が回復し、再び使用可能となる。

放電時と反対の化学反応：

負極：$Zn^{2+} + 2e^- \rightarrow Zn$　（Zn^{2+} が還元される：還元反応）

正極：$Cu \rightarrow Cu^{2+} + 2e^-$　（Cu が酸化される：酸化反応）

以上述べた操作は、電池の“充電”と呼ばれる。

ダニエル電池のように、充電して再利用できる電池は“二次電池”あるいは“蓄電池（ちくでんち）”と呼ばれる。充電できず、使い捨ての電池は“一次電池”と呼ばれる。

（例）

一次電池 …… マンガン乾電池，アルカリ－マンガン電池，
銀－亜鉛電池，リチウム電池

二次電池，蓄電池 …… 鉛蓄電池，ニッケル - カドミウム電池，
ダニエル電池

Ⅳ．電池の起電力

電池の標準起電力 $E°$ は、右側の標準電極電位 $E°_{右}$ から左側の標準電極電位 $E°_{左}$ を差し引くことによって求められる。

$$E° = E°_{右,\ 正極} - E°_{左,\ 負極}$$

化学便覧（びんらん）に、ほとんど全ての標準電極電位 $E°$ の値が記載されている。いくつかの代表的な標準電極電位 $E°$ の値を表 11-1 に示しておく。

例えば、ダニエル電池の標準起電力 $E°$ は、表 11-1 を用いて、次のようにして求められる。

ダニエル電池は次のように表される。

（酸化反応）負極　Zn ｜ $ZnSO_4$ ‖ $CuSO_4$ ｜ Cu　正極（還元反応）

左側：$Zn \rightarrow Zn^{2+} + 2e^-$　　$E^\circ_{左,\ 負極} = -0.763V$　………①

右側：$Cu^{2+} + 2e^- \rightarrow Cu$　　$E^\circ_{右,\ 正極} = 0.337V$　………②

（注意）①と②は、表11-1の中に記されている。

故に、

ダニエル電池の起電力：$E^\circ = E^\circ_{右,\ 正極} - E^\circ_{左,\ 負極}$

$= 0.337V - (-0.763V) = 1.1V$

<u>同様にして、表11-1のような標準電極電位 E° の表を用いて、全ての電池の標準起電力 E° が計算で求められる。</u>

表 11-1　標準電極電位 E° （at 25℃）（標準還元電位）

	電　極	電極反応	E° [V]	電　極	電極反応	E° [V]	
	$Li^+ \| \| Li$	$Li^+ + e^- = Li$	−3.040	$H^+ \| H_2 \| Pt$	$2H^+ + 2e^- = H_2$	0	←基準電極
	$K^+ \| K$	$K^+ + e^- = K$	−2.936	$Cl^- \| AgCl(s) \| Ag$	$AgCl + e^- = Ag + Cl^-$	+0.2224	
	$Ba^{2+} \| Ba$	$Ba^{2+} + 2e^- = Ba$	−2.906	$Cl^- \| Hg_2Cl_2(s) \| Hg$	$Hg_2Cl_2 + 2e^- = 2Hg + 2Cl^-$	+0.2680	
	$Ca^{2+} \| Ca$	$Ca^{2+} + 2e^- = Ca$	−2.866	$Cu^{2+} \| Cu$	$Cu^{2+} + 2e^- = Cu$	+0.337	←②
	$Na^+ \| Na$	$Na^+ + e^- = Na$	−2.7141	$OH^- \| O_2 \| Pt$	$O_2 + 2H_2O + 4e^- = 4OH^-$	+0.401	
①→	$Zn^{2+} \| Zn$	$Zn^{2+} + 2e^- = Zn$	−0.7627	$Cu^+ \| Cu$	$Cu^+ + e^- = Cu$	+0.521	
	$Cr^{3+} \| Cr$	$Cr^{3+} + 3e^- = Cr$	−0.744	$I^- \| I_2(s) \| Pt$	$I_2 + 2e^- = 2I^-$	+0.5355	
	$Fe^{2+} \| Fe$	$Fe^{2+} + 2e^- = Fe$	−0.4402	$Fe^{2+}, Fe^{3+} \| Pt$	$Fe^{3+} + e^- = Fe^{2+}$	+0.771	
	$Cd^{2+} \| Cd$	$Cd^{2+} + 2e^- = Cd$	−0.4029	$Ag^+ \| Ag$	$Ag^+ + e^- = Ag$	+0.7991	
	$Co^{2+} \| Co$	$Co^{2+} + 2e^- = Co$	−0.277	$Br^- \| Br_2(l) \| Pt$	$Br_2 + 2e^- = 2Br^-$	+1.0652	
	$Ni^{2+} \| Ni$	$Ni^{2+} + 2e^- = Ni$	−0.250	$Cl^- \| Cl_2(g) \| Pt$	$Cl_2 + 2e^- = 2Cl^-$	+1.3583	
	$Pb^{2+} \| Pb$	$Pb^{2+} + 2e^- = Pb$	−0.126	$Mn^{3+}, Mn^{2+} \| Pt$	$Mn^{3+} + e^- = Mn^{2+}$	+1.51	
	$Fe^{3+} \| Fe$	$Fe^{3+} + 3e^- = Fe$	−0.036	$F^- \| F_2(g) \| Pt$	$F_2 + 2e^- = 2F^-$	+2.89	

[標準状態はどんな状態か？]

電極や電池における標準状態は、反応に関与する全物質について、活量 a = 1、フガシティー（逃散能）f = 1 atm が満たされている状態である。

しかし、実際には、純粋な固体と希薄溶液の溶媒については a = 1 とし、溶質については質量モル濃度 m = 1 mol kg^{-1} あるいは分圧 P = 1 atm が満たされている状態を標準状態とする。

［参考］活量 a は非理想性を考慮した濃度である。粒子間に相互作用が無い場合には、活量 a はモル分率 x と等しくなる。（4章，Ⅳ．参照）

Ⅴ．標準電極電位 $E°$

(1) $E°$ の求め方

電池は２つの“半電池”を組み合わせたものである。そして半電池は１つの電極を電解質溶液に浸したものであり、広い意味で、これも“電極”である。

以下、半電池（電極）の標準電極電位（$E°$）を求める方法を説明する。

標準水素電極（SHE：standard hydrogen electrode）は代表的な基準電極である。これは 1 atm の水素と a = 1 の水素イオン水溶液から成る半電池である。

$$Pt, H_2(1atm) \mid H^+(a=1) \qquad E_H^\circ = 0$$

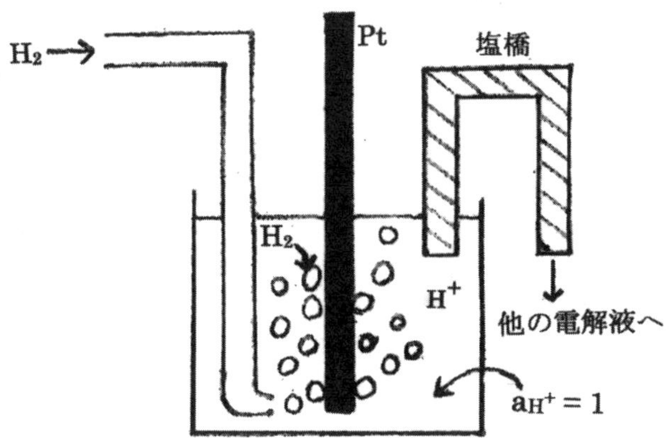

図 11-3　標準水素電極（SHE）

この電極の標準電極電位 E_H° はゼロと約束されている。従って、SHE を左側に、半電池（電極）を右側に置いて電池を作り、その電池の起電力 E° を測定することによって、半電池（電極）の標準電極電位（E°：$E^\circ_{右}$）を求めることが出来る。

$$\begin{aligned} 電池の起電力\ E^\circ &= E^\circ_{右} - E^\circ_{左} \\ &= E^\circ_{右} - E_H^\circ \\ &= E^\circ_{右} - 0 = E^\circ_{右} \end{aligned}$$

このようにして、SHE を用いて、全ての標準電極電位（E°：$E^\circ_{右}$）を測定することが可能である。

(2) E°の定義：E°は還元反応の起こり易さを反映する

以上述べたE°の測定方法から、標準電極電位（E°：$E^\circ_{右}$）は次の電池の標準起電力（E°）と定義することが出来る。

左側（負極）Pt, H_2(1atm) | H^+(a=1) ‖ M^{Z+}(a = 1) | M（正極）右側

$$電池の標準起電力：E^\circ = E^\circ_{右} - E^\circ_{左} = E^\circ_{右} - E_H^\circ$$
$$= E^\circ_{右} - 0 = E^\circ_{右}$$

このとき、右側（正極）で還元反応（電子を受け取る反応：$M^{Z+} + ze^- \rightarrow M$）が起こる場合は、標準電極電位（$E^\circ$）を正に取り、酸化反応（電子を放出する反応：$M \rightarrow M^{Z+} + ze^-$）が起こる場合は負に取るように決めている。

従って、標準電極電位（E°）が大きい程、還元反応が起こり易く、E°が小さい程、酸化反応が起こり易い !!

⇒ E°は“還元反応の起こり易さ”を反映している !!

［参考］電池図には、次の関係がある。

左側（負極）：酸化反応が起こる !! ⇒ E°：小

右側（正極）：還元反応が起こる !! ⇒ E°：大

E°の小さい電極を左に書き、E°の大きい電極を右に書けば良い !!

［参考］標準水素電極（SHE）は、H_2ガスの取り扱いが面倒である為、現在、ほとんど使われていない。現在、よく使われている基準電極は銀 - 塩

化銀（Ag-AgCl）電極である。（下図参照）

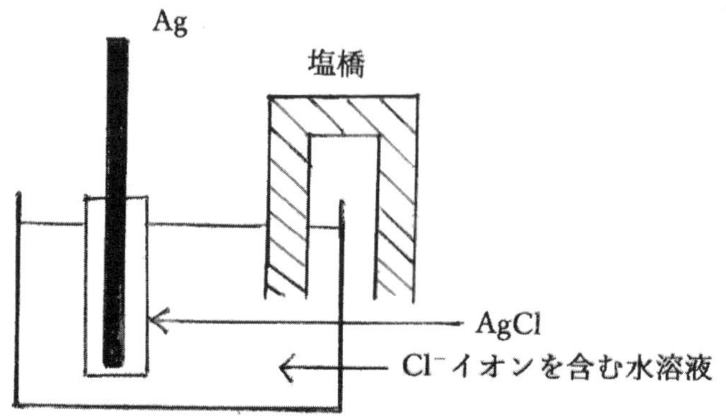

銀 - 塩化銀（Ag-AgCl）電極（SHE の代わりに使われている）

［参考］標準状態（a = 1, f = 1atm）を厳密に実現させる為には、イオン間相互作用が全く無い状態を作る必要がある。従って、標準電極電位 $E°$ の“実測”は大きな困難を伴う。そこで、実際には、大部分の $E°$ は熱力学データ（$\Delta G_f°$）から“計算”で求められている。（11 章, Ⅶ. 参照）

(3) $E°$ から“化学変化の方向”を知る !!

一例として、次の 2 つの平衡式

$$5Fe(CN)_6^{3-} + 5e^- = 5Fe(CN)_6^{4-} \qquad E° = 0.36V$$

$$MnO_4^- + 8H^+ + 5e^- = Mn^{2+} + 4H_2O \qquad E° = 1.51V$$

を取り上げて、自然に起こる“化学変化の方向”を求めてみたい。

電子が“負”の電荷を持っていることに注意すると、次の事が言える。

☆ 電位（$E°$）が高くなると（“正”の方向に大きくなると)、負と正の関係になり、電子は安定化し、電子のエネルギーは低くなる。

☆ 電位（$E°$）が低くなると（“負”の方向に大きくなると)、負と負の関係になり、電子は不安定化し、電子のエネルギーは高くなる。

従って、電位（$E°$）と電子のエネルギーの関係は、次の図のようになる。

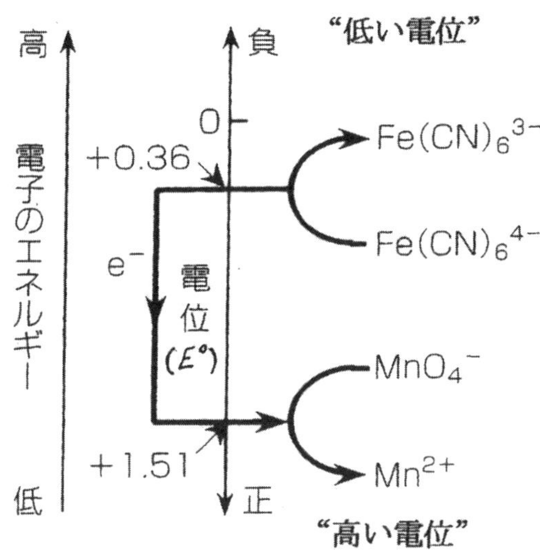

図 11-4　自発的に進む電子授受の向き

電子は高エネルギーから低エネルギーへ、あるいは低電位から高電位へ移動しようとする。従って、電子は図の上から下へ落ちて行く !!　これは、リンゴが万有引力の為、地面に落下するのに似ている。

従って、今の場合、電位 ($E°$) の低い $Fe(CN)_6^{4-}$ が電子を放出し、その電子を電位 ($E°$) の高い MnO_4^- が受け取る反応が進むことになる !!

$$5Fe(CN)_6^{4-} \rightarrow 5Fe(CN)_6^{3-} + 5e^- \qquad E° = 0.36V$$（酸化反応）

$$MnO_4^- + 8H^+ + 5e^- \rightarrow Mn^{2+} + 4H_2O \qquad E° = 1.51V$$（還元反応）

２つの式を足し合わせると、全体の反応式が得られる。

$$5Fe(CN)_6^{4-} + MnO_4^- + 8H^+ \rightarrow 5Fe(CN)_6^{3-} + Mn^{2+} + 4H_2O$$

このようにして、「$E°$ の小さい平衡式を上に書き、$E°$ の大きい平衡式を下に書き、両方を足し合わす」ことによって、自然に起こる酸化還元反応の“方向”を求めることが出来る !!　その時、$E°$ の小さい平衡式は酸化反応、$E°$ の大きい平衡式は還元反応として書く必要がある。

このような標準電極電位（$E°$）の活用は、“生化学”や“光触媒”などの領域ではごく普通に行われている。

Ⅵ．起電力 E と ΔG の関係

可逆過程（T，P ＝一定）で進む化学反応から得られる最大有効仕事は、自由エネルギーの減少量（－ΔG）に等しい。（3章Ⅲ．参照）

可逆電池反応において n mol の電子の移動があれば、n mol の電子（nF クーロンの電気量）が起電力（電圧）E ボルトの中を移動するので、最大有効仕事（－ΔG）は nFE になる。

$$-\Delta G = nFE$$

$$\therefore \Delta G = -nFE$$

［Nernst（ネルンスト）の式 ― 起電力 E の活量（濃度）依存性］

Nernst（ネルンスト）は、可逆電池の起電力 E が、電池反応に関与する物質の活量 a によって変化することを発見した。（1889年）　活量：activity

電池反応：aA + bB +…… → lL + mM +……

の ΔG は、普通の化学反応の時と同じように次式で表される。

$$\Delta G = \Delta G^\circ + RT \ln \frac{a_L^{\,l} a_M^{\,m} \cdots\cdots}{a_A^{\,a} a_B^{\,b} \cdots\cdots} \qquad \cdots\cdots (1)$$

式(1)に ΔG＝－nFE、および ΔG°＝－nFE° を代入すると、

$$E = E^\circ - \frac{RT}{nF} \ln \frac{a_L^{\,l} a_M^{\,m} \cdots\cdots}{a_A^{\,a} a_B^{\,b} \cdots\cdots} \qquad \cdots\cdots \text{Nernst の式}$$

が得られる。この式はNernst（ネルンスト）の式と呼ばれる。これは起電力Eの濃度（活量a）依存性を表す大切な式である。ここで、$E°$は標準起電力であり、電池反応に関与する全ての物質の活量（a）が1である“標準状態”における起電力である。（活量a：4章，Ⅳ．参照）

Ⅶ．$E°$と平衡定数Kの関係

平衡のときは、ΔG＝0より、式(1)は次のようになる。

$$\Delta G° = -RT\ln\left(\frac{a_L{}^l a_M{}^m \cdots\cdots}{a_A{}^a a_B{}^b \cdots\cdots}\right)_{平衡} = -RT\ln K$$

ここで、Kは平衡定数である。

この式にΔG°＝－nFE°を代入すると、次式が得られる。

$$E° = \frac{RT}{nF}\ln K$$

この式によって、平衡定数Kが分かっている時は、電池の標準起電力$E°$が算出できる。反対に、電池の標準起電力$E°$が分かっている時は、平衡定数Kが算出できる。

Ⅷ. 燃料電池

(1) 燃料電池の概観

燃料電池は、水素と酸素から“水”を作り、その過程で“電気”を生み出す装置である。普通の化学電池は、一次電池にせよ二次電池にせよ、放電によって電気が無くなる。しかし、燃料電池は水素と酸素を外部から送り続ける限り、電気を生産し続ける。

以上の機能をもつ燃料電池は、人類の“環境問題”と“エネルギー問題”を抜本的に解決する為の切り札として注目されている。

(2) 燃料電池の構造と原理

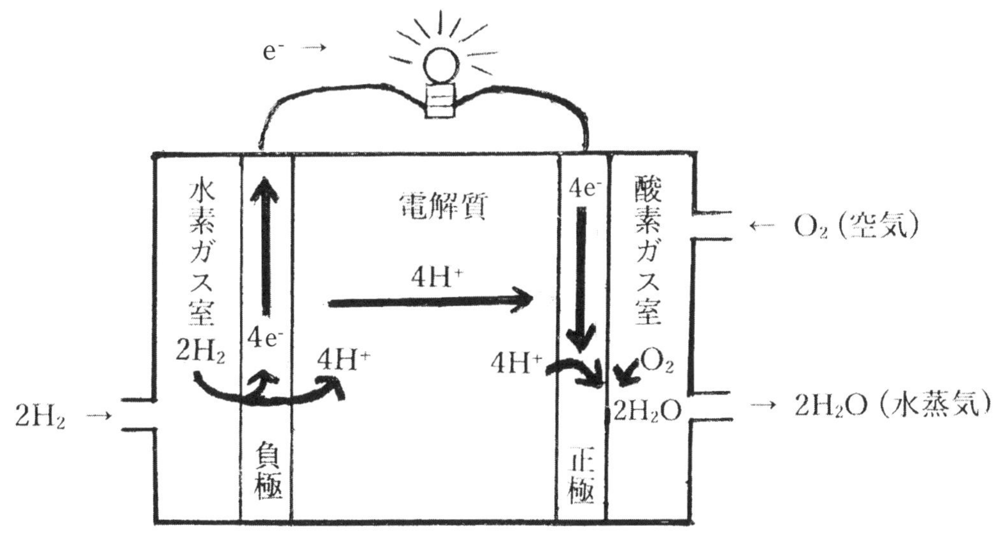

図 11-5　燃料電池の構造と原理

2つの電極の間に電解質（例えば、0.5mol dm^{-3} H_2SO_4 水溶液）を満たし、2つのガス室に H_2 と O_2（空気）をそれぞれ供給し続けるだけで、電気が永続的に流れ続ける。（図 11-5 参照）

（注意）電解質は、イオンは通すが電子は通さない物質である。燃料電池では、イオン H^+ が電解質の中を負極から正極に移動する。

負極では、水素ガス室の $2H_2$ が酸化されて $4H^+$ と $4e^-$ になる。そして $4H^+$ は電解質を通って、$4e^-$ は導線（外部回路）を通って正極へ移動する。

正極では、酸素ガス室の O_2 が（負極から移動して来た）$4H^+$ と $4e^-$ と反応して $2H_2O$ を作る。

$$\begin{cases} \text{負極}：2H_2 \rightarrow 4H^+ + 4e^- & E^\circ_{\text{左}} = 0V \\ \text{正極}：O_2 + 4H^+ + 4e^- \rightarrow 2H_2O & E^\circ_{\text{右}} = 1.229V \end{cases}$$

$$\begin{aligned} \text{燃料電池の起電力 } E^\circ &= E^\circ_{\text{右}} - E^\circ_{\text{左}} \\ &= 1.229V - 0V \\ &= 1.2V \end{aligned}$$

(3) 水素の供給方法

酸素は空気中の O_2 を使えば良いので、問題は全く無い。従って、水素の供給方法が、今後、技術的にも経済的にも問題となる。

［参考］水素を燃料とした場合は、排出される物質はクリーンな水だけであり、

地球温暖化の原因とされる二酸化炭素は全く排出されない。従って、エネルギー問題のみならず、環境問題を解決する為にも、水素は燃料として重要な地位を占めている。

水素の供給方法として、いろいろな方法が考えられている。それぞれの方法について、現在、精力的に研究開発がなされている。以下、代表的な方法を記述しておく。

（ｉ）天然ガス，石油などの化石燃料の炭化水素（C_nH_m）の改質によって水素を製造する。

現在、この方法によって、水素製造が行われている!!

（ⅱ）自然エネルギーによって発電された電気を使って、水を電気分解して水素を作る。

自然エネルギー：水力，太陽光，風力，地熱

水素は貯蔵，運搬が比較的容易である！　しかし、電気は貯蔵，運搬が非常に難しい。

従って、この方法は利用しにくい電気エネルギーを、利用し易い水素という化学エネルギーに変えている点で、評価できる。

（ⅲ）光触媒によって、水から水素を製造する。

（12章，Ⅷ. 光触媒　参照）

水中の“酸化チタン TiO_2 光触媒”に紫外線を当てるだけで、水を水素と酸素に分解できることが、東京大学の本多先生と藤嶋先生に

よって1972年に発見された。現在、この現象は本多－藤嶋効果と呼ばれている。

しかし、太陽光エネルギーに占める紫外線の割合は4%と低い（図12-21 参照）ので、このままでは水素供給の方法として使えない。

そこで現在、太陽光エネルギーの大半を占める“可視光線”を水－TiO_2光触媒系に当てることによって、水を水素と酸素に分解することの出来る“光触媒システム”が精力的に研究されている。

この方法（iii）は、方法（ii）と異なって、発電を介さないので、理想的な水素製造技術と言える。将来、この技術が実現できたら、“エネルギー問題”と“環境問題”が同時に解決されたことになる。

（12章，Ⅷ. 光触媒　参照）

［参考］燃料電池自動車（FCV：Fuel Cell Vehicle）のための水素ステーションが、2019年12月時点で、日本国内で112カ所開業されている。

［参考］さらに、FCVも含まれる、各種、電気自動車（EV：Electric Vehicle）が、2023年時点で、世界的に急速に実用化が進みつつあることは周知の事実である。

Ⅸ．電気分解（電解）

イギリスの化学者・物理学者、M. Faraday（ファラデー）はボルタ電池の電解質溶液の中で起こっている化学反応を詳しく調べた。その結果、彼は“ファラデーの法則”を発見した。(1833年)

(1) ファラデーの法則

① 同じ物質で比較した場合：各極で析出する物質の量は、流した電気量に比例する。

② 異なる物質で比較した場合：同じ電気量で析出する物質の量は、物質の当量に比例する。

電気量の単位はクーロン（C）である。

1C（クーロン）：1アンペアの電流を1秒間流したときの電気量

故に、1C ＝ 1As ＝ 1sA

電子1個がもつ電気量は 1.60×10^{-19}C であり、これを電気素量(e)と呼ぶ。　$e = 1.60\times10^{-19}$C

電子1mol（6.02×10^{23}個）の電気量は、

$$1.60\times10^{-19}\mathrm{C}\times(6.02\times10^{23}) = 96500\mathrm{C}$$
$$= 1\mathrm{F}\text{（ファラデー）}$$

ファラデー定数（F）：$F = 96500\mathrm{C\ mol^{-1}}$

$F = 96500\mathrm{C\ eq.^{-1}}$

上記の“ファラデーの法則”から、次のことが言える。

① 1F の電気量（96500C）によって、全てのイオンは 1 当量（eq.）だけ析出する !!　ここで、eq. は equivalent の略。
② 1 当量（eq.）のイオンは、6.02×10^{23} 個の電子と同じ電気量（96500C）を持っている。

電気分解でどのような物質が析出するかを考えるときは、イオンの“放電のし易さ”を考慮する必要がある。ここで、放電：帯電した物体が電荷を失うこと。

陽イオン：イオン化傾向の大きい金属イオン程、放電し易い。

陰イオン：多原子イオンになる程、放電しにくい傾向がある。

（放電しにくい）SO_4^{2-}，PO_4^{3-} ＜ CO_3^{2-}，NO_3^-
＜ OH^- ＜ Cl^-，Br^-（放電し易い）

表 11-2　1F（96500C）の電気量を流した時の物質の析出量

反応イオン	析出物	1mol（g）	1 当量（析出量）	
			mol 数	g 数
H^+	H_2	2.0	0.5	1.0
Ag^+	Ag	107.9	1.0	107.9
Cu^{2+}	Cu	63.5	0.5	31.8
Ni^{2+}	Ni	58.7	0.5	29.4
Cl^-	Cl_2	71.0	0.5	35.5
Br^-	Br_2	159.8	0.5	79.9
I^-	I_2	253.8	0.5	126.9
OH^-	O_2	32.0	0.25	8.0

(2) 水の電気分解

一例として、水の電気分解を下図に示す。

水だけでは、電流がほとんど流れないので、少量の硫酸または水酸化ナトリウムを水に添加する必要がある。下図の場合は、少量の硫酸を加えている。

水を電気分解すると、陽極から酸素（O_2）、陰極から水素（H_2）が発生する。

電気分解は電気エネルギーを化学エネルギーに変換している。従って、化学エネルギーを電気エネルギーに変換する“電池”とは逆の関係にある。例えば、水の電気分解は、前述の燃料電池と逆の関係にある。

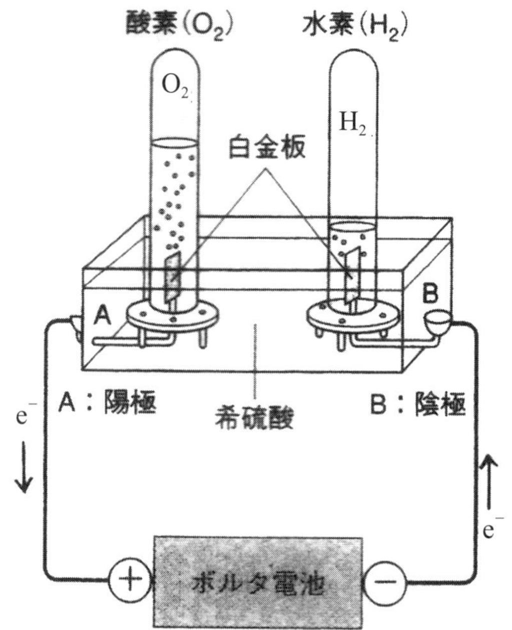

陽極：$2OH^- \rightarrow 2e^- + H_2O + (1/2)O_2$

陰極：$2H^+ + 2e^- \rightarrow H_2$

ここで、電池の負極と接続した電極を陰極といい、電池の正極と接続した電極を陽極という。

図 11-6　水の電気分解

［例題 11-1］

次の化学反応を電池として使う時、電池の標準起電力（$E°$）は何Ｖになるか。

（1）$Zn + 2Ag^{+} \rightarrow Zn^{2+} + 2Ag$

（2）$Fe + 2H^{+} \rightarrow Fe^{2+} + H_2$

ただし、標準電極電位（$E°$）は次の通りである。

$Zn^{2+} + 2e^{-} = Zn \quad E° = -0.763\,V$

$Ag^{+} + e^{-} = Ag \quad E° = 0.799\,V$

$Fe^{2+} + 2e^{-} = Fe \quad E° = -0.440\,V$

$2H^{+} + 2e^{-} = H_2 \quad E° = 0\,V$

［解答］

（1）　$Zn + 2Ag^{+} \rightarrow Zn^{2+} + 2Ag$

$Zn^{2+} + 2e^{-} = Zn \quad E° = -0.763\,V$

$Ag^{+} + e^{-} = Ag \quad E° = 0.799\,V$

$E°$ の小さい平衡式を上に、酸化反応として書き、$E°$ の大きい平衡式を下に、還元反応として書き、両者を足し合わす。この時、電子のやり取りを矢印で示しておく。（11 章，Ｖ，（3）参照）

$Zn \rightarrow Zn^{2+} + 2e^{-}$　　酸化反応　$E°_{左,\ 負極} = -0.763\,V$

$2Ag^{+} + 2e^{-} \rightarrow 2Ag$　還元反応　$E°_{右,\ 正極} = 0.799\,V$

２つの式を足し合わすと、全体の反応式、即ち、問題文の（1）の式が得られる。

$Zn + 2Ag^{+} \rightarrow Zn^{2+} + 2Ag$　　全体の反応式：問題文の(1)の式

この電池の標準起電力（$E°$）は、次式で求めることが出来る。

$E° = E°_{右,\ 正極} - E°_{左,\ 負極}$　(11章，Ⅳ．参照)

$\therefore E° = 0.799\,V - (-0.763\,V) = 1.562\,V = 1.56\,V$ ………………… 答(1)

(2)　$Fe + 2H^{+} \rightarrow Fe^{2+} + H_2$

$Fe \rightarrow Fe^{2+} + 2e^{-}$　酸化反応　$E°_{左,\ 負極} = -0.440V$

$2H^{+} + 2e^{-} \rightarrow H_2$　還元反応　$E°_{右,\ 正極} = 0V$

２つの式を足し合わすと、

$Fe + 2H^{+} \rightarrow Fe^{2+} + H_2$　全体の反応式：問題文の(2)の式

この電池の$E°$は、$E° = E°_{右,\ 正極} - E°_{左,\ 負極}$

$= 0\,V - (-0.440\,V)$

$= 0.44\,V$ ……………………………… 答(2)

［例題 11-2］

次の酸化還元反応が起こる電池図を書け。また、25℃における、この電池の標準起電力（$E°$）と標準自由エネルギー変化$\Delta G°$を求めよ。

$$2Fe^{2+} + Cl_2(g) \rightarrow 2Fe^{3+} + 2Cl^{-}$$

ただし、次の表のデータを利用して解答せよ。

電極	電極反応	$E°$/V
Fe^{2+}, Fe^{3+} | Pt	$Fe^{3+} + e^{-} = Fe^{2+}$	0.771
Cl^{-} | $Cl_2(g)$ | Pt	$Cl_2(g) + 2e^{-} = 2Cl^{-}$	1.359

［解答］

電池図の左側（負極）は、酸化反応が起こるので $E°$ の小さい電極を置く。

左側（負極）：$2Fe^{2+} \rightarrow 2Fe^{3+} + 2e^-$　　$E°_{左} = 0.771V$　酸化反応

電池図の右側（正極）は、還元反応が起こるので $E°$ の大きい電極を置く。

右側（正極）：$Cl_2(g) + 2e^- \rightarrow 2Cl^-$　　$E°_{右} = 1.359V$　還元反応

両式を足し合わせると、

$2Fe^{2+} + Cl_2(g) \rightarrow 2Fe^{3+} + 2Cl^-$　（問題の式）

故に、電池図：$Pt \mid Fe^{2+}, Fe^{3+} \parallel Cl^- \mid Cl_2(g) \mid Pt$ ……………………… 答(1)

この電池の標準起電力（$E°$）は、

$E° = E°_{右} - E°_{左} = 1.359V - 0.771V = 0.588V$ ……………………… 答(2)

一般に、可逆電池反応の標準自由エネルギー変化（$\Delta G°$）は、次式で表される。

$\Delta G° = -nFE°$　（11 章，Ⅵ. 参照）

ここで、n：移動した電子の mol 数

F：ファラデー定数（$96500\ Cmol^{-1}$）

$E°$：電池の起電力

前述の電池反応において、$2e^-$ より $n = 2$ である。

故に、標準自由エネルギー変化（$\Delta G°$）は次式で求まる。

$\Delta G° = -nFE° = -2 \times 96500\ Cmol^{-1} \times 0.588V$

$= -113484\ \mathrm{CVmol^{-1}}$

$= -113\mathrm{kJmol^{-1}}$ ………………………………………… 答(3)

（ここで、表1-2より、$\mathrm{CV = (sA)(JA^{-1}s^{-1}) = J}$を使用した。）

（注意）標準電極電位（$E°$）の値は、反応方向が逆になっても、化学反応の係数が変化しても、変わることは無い!!

［例題11-3］

化学反応 $Zn + Fe^{2+} \rightleftarrows Zn^{2+} + Fe$ の25℃における平衡定数（K）を求めよ。ただし、標準電極電位（$E°$）は次の通りである。

$Fe^{2+} + 2e^- = Fe \qquad E° = -0.440\mathrm{V}$

$Zn^{2+} + 2e^- = Zn \qquad E° = -0.763\mathrm{V}$

［解答］

$E°$の小さい平衡式を上に、酸化反応として書き、$E°$の大きい平衡式を下に、還元反応として書き、両式を足し合わす。

$Zn \rightarrow Zn^{2+} + 2e^- \qquad E°_{左,\ 負極} = -0.763\mathrm{V}$　酸化反応

↓

$Fe^{2+} + 2e^- \rightarrow Fe \qquad E°_{右,\ 正極} = -0.440\mathrm{V}$　還元反応

両式を足し合わせると、今、問題にしている化学反応の式が得られる。

$Zn + Fe^{2+} \rightarrow Zn^{2+} + Fe$ …今、問題にしている化学反応式

この電池の標準起電力（E°）は、

$$\underline{E^\circ = E^\circ_{右,\ 正極} - E^\circ_{左,\ 負極} = -0.440\mathrm{V} - (-0.763\mathrm{V}) = 0.323\mathrm{V}}$$

標準起電力（E°）と平衡定数（K）の間には次の関係がある。

$$E^\circ = \frac{RT}{nF}\ln\mathrm{K} \quad (11章,\ \text{Ⅶ}.\ 参照)$$

上記の電池反応において、$2e^-$ より n＝2 である。

$$\therefore E^\circ = \frac{8.314JK^{-1}mol^{-1} \times 298K}{2 \times 96500Cmol^{-1}}\ln\mathrm{K}$$

$$= 0.0128\mathrm{J\ C^{-1}}\ln\mathrm{K} = 0.0128\mathrm{V}\ \ln\mathrm{K}$$

（ここで、CV ＝ J の関係を使用した。）

一方、E° = 0.323V と求められていることより、

0.0128V lnK ＝ 0.323V が成立する。

$$\therefore \ln\mathrm{K} = \frac{0.323}{0.0128} = 25.2$$

$\therefore$平衡定数：$\mathrm{K} = e^{25.2} = 8.79 \times 10^{10}$ ……………………(答)

K ≫ 0 より、反応は大きく右方向へ進む !!

［参考］この結果は、Zn のイオン化傾向が Fe のそれより大きい事実と矛盾しない！

[例題 11-4]

$CO_2/H_2C_2O_4$（シュウ酸）系と NO_3^-/NO_2^- 系が共存しているとき、自発的に進行する化学反応式を求めよ。

ただし、標準電極電位（$E°$）は次の通りである。

$$2CO_2 + 2H^+ + 2e^- = H_2C_2O_4 \qquad E° = -0.475V$$

$$NO_3^- + 2H^+ + 2e^- = NO_2^- + H_2O \qquad E° = 0.835V$$

[解答]

自発的に進行する化学反応式は、$E°$ の小さい平衡式を上に酸化反応として書き、$E°$ の大きい平衡式を下に還元反応として書き、両式を足し合わすことによって求められる !!

$$H_2C_2O_4 \rightarrow 2CO_2 + 2H^+ + 2e^- \text{（酸化反応）} \qquad E° = -\ 0.475V$$

$$NO_3^- + 2H^+ + 2e^- \rightarrow NO_2^- + H_2O \text{（還元反応）} \qquad E° = 0.835V$$

両式を足し合わすと、

$H_2C_2O_4 + NO_3^- \rightarrow 2CO_2 + NO_2^- + H_2O$　が得られる。

この式が、自発的に進行する化学反応式である。

[例題 11-5]

NaOH を少量溶かした水を電気分解すると、陽極で酸素が、陰極で水素が発生する。両極で起こる化学反応式を書け。また、1.0A の電流を 10 分間流した場合、発生する酸素と水素の体積は 0℃, 1 atm でいくらになるか。

［解答］

両極で起こる化学反応式：

陽極：$OH^- \rightarrow \frac{1}{2}H_2O + \frac{1}{4}O_2(g) + e^-$ （酸化反応）…………………… 答(1)

陰極：$H^+ + e^- \rightarrow \frac{1}{2}H_2(g)$ （還元反応）………………………………… 答(2)

従って、1mol（6.02×10^{23} 個）の電子が持っている電気量（96500C）を流すと、$\frac{1}{4}$ mol の酸素と $\frac{1}{2}$ mol の水素が発生する。

故に、0℃，1 atm では、酸素は $22.4\text{dm}^3 \times \frac{1}{4} = 5.6\text{dm}^3$、水素は $22.4\text{dm}^3 \times \frac{1}{2} = 11.2\text{dm}^3$ だけ発生することになる。

ここで、流した電気量はC（クーロン）＝A（アンペア）s（秒）より

$(1.0\text{A}) \times (10 \times 60)\text{s} = 600\text{As} = 600\text{C}$ である。

故に、0℃，1 atm で発生する酸素と水素の体積は、

酸素：$5.6\text{dm}^3 \times \frac{600C}{96500C} = 0.0348\text{dm}^3 = 34.8\,\text{cm}^3$ …………………… 答(3)

水素：$11.2\text{dm}^3 \times \frac{600C}{96500C} = 0.0696\text{dm}^3 = 69.6\,\text{cm}^3$ ………………… 答(4)

［参考］ここで、$1\,\text{dm}^3 = 1000\,\text{cm}^3 = 1\,\ell$ の関係に注意する必要がある。

なぜなら、$1\,\text{dm}^3 = (10^{-1}\text{m})^3 = (0.1\text{m})^3 = (10\text{cm})^3 = 1000\text{cm}^3 = 1\,\ell$

（1章，Ⅲ，(1)，［SI 接頭語］参照）

12章　半導体

半導体は物理，化学，電気，電子工学など多くの分野で研究されている。また、その用途は非常に多岐にわたっていて、私たちの現代生活と密接に関係している。例えば、ダイオード（整流器），トランジスター（増幅器），集積回路，コンピューター，人工知能（artificial intelligence; AI，エーアイ），テレビ，携帯電話，半導体レーザー，CD，DVD，各種センサー，発光ダイオード，太陽電池，半導体電極，光触媒，…等々と数え上げれば切りが無い。これらの機能は、全て半導体の“バンド構造”に基づいている。従って、この章では、バンド構造に注目しながら半導体の基礎と応用を記述することになる。

この章の後半のⅦ．湿式太陽電池，Ⅷ．光触媒は、化学の学生にも直接関係する内容である。これらの内容を本当に理解する為には、この章の前半で詳述している“バンド構造”についての理解がどうしても必要である。

Ⅰ．半導体の性質

半導体は、次の①～④の性質を持っている。

① 金属と絶縁体の中間の伝導度κ（カッパ）（10章，Ⅰ.(a) 参照）**をもつ。**

一般に、物質は（電気）伝導度κ（あるいはσ（シグマ））によって、次のように分類されている。

絶縁体…… $\kappa = 10^{-22} \sim 10^{-10}\,\mathrm{Scm^{-1}}$

半導体…… $\kappa = 10^{-9} \sim 10^{3}\,\mathrm{Scm^{-1}}$

金属……… $\kappa = 10^{4} \sim 10^{6}\,\mathrm{Scm^{-1}}$

（注意）S（ジーメンスと読む）は、（電気）抵抗の逆数 Ω^{-1} である。従って、伝導度 κ の単位は $\Omega^{-1}\mathrm{cm^{-1}}$ と書かれる場合もある。ここで、オーム（Ω）は（電気）抵抗の単位。

② 伝導度 κ が温度上昇と共に大きくなる。

温度が上がると、半導体の価電子が熱励起によって、所属していた原子から離れ、結晶格子の中を自由に運動できるようになる。その結果、半導体の伝導度 κ は温度上昇と共に大きくなる。この性質を利用して、サーミスター温度計が作られている。

［参考］反対に、金属の伝導度 κ は温度上昇と共に小さくなる。

（理由）温度が上がると、金属の結晶格子の振動が激しくなり、自由電子の運動が妨げられるからである。

③ 熱，光，電界，磁界などの外部からの刺激によって、（半導体の）電気的性質が大きく変化する。

④ 半導体特有のバンド構造をもつ。（後述）

Ⅱ．半導体の種類

(1) 化学組成による分類

半導体は単元素半導体，化合物半導体，高分子半導体に分類される。

さらに、化合物半導体はⅡ - Ⅵ族半導体，Ⅲ - Ⅴ族半導体，Ⅳ - Ⅳ族半導体に分類される。

表 12-1　半導体の化学組成による分類

単元素半導体	Si，Ge	
化合物半導体	Ⅱ - Ⅵ族半導体	ZnS，ZnSe，ZnO，CdS
	Ⅲ - Ⅴ族半導体	GaAs，GaN，GaP，InP
	Ⅳ - Ⅳ族半導体	SiC，SiGe
高分子半導体	ポリアセチレン，ポリ N- ビニルカルバゾール	

表 12-2　化合物半導体における元素の組み合わせ

Ⅱ	Ⅲ	Ⅳ	Ⅴ	Ⅵ
	B	C	N	O
	Al	Si	P	S
Zn	Ga	Ge	As	Se
Cd	In	Sn	Sb	Te

(注意) Ⅱ − Ⅵ族半導体とⅢ − Ⅴ族半導体には、3つ以上の元素から成る半導体もある。例えば、GaAlAs，InGaAs など

(2) 不純物による分類

半導体は不純物によっても分類される。

(i) 真性半導体……不純物を含まない半導体。

単元素半導体（Si, Ge）は極めて高純度にすると、室温においても僅かに電気が流れるようになる。従って、このような不純物を含まない半導体は、真性半導体（あるいは固有半導体）と呼ばれる。

しかし、真性半導体はキャリア（自由電子, 正孔）の数が非常に少ない。従って、流れる電流は僅かであり、真性半導体は実際には半導体として、役に立っていない。実際に利用されている半導体は、次に示す不純物半導体である。

（注意）キャリア：電気の運び手

(ii) 不純物半導体……真性半導体に不純物（ドナー or アクセプター）をドーピングして作った半導体

（注意）ドーピング：キャリア（自由電子, 正孔）の数を増やす為に、真性半導体に不純物（ドナー or アクセプター）を添加すること。

［参考］不純物の濃度によって、半導体の伝導度が大きく変動する。そこで、最適量の不純物をドーピングする必要がある。従って、ドーピングの工程は半導体製作において非常に大切である。

不純物がドナー（電子を与える元素）の場合はｎ型半導体と呼ばれ、不純物がアクセプター（電子を受け取る元素）の場合はｐ型半導体と呼ばれる。

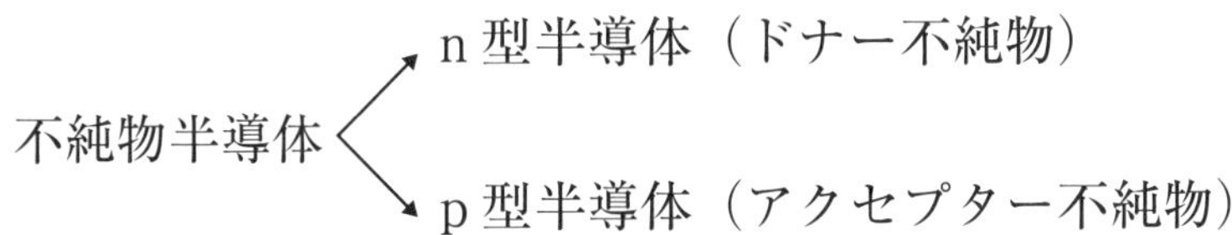

例えば、Si（シリコン）の真性半導体から、ｎ型半導体とｐ型半導体を作る場合は、次のようにドーピングする。

ｎ型半導体……Ⅳ族のSi真性半導体に、ドナーとしてⅤ族の元素（P, As，Sb）をドーピングする。

この場合、negative charge（負電荷）の電子がキャリアとなるので、頭文字を取ってｎ型半導体と呼ばれる。（図12-2参照）

ｐ型半導体……Ⅳ族のSi真性半導体に、アクセプターとしてⅢ族の元素（B，Al，Ga，In）をドーピングする。

この場合、positive charge（正電荷）の正孔がキャリアとなるので、頭文字を取ってｐ型半導体と呼ばれる。（図12-3参照）

表 12-3　半導体の型とエネルギー ギャップ（E_g）

半導体	型	E_g/eV（at 300K）
Si	n，p	1.1
Ge	n，p	0.7
TiO_2	n	3.0
ZnO	n	3.2
SnO_2	n	3.6
GaAs	n，p	1.4
GaN	n，p	3.4

上表を見て分かるように、半導体のエネルギー ギャップ（E_g）は、ほぼ1～4eV である。従って、4eV 以上の E_g を持つ物質は、絶縁体と見なして良い。

例えば、絶縁体のダイヤモンド：E_g = 5.5eV,

同じく絶縁体のガラス（SiO_2）：E_g = 9eV

ただし、半導体と絶縁体に、はっきりした E_g の境界は存在しない。

Ⅲ．バンド構造

(1) エネルギーバンド（エネルギー帯（たい））の形成

以下は、下図を見ながらお読み下さい。

2個の原子が接近すると、各原子の電子軌道が重なるので、電子の1本のエネルギー準位は、より安定な準位 (a) 結合性軌道と、より不安定な準位 (b) 反結合性軌道に分裂する。結晶中で N 個の原子が接近していると、1本のエネルギー準位は N 本のエネルギー準位に分裂する。N が大きくなると、それぞれのエネルギー準位は接近し、ある一定の幅をもつ帯（おび）となる。

この帯(おび)はエネルギーバンド（あるいはエネルギー帯(たい)）と呼ばれる。

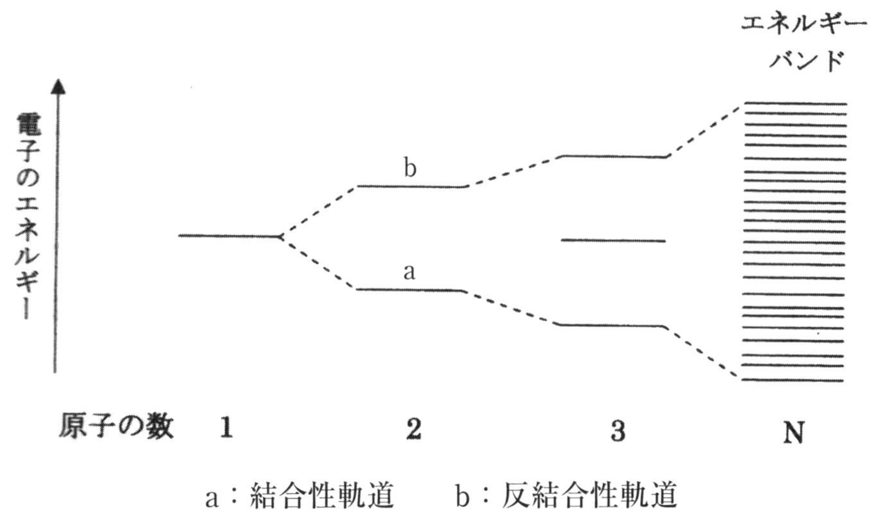

a：結合性軌道　　b：反結合性軌道

上図のエネルギーバンドは“許容帯”とも呼ばれ、電子が存在できるエネルギー領域を表す。許容帯と許容帯の間に、電子が存在できない“禁制帯”が存在する。（図 12-1 参照）禁制帯の幅が前述のエネルギーギャップ（E_g）である。

許容帯には、図 12-1 に示されているように、次の 2 種類がある。

（i）伝導帯（空帯）

伝導帯は電子が“部分的に”詰まっている。ただし、空帯は電子が全く居ないエネルギーバンドである。

伝導帯の中の電子は自由に動くことが出来る !!

（注意）伝導帯の中では、電子は所属している原子の軌道から他の原子の“空軌道”に容易に移ることが出来る。このようにして、電子は伝導帯の中を自由に運動することが出来、自由電子として振る舞うことになる。

（ⅱ）価電子帯（充満帯）

価電子帯は電子が完全に詰まっているので、充満帯とも呼ばれている。価電子帯の中では、空軌道が無いので、電子は自由に動くことが出来ない !!

(2) 金属，絶縁体，真性半導体のバンド構造

上記 3 種類の物質のバンド構造を下図に示す。

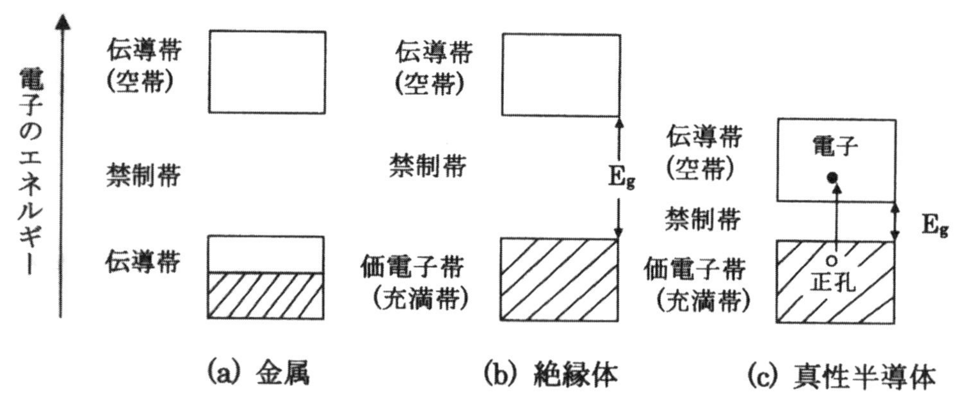

図 12-1　金属，絶縁体，真性半導体のバンド構造
（斜線部分は電子が入っている。）

（a）金属

電子が部分的に詰まった伝導帯が存在する。この伝導帯の中の電子は、自由電子として運動でき、電気伝導に寄与する。その為、金属は電気の導体となる。

（b）絶縁体

電子が完全に詰まった価電子帯（充満帯）と、電子が全く居ない伝導

帯（空帯）が禁制帯を隔てて存在する。

価電子帯（充満帯）の電子は、自由に動くことが出来ない。また、この電子は禁制帯の幅（E_g）が大きい為、伝導帯（空帯）に熱励起されることも無い。それ故、絶縁体は電気を導かない。

(c) 真性半導体

バンド構造は絶縁体とほぼ同じであるが、真性半導体の場合は禁制帯の幅（E_g）が小さい。従って、室温において、価電子帯（充満帯）の電子の一部は伝導帯（空帯）に熱励起される。熱励起された電子は、伝導帯の中で自由電子として振る舞う。一方、価電子帯には、電子の抜け出た後に、正の電荷をもつ“正孔（せいこう）”が生ずる。正孔は価電子帯の中を自由に動くことが出来る。従って、真性半導体のキャリアは自由電子と正孔である。

しかし、真性半導体はキャリアの数が非常に少ない。その為、実際には、半導体として役に立っていない。従って、キャリアを増やす為に、真性半導体に不純物をドーピングし、不純物半導体（n型半導体，p型半導体）として利用されている。

(3) n 型半導体，p 型半導体の共有結合とキャリア生成

(i) n 型半導体

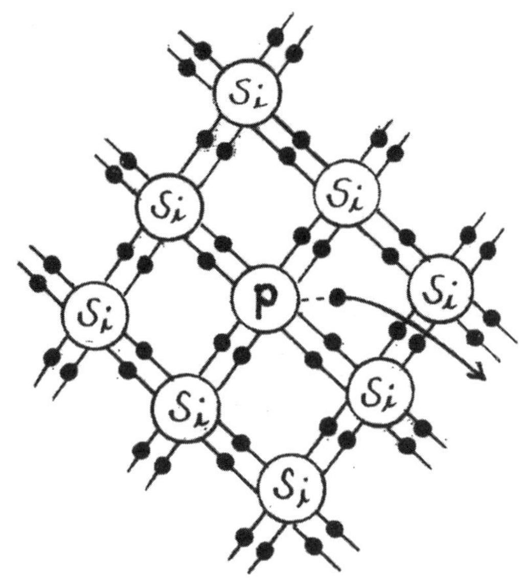

図 12-2　n 型半導体の自由電子の生成

●：電子

真性半導体と不純物（ドナー）の種類を変えることによって、n 型半導体は多くの種類が存在する。

例えば、Si（シリコン）のダイヤモンド構造結晶（真性半導体）に、ドナーとして、Si より価電子が 1 個多いⅤ族の元素（P，As，Sb など）をドープした半導体は n 型半導体である。上図は Si に P（リン）をドープした場合である。P 原子は Si 原子と置き換わって、ダイヤモンド構造の一員となっている。

P 原子の 5 個の価電子のうち、4 個は隣接する 4 個の Si 原子と共有結

合する。残りの１個の価電子は、所属する P 原子の原子核からクーロン力による束縛を受けている。しかし、このクーロン力は弱いので、室温での熱エネルギー（0.026eV）によっても容易に断(た)ち切られる。その結果、この電子は自由電子として半導体結晶内を自由に運動し、電気伝導に寄与する。従って、n 型半導体のキャリア（電気の運び手）は自由電子である。

［参考］室温（300K）での熱エネルギー $kT = 0.026\text{eV}$ は、$1\text{eV} = 1.6\times10^{-19}\text{J}$ の関係を用いると、容易に誘導できる。（誘導は省略）

（ii） p 型半導体

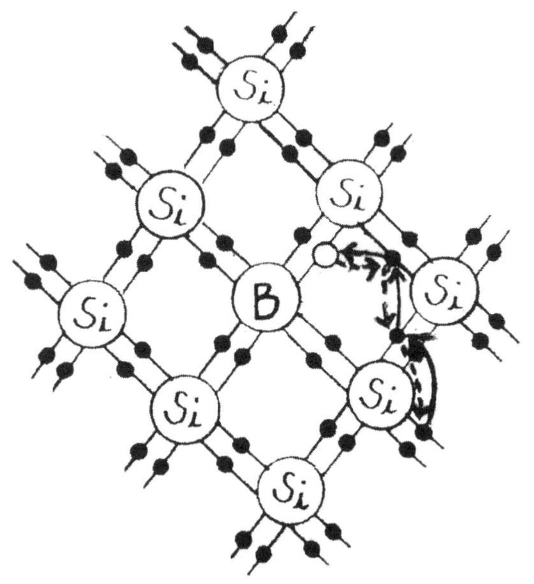

図 12-3　p 型半導体の正孔の生成

●：電子　　○：正孔

真性半導体と不純物（アクセプター）の種類を変えることによって、p型半導体も多くの種類が存在する。

例えば、Siのダイヤモンド構造結晶（真性半導体）に、アクセプターとして、Siより価電子が1個少ないⅢ族の元素（B，Al，Ga，Inなど）をドープした半導体はp型半導体である。上図はSiにB（ホウ素）をドープした場合である。B原子はSi原子と置き換わって、ダイヤモンド構造の一員となっている。

B原子の3個の価電子は、隣接する4個のSi原子と共有結合するのに1個不足している。その為、B原子の周りに、共有結合電子の無い穴が空いている。この穴(○)は正電荷をもつ粒子のように振る舞うので、“正孔”と呼ばれる。正孔は、近くの共有結合電子(●)を次々と受け入れることによって、結晶内を自由に運動し、電気伝導に寄与する。従って、p型半導体のキャリアは正孔である。

(4) p 型半導体と n 型半導体のバンド構造

下図に、p 型半導体と n 型半導体のバンド構造を示す。

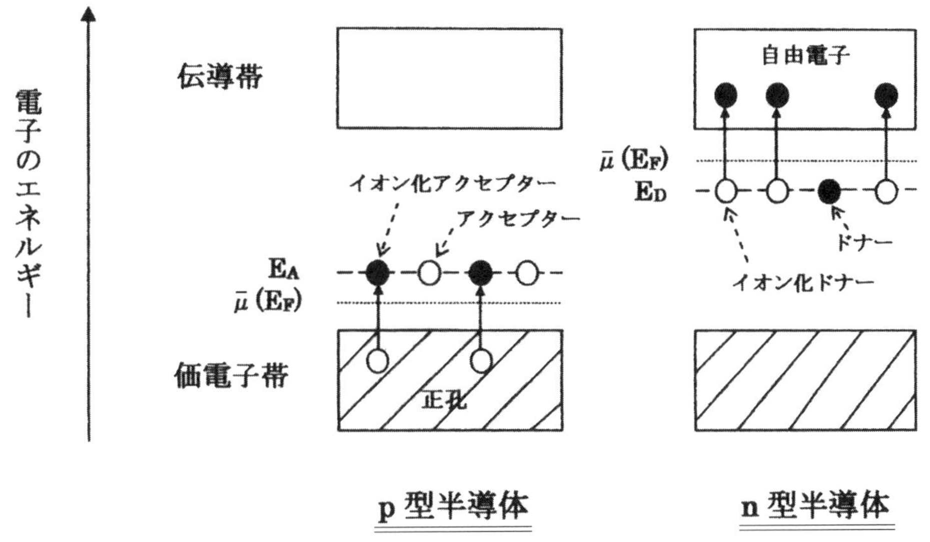

図 12-4　p 型半導体と n 型半導体のバンド構造

$\bar{\mu}$ (E_F)：電子の電気化学ポテンシャル（フェルミ準位）
E_A：アクセプター準位　　E_D：ドナー準位
(斜線部分は電子が入っている。)

(i) p 型半導体

p 型半導体は、ドーピングされた不純物が電子を受け取る元素、即ち、アクセプターである。

アクセプター（不純物）は、価電子帯のすぐ上にアクセプター準位を持っている。従って、価電子帯の電子は容易にアクセプターへ熱励起される。そして、アクセプターは負にイオン化され、イオン化アクセプターとなる。

一方、価電子帯の電子の抜け後に、正孔が生ずる。正孔は価電子帯の中を（従って、半導体結晶の中を）自由に動くことが出来る。（図 12-3 参照）しかし、イオン化アクセプターは結晶格子の一員として固定されている。従って、p 型半導体のキャリア（電気の運び手）は正孔のみである。

p 型半導体の場合、positive charge（正電荷）の正孔がキャリアとなるので、頭文字を取って、p 型半導体と命名されている。

（ii） n 型半導体

n 型半導体は、ドーピングされた不純物が電子を与える元素、即ち、ドナーである。

ドナー（不純物）は、伝導帯のすぐ下にドナー準位を持っている。従って、ドナー準位に居る（ドナーの）余分な価電子は、容易に伝導帯に熱励起される。そして、ドナーは正にイオン化し、イオン化ドナーとなる。

伝導帯に移った電子は、伝導帯の中を（従って、半導体結晶の中を）自由に動くことが出来る。しかし、イオン化ドナーは結晶格子の一員として固定されている。従って、n 型半導体のキャリアは自由電子のみである。

n 型半導体の場合、negative charge（負電荷）の電子がキャリアとなるので、頭文字を取って、n 型半導体と命名されている。

Ⅳ．pn 接合による整流作用

ｐ型半導体とｎ型半導体は、それぞれが単独で存在する場合は、単に伝導度 κ（カッパ）が上がるだけで、実用的にほとんど意味を持たない。しかし、これらの半導体を接合すると、エネルギーバンド（即ち、伝導帯と価電子帯）に“傾き”が生じ、今日見られるような半導体の様々な用途が開けて来る。半導体の機能は全てエネルギーバンドの傾きに基づく。半導体機能の中で、電流を一方向に流す“整流作用”が最も基本的である。この節では、pn 接合による整流作用について記述する。

後述しているように、pn 接合による整流作用は全てのコンピューターの作動原理の土台となるもので、この節（Ⅳ）はその意味でも大切である。

(1) 接合前のバンド構造

接合前のｐ型半導体とｎ型半導体のバンド構造は、既に図 12-4 に示している。ここで、再びこの図を眺めて頂きたい。

ｎ型半導体の（電子の）電気化学ポテンシャル $\bar{\mu}$（$\bar{\mu}$ はフェルミ準位 E_F と同一と考えて良い）は、ｐ型半導体の $\bar{\mu}$（E_F）より高い。また、自由電子はｎ型半導体にのみ存在し、正孔はｐ型半導体にのみ存在する。

２つの半導体を接合した場合、$\bar{\mu}$（E_F）が高いｎ型領域に居る自由電子は、ｐ型領域へ移動しようとする。同時に、ｐ型領域の正孔は、ｎ型領域へ移動しようとする。これらの傾向は、物質が高濃度から低濃度へ移動しようとする現象、即ち、拡散からも言える。

(2) 接合後のバンド構造（pn 接合のバンド構造）

ｐ型半導体とｎ型半導体を接合すると、自由電子はｎ型領域からｐ型領域へ、正孔はｐ型領域からｎ型領域へ移動する。

その結果、下図に示すように、ｐ型領域の接合面付近でアクセプターが負にイオン化し、ｎ型領域の接合面付近でドナーが正にイオン化する。その結果、ｐ型領域とｎ型領域は接合面付近でそれぞれ－，＋に帯電し、“空間電荷層”が生じる。空間電荷層の両端の電位差は、拡散電位（V_d）と呼ばれる。（電子の）静電ポテンシャルの差は eV_d となる。

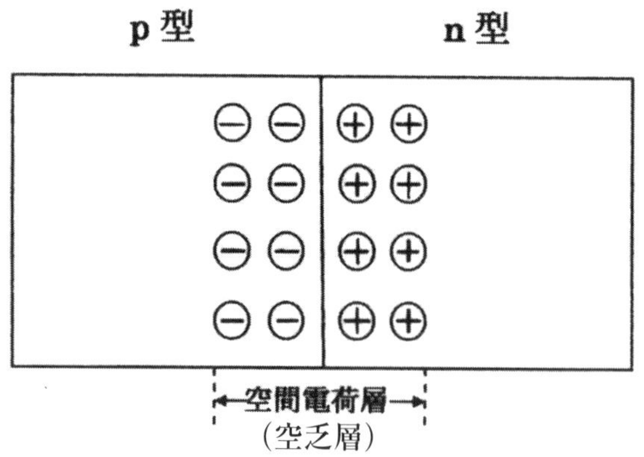

図 12-5　接合面付近に生じた空間電荷層（空乏層（くうぼうそう））

（電子の）静電ポテンシャルの差：eV_d
（e：電気素量　V_d：拡散電位）

結局、空間電荷層において、自由電子と正孔は結合し、消滅する。従って、空間電荷層ではキャリアが存在しない。それ故、空間電荷層は“空乏層（くうぼうそう）”と呼ばれることもある。上図の⊖と⊕は、位置が固定されたイオン化アクセプターとイオン化ドナーであり、キャリア（自由電子，正孔）では無いことに注意しなければならない。

（注意） e に V_d をかけるとエネルギーになることに注意 !!

e：電気素量（電子 1 個の電気量：1.6 × 10^{-19}C）→ e は示量性変数

V_d：拡散電位 → V_d は示強性変数　ここで、d：diffusion（拡散）

一般に、エネルギー = 示量性変数×示強性変数 = eV_d

故に、eV_d は（電子の）静電ポテンシャルの差を表す。

p 型半導体と n 型半導体を接合すると、空間電荷層（空乏層）が生じることによって、バンド構造は図 12-6 のようになる。この場合、外部から電圧をかけていないので、ゼロバイアスである。

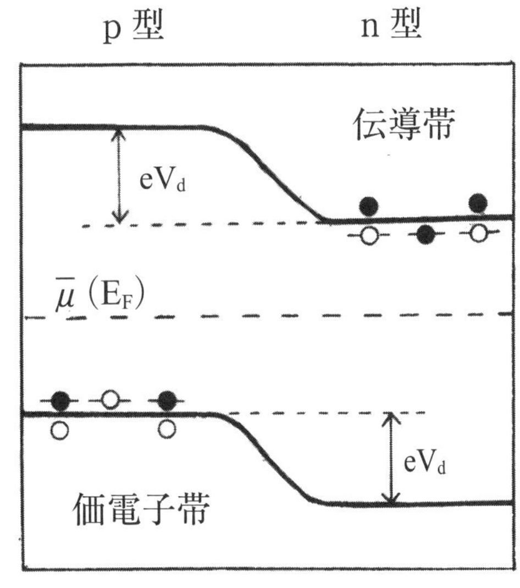

図 12-6　pn 接合のバンド構造

V_a：印加電圧　　eV_d：エネルギー障壁

図 12-5 より、p 型領域には負の電位がかかっているので、p 型領域の電子は負と負の関係により“不安定化”し、高エネルギー状態になっている。一方、n 型領域の電子は正と負の関係により“安定化”し、低エネルギー状態になっている。その結果、p 型領域の伝導帯下端と価電子帯上端は、n 型領域のそれらと比べて、それぞれ eV_d だけ高くなっている。（図 12-6 参照）

その結果、図 12-6 における伝導帯下端と価電子帯上端は、空間電荷層で“曲がり”を生じている。p 型領域と n 型領域における伝導帯下端のエネルギー差（eV_d）は“エネルギー障壁（しょうへき）”と呼ばれる。これは n 型領域の自由電子が p 型領域へ移動するときの障害となる。

この場合、外部から電圧をかけていないので（即ち、ゼロバイアスなので）、平衡状態になっている。一般に、平衡条件は、各領域の電子の電気化学ポテンシャル $\bar{\mu}$（即ち、フェルミ準位 E_F）が等しいことである。従って、$\bar{\mu}$（E_F）は p 型領域と n 型領域で等しくなるので、図 12-6 において、一本の直線となっている。

電子の電気化学ポテンシャル $\bar{\mu}$ は、電子の化学ポテンシャル μ に電子の静電ポテンシャル eV_d を足したものである。故に、次式が成立する。

$$\bar{\mu} = \mu + eV_d$$
$$= \text{フェルミ準位}\ E_F$$

次に、フェルミ準位 E_F について説明しておく。フェルミ準位 E_F は半導体において大切な物理量である。

[フェルミ準位 E_F]

電子がエネルギーEの準位に存在する確率 f(E)は、次の Fermi–Dirac(フェルミ ディラック)分布関数によって与えられる。

$$f(E) = \frac{1}{1 + \exp\left(\dfrac{E - E_F}{kT}\right)} \quad \cdots\cdots \text{フェルミ－ディラック分布関数}$$

ここで、f(E)：電子の存在確率，E：エネルギー準位，

E_F：フェルミ準位，k：ボルツマン定数，T：絶対温度

上式において、$E = E_F$ のとき、$e^0 = 1$ より $f(E) = 1/2$ になる。故に、フェルミ準位 E_F は、電子の存在確率が50%になるエネルギー準位である。

従って、フェルミ準位 E_F は、電子が存在することができる最高のエネルギー準位と考えて良い。何故なら、電子の存在確率 f(E)は、E_F より少し高いエネルギー準位で0(即ち、0%)、E_F より少し低いエネルギー準位で1(即ち、100%)に近くなるからである。(例題12-1参照)

一般に、2つの固体を接触させた場合、電子の移動が起こり、接触面の両側のフェルミ準位 E_F が等しくなったところで平衡となる。

(3) 順バイアスと逆バイアスの比較－整流のメカニズム

(i) 順バイアス

順バイアスとは、p型領域に正の電圧をかけ、n型領域に負の電圧をかけることである。ここで、印加(いんか)電圧は正($V_a > 0$)としている。

(注意) バイアス：外部から電圧をかけること

印加(いんか)電圧(V_a)：外部からかける電圧(V_a：applied voltage)

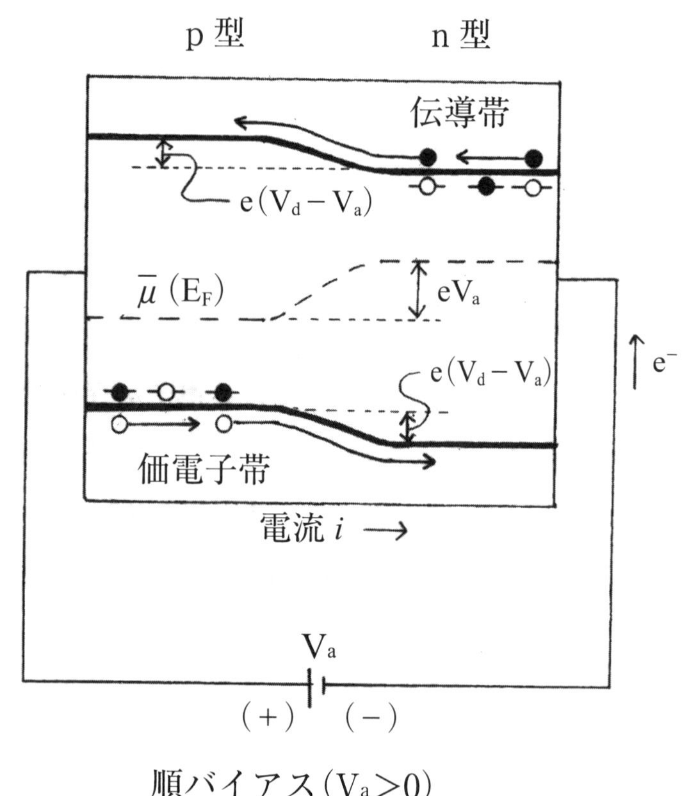

順バイアス($V_a>0$)

図 12-7　順バイアスにおけるバンド構造

V_a：印加電圧　　$e(V_d - V_a)$：エネルギー障壁

p 型領域には正の印加電圧がかかっているので、p 型領域の電子は正と負の関係により、エネルギーは低下する。一方、n 型領域には負の印加電圧がかかっているので、n 型領域の電子は負と負の関係により、エネルギーは上昇する。

その結果、上図において、エネルギー障壁が $e(V_d - V_a)$ となっている。この値は、ゼロバイアス時の eV_d（図 12-6 参照）に比べ、印加電圧分 (eV_a) だけ小さい。この事実から、n 型領域の自由電子が p 型領域へ移動するのは、エネルギー的に有利である。

確かに上図において、電子の電気化学ポテンシャル $\bar{\mu}$（E_F）は、n 型領域に比べ、p 型領域で印加電圧分（eV_a）だけ低くなっている。この事実は、n 型領域の自由電子が自発的に p 型領域へ移動することを意味している。

以上より、順バイアスは次のように結論される。

結論：n 型領域の自由電子は、順バイアス印加電圧 V_a に後押しされながら、比較的緩（ゆる）やかな登り坂を越え、p 型領域へ流れる。この時、電流は逆方向に流れる‼

（ii）逆バイアス

逆バイアスとは、p 型領域に負の電圧をかけ、n 型領域に正の電圧をかけることである。ここで、印加（いんか）電圧は負（$V_a < 0$）としている。

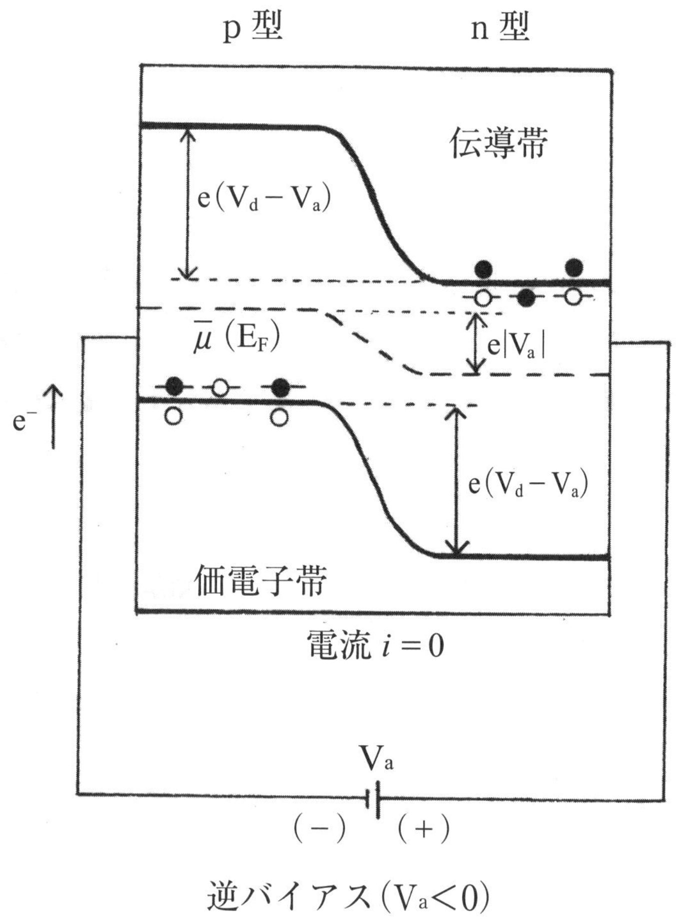

図 12-8　逆バイアスにおけるバンド構造

V_a：印加電圧　$e(V_d-V_a)$：エネルギー障壁

p 型領域には負の印加電圧がかかっているので、p 型領域の電子は負と負の関係により、エネルギーは上昇する。一方、n 型領域には正の印加電圧がかかっているので、n 型領域の電子は正と負の関係により、エネルギーは低下する。

その結果、上図において、エネルギー障壁が $e(V_d-V_a)$ となっている。この値は、ゼロバイアス時の eV_d に比べ、印加電圧分 $e|V_a|$ だけ大きい。この事実から、n 型領域の自由電子が p 型領域へ移動するのは、エネル

ギー的に不利である。

確かに上図において、電子の電気化学ポテンシャル $\bar{\mu}$ (E_F) は、n 型領域に比べ、p 型領域で印加電圧分 $e|V_a|$ だけ高くなっている。この事実から、n 型領域の自由電子が自発的に p 型領域へ移動することは有り得ない。（注意）$|V_a|$：V_a の絶対値

以上より、逆バイアスは次のように結論される。

結論：電気化学ポテンシャル $\bar{\mu}$ (E_F) の上昇、および高いエネルギー障壁によって、n 型領域の自由電子は p 型領域へ移動出来ない。従って、**電流は流れない‼**

（4）pn 接合ダイオードの整流作用

pn 接合ダイオードに順バイアスの電圧をかけた時は電流が流れ、逆バイアスの電圧をかけた時は電流が流れない。この事実は、pn 接合ダイオードが“整流作用”を持つことを意味する。

一般の家庭には交流電源が来ている。私たちが電子機器を使う場合は、交流を直流に変換しなければならない。この時、pn 接合ダイオードの整流器を利用することになる。

［参考］ダイオードとは、半導体で作製された 2 端子素子のことである。現在、pn 接合ダイオード（整流器），発光ダイオード，半導体レーザー，太陽電池などが開発されている。

以下に、pn 接合ダイオードの整流作用、および直流の一種である“脈流”の図を示しておく。

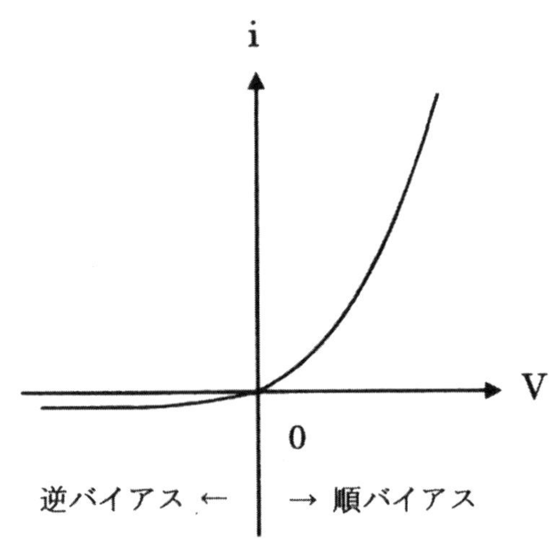

図 12-9　pn 接合ダイオードの整流作用
i：電流　　V：電圧

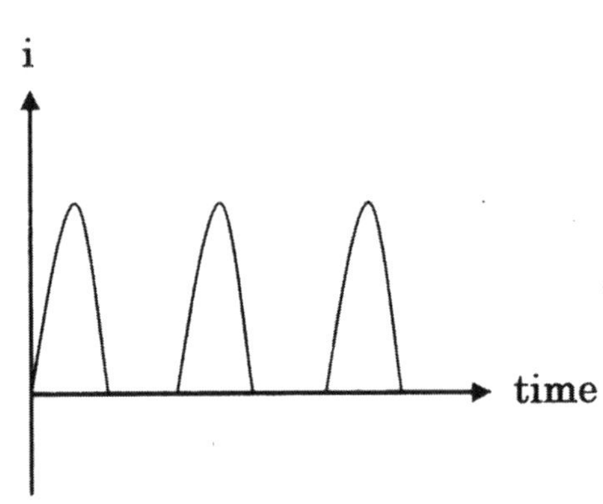

図 12-10　直流の一種である“脈流”

脈流は、平滑回路によって、テレビ，ラジオなどに使われる、強度一定の直流に変えられる。

[コンピューターの作動原理]

pn 接合ダイオードで整流された直流電流をオン/オフすることによって、0 または 1 のシグナルを与える。そして、0 と 1 の連続（例えば、10010001 等々）によって、言語，計算，……等々を可能にしている。これが、全てのコンピューターの作動原理である !!

従って、この節（Ⅳ）で述べた“pn 接合による整流作用”は、現代文明を支える大切な作用であると言える。

V．発光ダイオード（LED：light emitting diode）

pn 接合に順バイアス・電圧をかけ、順方向に電流を流すことによって、発光させる装置が発光ダイオード（あるいは LED）である。

下図に、発光ダイオードの原理を示す。

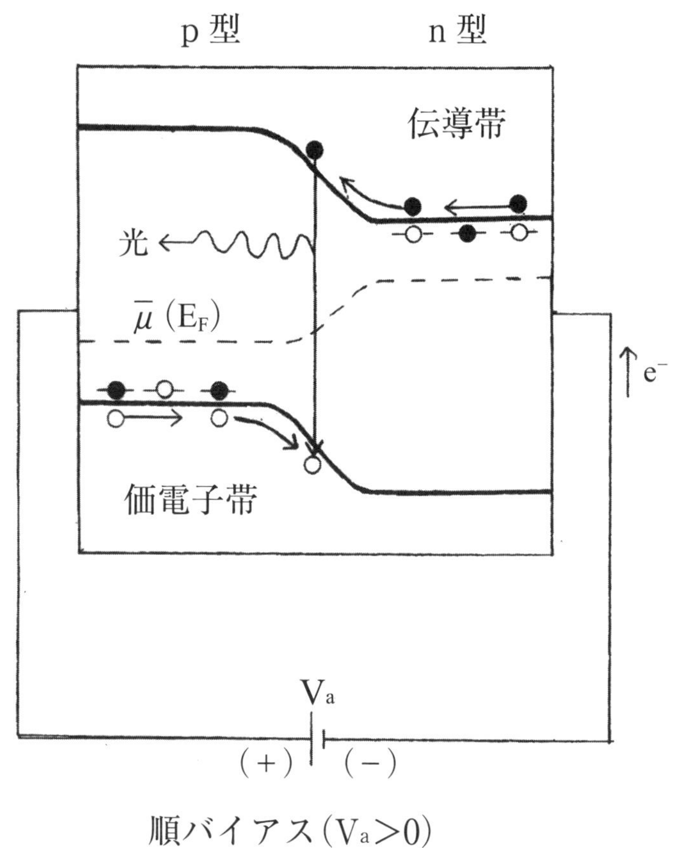

図 12-11　発光ダイオード（LED）の原理図

pn 接合に順バイアス電圧をかけると、電子は n 型領域から p 型領域へ、正孔は p 型領域から n 型領域へ移動する。この際、空間電荷層（図 12-5 参照）で、電子が正孔と再結合し、エネルギー ギャップ（E_g）を光として放出する。これが発光ダイオード（LED）の原理である。

現在、LED は白熱電球，蛍光灯に代わる照明器具として注目されている。LED は熱エネルギーを経由することなく、電気エネルギーを直接、光エネルギーに変換する。従って、エネルギー変換効率が極めて高いことが長所として挙げられる。その他、高温にならず、寿命が長いことも LED の長所である。

［発光ダイオードから得られる光の色］

ここで、放出される光の波長を λ（ラムダ）、波数を ν（ニュー）、光速を c、プランク定数を h、エネルギー ギャップを E_g とすると、次式が成立する。

$$h\nu = E_g \quad (\leftarrow \text{光エネルギー } E = h\nu)$$

ここで、波数 $\nu = c/\lambda$ の関係より、$h(c/\lambda) = E_g$ が成立する。

故に、$\lambda = hc/E_g$

上式に、$h = 6.626 \times 10^{-34}$Js と $c = 2.998 \times 10^{8}$ms^{-1} を代入し、$1\text{eV} = 1.6 \times 10^{-19}$J の関係を用いると、次の関係が得られる。

$$\lambda(\text{nm}) = 1240 / E_g(\text{eV})$$

例えば、半導体の E_g が 2.4eV の場合は、1240/2.4 = 517nm の光が放出される。

従って、E_g が異なる半導体を用いれば、いろいろな波長の光、即ち、いろいろな色の光を発光させることが出来る。

最近、窒化ガリウム(GaN)系の化合物半導体（$E_g = 3.4eV$）を用いることによって、実現困難とされて来た青色発光が可能となり、現在では、光の三原色（赤，緑，青）全てが発光可能となっている。従って、ほとんど全ての色の光が利用可能となっている。

表12-4　発光ダイオード（LED）の半導体と発光色

半導体	発光色
InGaAs，GaAs，AlGaAs	赤外線，<u>赤</u>
GaAsP，GaP，AlGaInP	<u>赤</u>，橙，黄、<u>緑</u>
InGaN，GaN，AlGaN	<u>緑</u>，<u>青</u>，紫、紫外線

―：光の三原色

［参考］青色発光ダイオードの発明で、日本人研究者の赤崎 勇、天野 浩，中村修二の3人の先生方が、2014年ノーベル物理学賞を受賞されている。

［半導体レーザー］

半導体レーザーは、pn接合に順バイアスの電圧をかけて発光させる。従って、半導体レーザーの発光原理は、誘導放出など、いくつか相違点は有るが、基本的には発光ダイオードと同じである。

現在、半導体レーザーは、レーザーポインター，光通信などに利用されたり、CD，DVD，Blu-rayなどの信号読み取り用ピックアップレーザーとして利用されたり、……　色々なところで利用されている。

Ⅵ．太陽電池

太陽電池は、pn 接合の空間電荷層に光を照射することによって、外部に電流を取り出す装置である。従って、太陽電池は発光ダイオード（LED）と反対の作用を行なう。

下図に、太陽電池の原理を示す。

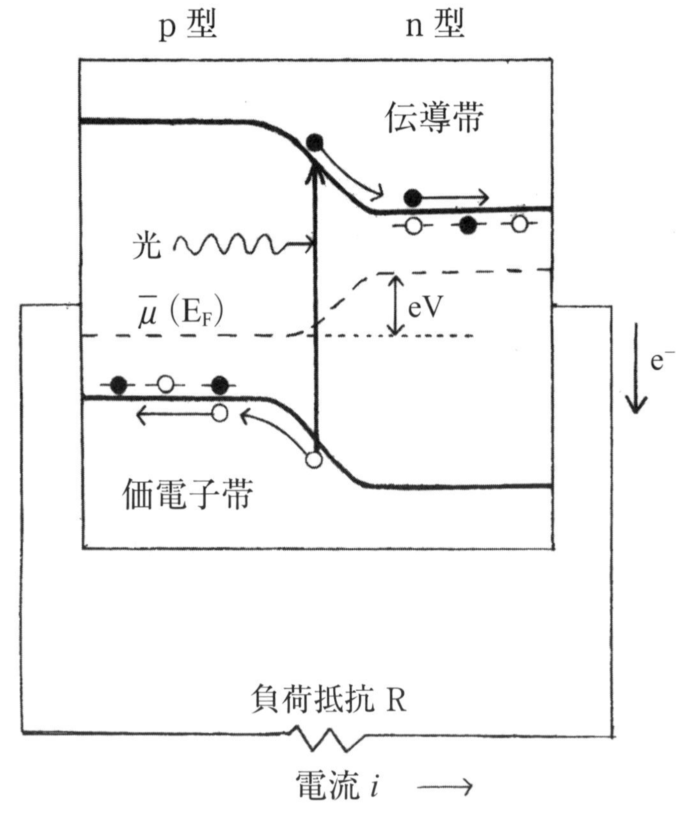

図 12-12　太陽電池の原理図

空間電荷層に、エネルギーギャップ (E_g) 以上のエネルギーを持つ光を照射すると、価電子帯の電子は伝導帯に励起される。価電子帯の電子の抜け穴は正孔となり、電子 - 正孔対が生じる。次に、電子は伝導帯の曲がりに沿ってｎ型領域へ移動し、正孔はｐ型領域へ移動する。電子と正孔の移動は、高エネルギーから低エネルギーへの移動である。

電子と正孔の移動の結果、ｎ型領域は（電子過剰のため）負の電位が発生し、ｐ型領域は（正孔過剰のため）正の電位が発生する。その結果、電子の電気化学ポテンシャル $\bar{\mu}$ (E_F) は、ｎ型領域で（負と負の関係により）高くなり、ｐ型領域で（正と負の関係により）低くなる。$\bar{\mu}$ (E_F) の差が eV になった場合（上図参照）、光照射（光エネルギー）によって生じる“光起電力”は最大Ｖとなる。太陽電池は光起電力Ｖを駆動力として、外部回路に電流を流す。このように、太陽電池は光エネルギーを電気エネルギーに直接、変換する。

（注意）起電力：回路に電流を流すための駆動力となる電圧

今、太陽電池の外部回路に負荷抵抗Ｒ（例えば、電球，テレビ，冷蔵庫）をつないだ場合を考える。（上図参照）ｎ型領域に移動して来た電子とｐ型領域に移動して来た正孔は、それぞれ外部回路に流れて行き、外部回路に電流が流れる。この時の電流をｉとすれば、太陽電池から得られる電力Ｐ（Ｗ：ワット）は次式で表される。$P = Vi = (Ri)i = Ri^2$

現在、太陽電池に利用されている半導体には、単結晶 Si（変換効率は 20％程度），アモルファス Si（12％程度），GaAs（25％程度），多結晶 $CuInSe_2$（14％程度）などがある。

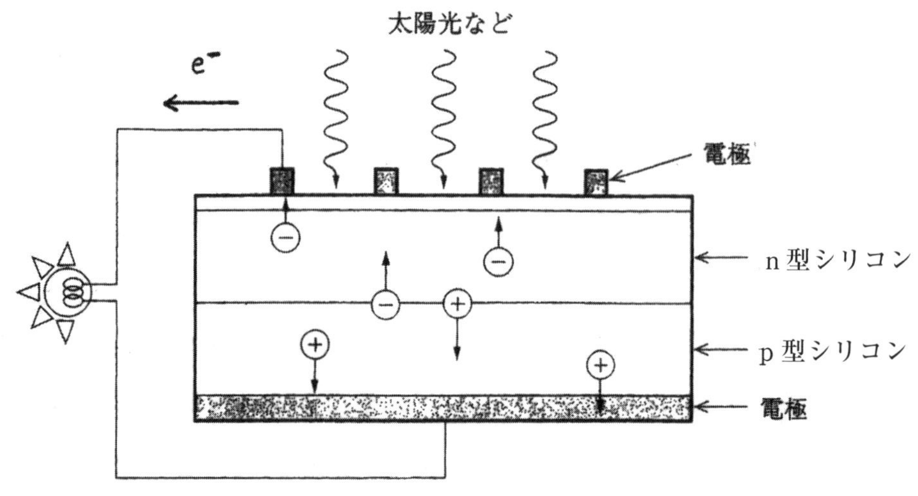

図 12-13　一般的な太陽電池

Ⅶ．湿式太陽電池

湿式太陽電池は、半導体電極と金属対極を電解質溶液に浸すことによって作られる。従って、ここで問題になるのは、半導体／電解質溶液の界面エネルギー図である。この場合も、pn 接合と同様な現象が起こる。この節では、半導体／電解質溶液の界面エネルギー図によって、湿式太陽電池の原理を理解して頂きたい。

しかし、湿式太陽電池は、そのままの形では、色々な問題を抱(かか)えているので利用できない。どうしても、色素の助けを借りなければならない。そこで、湿式太陽電池は“色素増感太陽電池”として利用することになる。後述するグレッツェル－セルで代表される色素増感太陽電池は、Ⅵ．太陽電池、で記述した“一般的な太陽電池”（図 12-13 参照）と並んで、将来の太陽エネルギー変換装置として期待されている。

(1) n型半導体／電解質溶液の界面エネルギー図

湿式太陽電池と後述する光触媒は、ほとんどの場合、n型半導体が用いられている。従って、ここでは、n型半導体／電解質溶液の界面エネルギー図を示しておく。

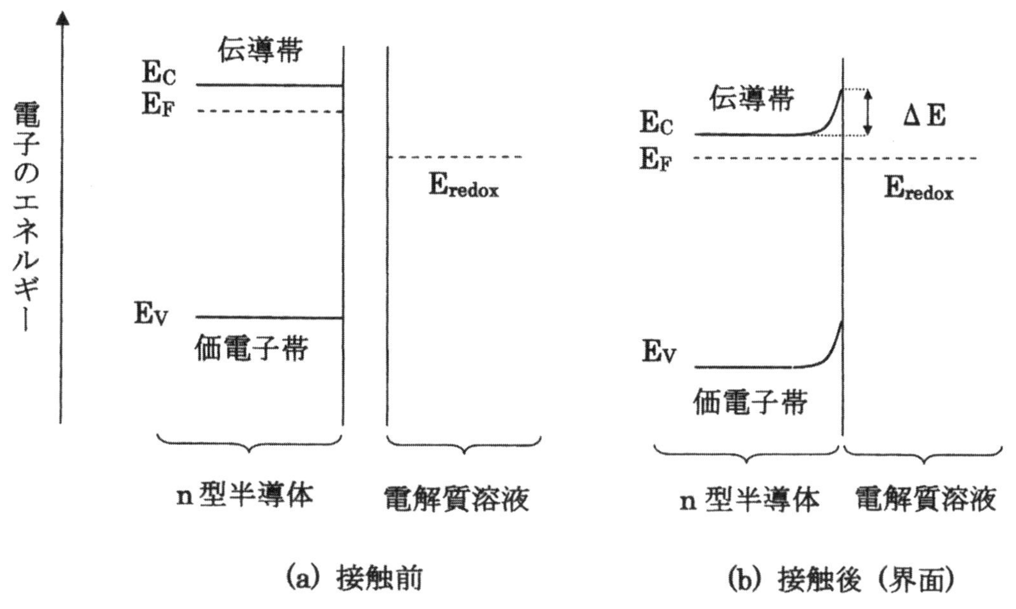

図12-14　n型半導体／電解質溶液の界面エネルギー図
（図12-4参照）

E_C：伝導帯下端のエネルギー準位
E_V：価電子帯上端のエネルギー準位
E_F: フェルミ準位　　E_{redox}：酸化還元電位
ΔE：ショットキー障壁

今ここに、n型半導体と、n型半導体のフェルミ準位 E_F より低い酸化還元電位 E_{redox} をもつ電解質溶液がある。（上図(a)参照）E_{redox} は電解質溶液のフェルミ準位 E_F と考えて良い。これらn型半導体と電解質溶液を接触させると、上図(b)のような界面エネルギー図に変化する。以下、そのメカニズムを説明する。

E_F と E_{redox} の差により、伝導帯の自由電子が電解質溶液に移動する。移動した電子は電解質溶液の酸化体（Ox）を還元する。半導体は電子を失うので、正にイオン化する。その結果、半導体の電子エネルギーは（正と負の関係により、）低くなる。そこで、半導体の伝導帯下端（E_C），E_F，価電子帯上端（E_V）はそれぞれ低下し、E_F が電解質溶液の E_{redox} と等しくなったところで、n 型半導体と電解質溶液は平衡となる。（上図(b)参照）

ここで、n 型半導体から電解質溶液へ移動した電子は、図 12-4 におけるドナー準位から伝導帯に励起された電子である。故に、半導体に生じた正イオンは、位置が固定されたイオン化ドナーである。従って、半導体の正イオンの位置は固定され、しかもその存在密度は低いのでバラバラに点在している。従って、平衡になるまで、電子が電解質溶液の酸化体（Ox）を還元する為には、表面のドナー電子だけでは足りず、内部のドナー電子も反応に関与する必要がある。その為、半導体の正イオン（イオン化ドナー）は表面から内部にかけて分布する。その結果、上図(b)に示すように、伝導帯下端と価電子帯上端は、半導体の表面から内部に向かって曲線を描きながら低下して行き、電場勾配が生ずる。

曲線の曲がりの範囲は空間電荷層（図 12-5 参照）と呼ばれる。また、バンドの曲がりによる障壁（ΔE）は“ショットキー障壁（しょうへき）”と呼ばれる。

(2) 湿式太陽電池の原理

n型半導体電極を用いた“湿式太陽電池の原理図”を示す。

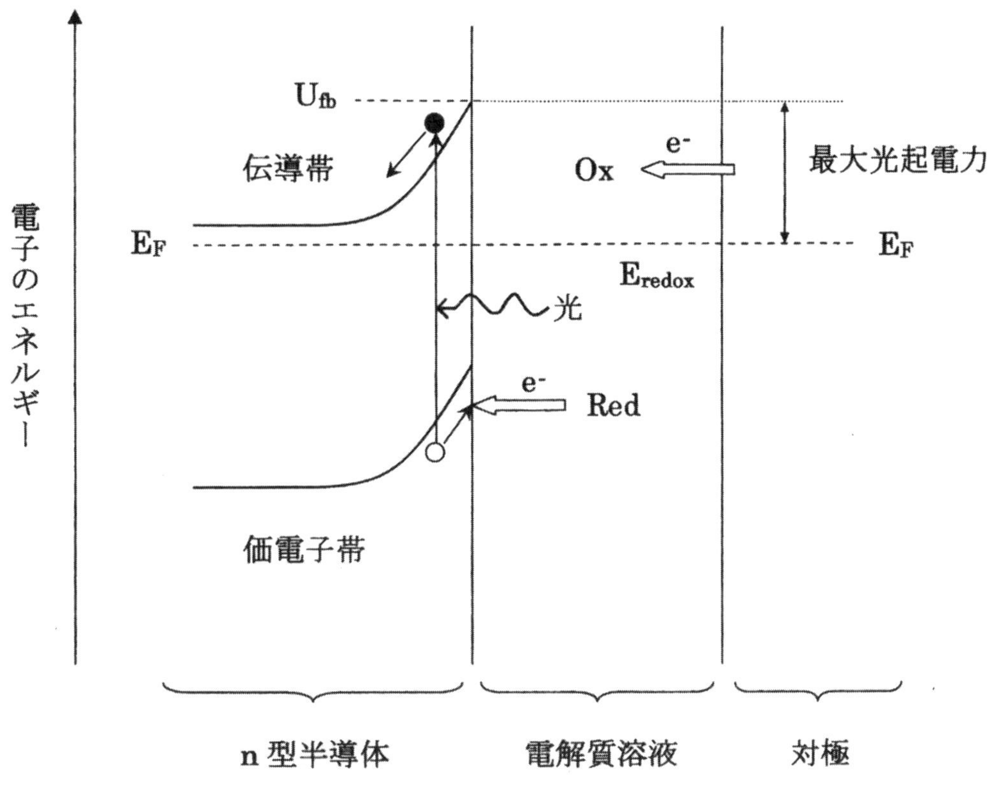

図12-15　湿式太陽電池の原理図（n型半導体の場合）

Ox：酸化体　　Red：還元体　　●：電子　○正孔

E_F：フェルミ準位　　E_{redox}：酸化還元電位

U_{fb}：フラットバンド電位

n型半導体の空間電荷層（空乏層）に光を照射すると、価電子帯の電子が伝導帯に光励起され、電子－正孔対が生ずる。その時、バンドの曲がり（電場勾配）の為に、電子は半導体内部へ移動し、正孔は表面へ移動する。これを“電荷分離”と言う。電荷分離は湿式太陽電池や光触媒において、重要な役割を果たす。電荷分離できない場合は、電子と正孔は＋，－の関係より再結合し、消滅してしまう。その場合は、当然、有効な電気化学反応は望めない。

（注意）電子と正孔はそれぞれ伝導帯と価電子帯に存在し、お互いに離れているように考えがちである。しかし、それはあくまで、エネルギー的に離れていることを意味している。距離的には、電子と正孔はお互いに接近していて、本来、容易に再結合できるのである。

図 12-15 において、半導体内部へ移動した電子は、外部回路を通って対極へ辿（たど）りつく。その電子は電解質溶液の酸化体（Ox）を還元する。一方、半導体表面に辿（たど）りついた正孔は、電解質溶液の還元体（Red）を酸化する。結局、酸化還元系（Ox と Red）を介して、電子が対極から半導体極に移動したことになる。このようにして、回路全体に光電流が流れ続ける。この時、外部回路に電球，テレビなどの負荷抵抗を接続すれば、外部にエネルギーを取り出すことが出来る。以上が湿式太陽電池の原理である。

湿式太陽電池は、ほとんどの場合、n 型半導体の酸化チタン TiO_2 が使われている。他の半導体を電極にした場合は、表面に集まった正孔によって半導体自身が酸化され、イオンになって水溶液中に溶け出してしまうからである。しかし、TiO_2 にも弱点がある。TiO_2 はバンドギャップ E_g が大きく、紫外線だけしか吸収できず、太陽光エネルギー（紫外線：4%）の利用効率が非常に低い。以上の理由で、湿式太陽電池はそのままの形では利用できそうもない。将来的には、湿式太陽電池は“色素増感太陽電池”（後述）として利用されることになりそうである。

しかし、湿式太陽電池の研究において、酸化チタン TiO_2 の非常に特異な、且つ、有意義な性能が発見されたことは幸運であった。東京大学の本多健一先生と藤嶋 昭先生が“TiO_2 電極による水の光分解”を Nature に報告された（1972年）のが発端となって、TiO_2 の特異な有意義な性能が世界的に認められるようになった。それ以来、TiO_2 はエネルギー問題と環境問題の解決の切り札として注目されている。現在、「TiO_2 電極による水の光分解」は、本多 - 藤嶋効果と呼ばれている。

(3) 本多－藤嶋効果：TiO_2 電極による水の光分解

以下に、本多－藤嶋効果を示す図を２つ載せておく。もちろん、ここで示す電池も湿式太陽電池である。

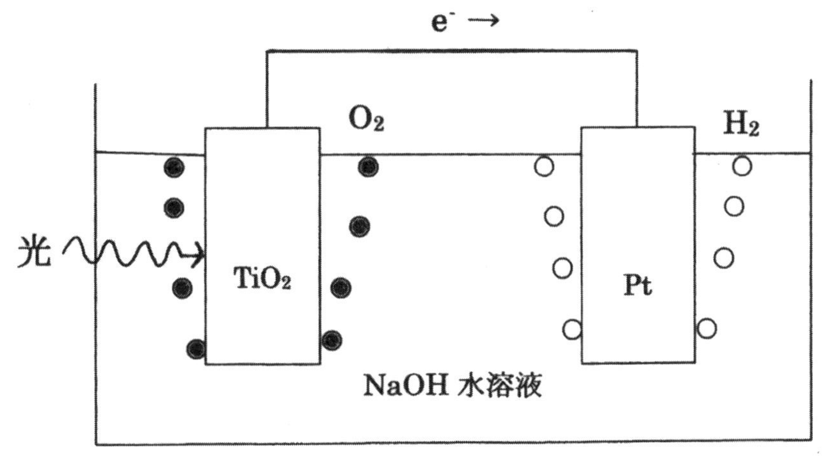

図 12-16　本多－藤嶋効果の原理
TiO_2： n 型半導体

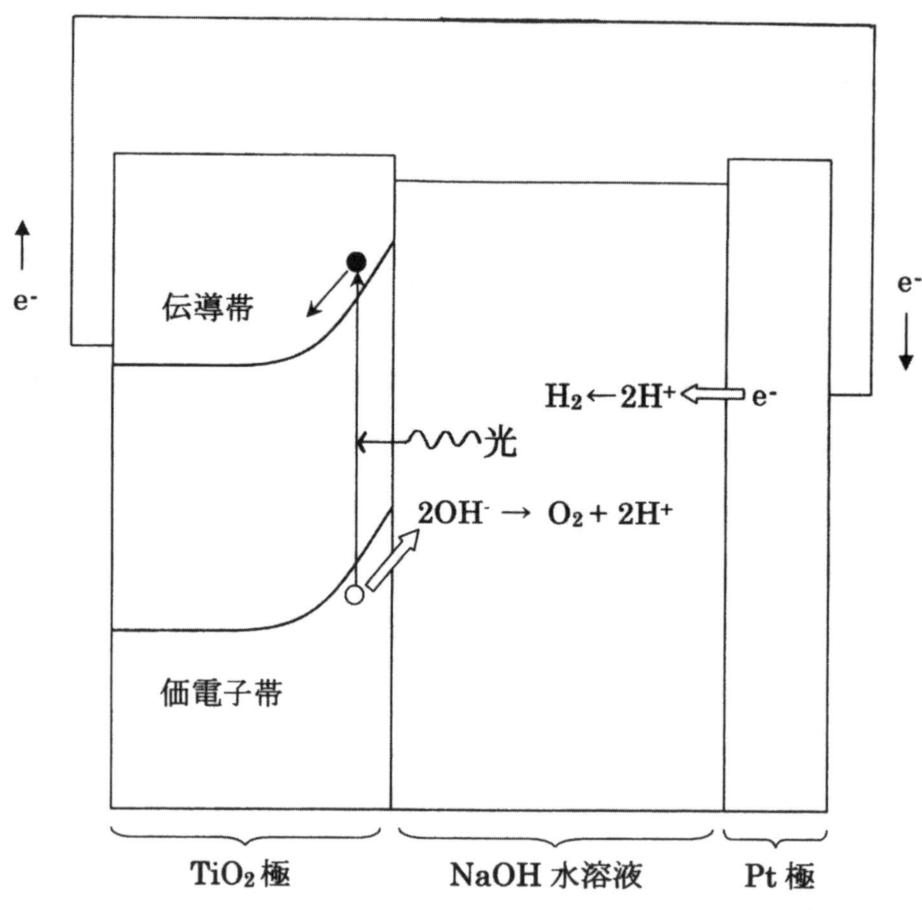

図 12-17　本多－藤嶋効果：TiO_2 電極による水の光分解

●：電子　　○正孔：　　TiO_2：n 型半導体

TiO_2 電極と Pt 電極を NaOH 水溶液の中に浸し、TiO_2 電極に禁制帯の幅、即ちエネルギーギャップ（E_g）以上のエネルギーをもつ光を照射すると、水素ガス（H_2）と酸素ガス（O_2）が発生し、同時に外部回路に光電流が流れる。この現象が本多 - 藤嶋効果である。本多 - 藤嶋効果の発見によって、水を太陽光だけで水素と酸素に分解できることが初めて明らかにされた。これはエネルギー問題の本質的解決に向けての大きな前進とされている。さらに、この現象は植物の光合成と類似している点でも興味が持たれている。

（注意）E_g：禁制帯の幅，エネルギーギャップ，or バンドギャップ
（図 12-1 参照）

次に、図 12-17 により、本多－藤嶋効果を電子と正孔に注目しながら説明する。先ず、価電子帯の電子が光励起されて伝導帯に移る。電子の抜け穴は正孔となる。電子は伝導帯の曲がりに沿(そ)って半導体内部に移動し、外部回路を通って Pt 電極に辿(たど)りつき、NaOH 水溶液の H^+ を還元し、水素ガス (H_2) を発生させる。一方、正孔は半導体表面に移動し、NaOH 水溶液の OH^- を酸化し、酸素ガス (O_2) を発生させる。

この場合も、NaOH 水溶液の H^+ と OH^- を介して、電子が Pt 極から TiO_2 極へ移動している。

水素は燃焼すると水になり、その時、他の物質を出さないことから、“クリーン エネルギー”として大切なエネルギー源とされている。

本多－藤嶋効果の発見（1972 年）を契機に、世界の科学者がエネルギー問題の本質的な解決を求めて、TiO_2 電極を用いた湿式太陽電池の研究開発に取り組み始めた。この方向での研究は、現在も色々な形で、精力的に行われている。

しかし、一方で、1990 年頃から新たな研究方向が芽生えて来た。強力な酸化力を有する酸化チタン TiO_2 を環境浄化に役立てることを目的にした“光触媒”の研究が始まった。この方向での研究は、既に、一部、実用化されていて、私たちは現在その恩恵を受けている。

［水を光分解するための条件］

下図に、半導体の伝導帯下端と価電子帯上端の電位、および、水の還元電位（H_2/H_2O）と酸化電位（O_2/H_2O）が示してある。

半導体が水を光分解できる条件としては、伝導帯下端が水の還元電位 H_2/H_2O（0 V）より高く、かつ、価電子帯上端が水の酸化電位 O_2/H_2O（1.2 V）より低い必要がある。即ち、下図において、伝導帯下端と価電子帯上端が、水の還元・酸化電位（0 V と 1.2 V）を挟(はさ)む必要がある。

この条件が満足されると、伝導帯の電子が水（の H^+）を還元して、H_2 を発生させ、価電子帯の正孔が水（の OH^-）を酸化して O_2 を発生させる。（図 12-17 参照）即ち、光エネルギーによって、水の光分解が進行する。

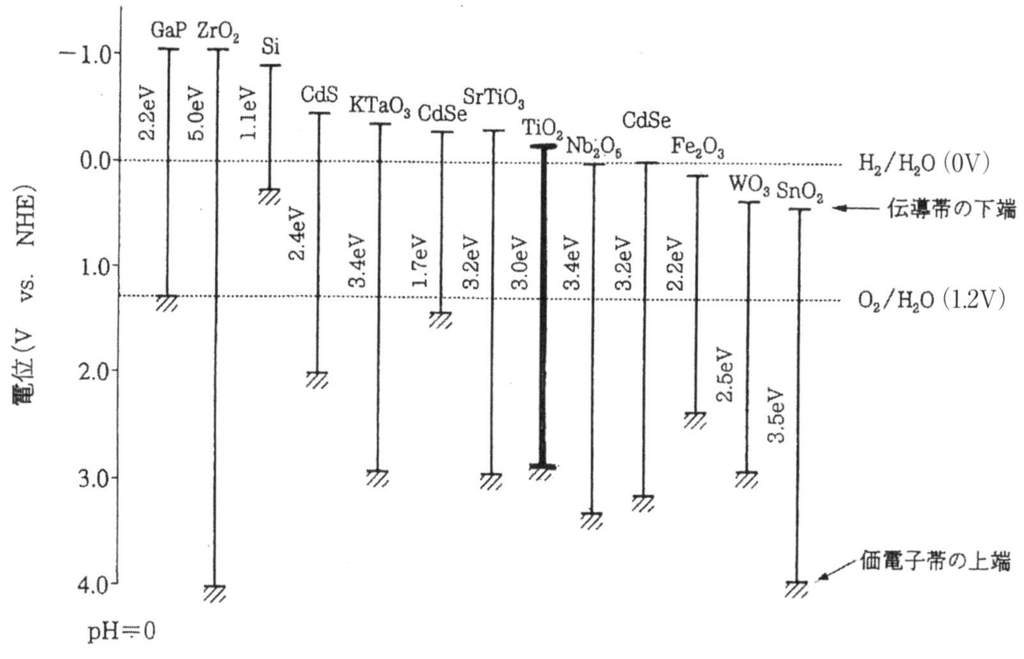

図 12-18　半導体の伝導帯の下端と、価電子帯の上端のエネルギー準位

NHE：標準水素電極（normal hydrogen electrode）の略号。
SHE（standard hydrogen electrode）も使われる。

図 12-18 において、水を光分解するための条件を満たしている半導体は、ZrO_2, CdS, $KTaO_3$, CdSe, $SrTiO_3$, TiO_2 である。しかし、TiO_2 以外の半導体を電極としたときは、電極自身が正孔により酸化されて溶解するなど、実用上の問題を抱えている場合が多い。従って、ほとんどの場合、酸化チタン TiO_2 電極が利用されている。

［参考］図 12-18 から、次のことも言える !!

伝導帯下端の電位が高い（負の方向に大きい）程、還元力（電子を与える力）が大きい。反対に、価電子帯上端の電位が低い（正の方向に大きい）程、酸化力（電子を受け取る力）が大きい。

TiO_2 の伝導帯下端の電位は、水の還元電位（0 V）より僅(わず)かに高いだけである。一方、価電子帯上端は水の酸化電位（1.2 V）より遥(はる)かに低い。従って、TiO_2 の水に対する還元力はそれ程大きくないが、酸化力は非常に大きい。

「TiO_2 の酸化力は非常に強い！」とよく言われるが、その根拠は、価電子帯上端が非常に低い（約 3 V）ことにある。この事実は、後述する TiO_2 光触媒を扱う時に重要になる。

(4) 色素増感(ぞうかん)太陽電池

色素増感とは、色素を湿式太陽電池の半導体電極に deposit(デポジット)（付着）させることによって、湿式太陽電池のエネルギー変換能力を色素の吸収波長にまで広げることである。

湿式太陽電池の半導体電極によく用いられる酸化チタン TiO_2 は、エネ

ルギーギャップ E_g が大きく、紫外線しか吸収できない。太陽光は主に可視光線と赤外線から成っていて、紫外線は4%含むに過ぎない。(図12-21参照) 従って、太陽光エネルギーを有効に利用する為には、色素増感太陽電池を開発する必要がある。以下、色素増感太陽電池の原理と、開発の現状を述べる。

(i) 色素増感太陽電池の原理

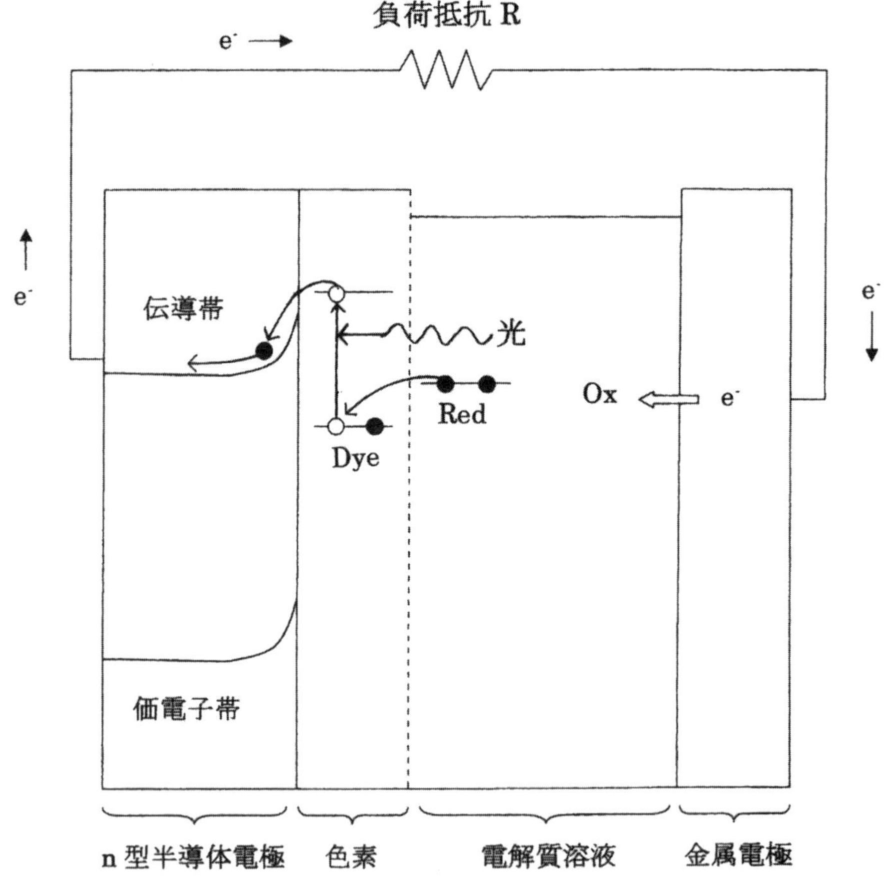

図 12-19　色素増感太陽電池の原理

Ox：酸化体　　Red：還元体
●：電子　　Dye：色素

太陽光をこの図の色素（Dye）に当てると、色素の電子が励起され、上のエネルギー準位へ上がる。この励起電子はn型半導体の伝導帯へ移り、伝導帯の曲がりに沿って内部へ移動し、外部回路を通って金属電極へ辿（たど）りつき、電解質溶液の酸化体（Ox）を還元する。一方、電子を失った色素は、電解質溶液の還元体（Red）から電子を受け取る。その結果、還元体（Red）は酸化体（Ox）になる。この場合も、電子は酸化体（Ox）と還元体（Red）を介して、金属電極から半導体電極へ移動する。（図12-19参照）

［参考］著者（稲村）らによって観察された、クロロフィルa-PVA複合体フィルム—SnO_2電極による光電流（図6-11，図6-12）も、上記のメカニズムによって発生していると考えられる。　SnO_2：n型半導体（6章，V，(4)，(iv)参照）

色素増感太陽電池においては、光の吸収は色素が担当し、電荷分離は半導体が担当している。（これまで述べた太陽電池は、2つとも半導体が担当していた。）また、色素増感太陽電池においては、価電子帯に正孔が生じないので、電子-正孔の再結合を回避できるメリットが有る。

しかし、色素増感に寄与できる色素は、半導体表面に直接、触（ふ）れている単分子層の色素に限定される。その為、色素増感太陽電池のエネルギー変換効率は高々1%である。従って、この電池を実用化する為には、効率をもっと上げる必要がある。

（ii）グレッツェル・セル

M. Gratzel（グレッツェル）らは、上記の色素増感太陽電池の問題点を克服して、グレッツェル・セル（Gratzel cell）を開発した（1991年）。グレッツェル・セルは、現在、最も期待されている色素増感太陽電池である。

下図に、グレッツェル・セルの構造と原理を示す。

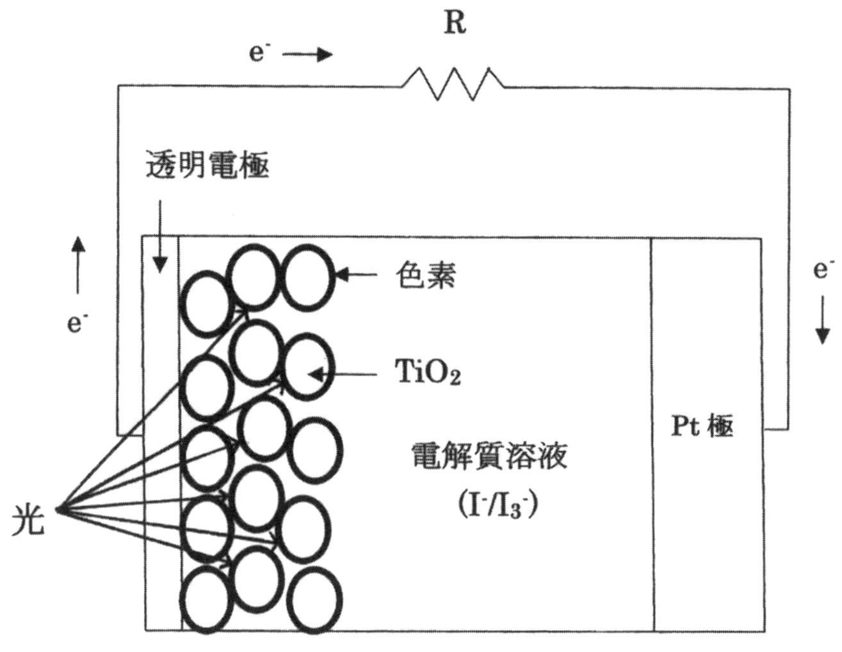

図 12-20　グレッツェル・セルの構造と原理

グレッツェルらは、色素増感の効率を上げる為に、TiO_2 のナノ粒子を焼結して、多孔質で表面積の大きい電極を作り、その表面にルテニウム(Ru)錯体色素を単分子層で吸着させた。

下図に示すように、グレッツェル・セル〔色素：$RuL_2(NCS)_2$〕は太陽可視光を高効率で利用することが出来る。現在、グレッツェル・セルの太陽光エネルギー変換効率は 11％に達している。市販されているシリコン（Si）太陽電池に比べて、劣っていない。また、製造コストは格段に安い。将来、電池寿命が長くなれば、グレッツェル・セルは世界的に利用される可能性がある。既に、海外では一部利用されている。

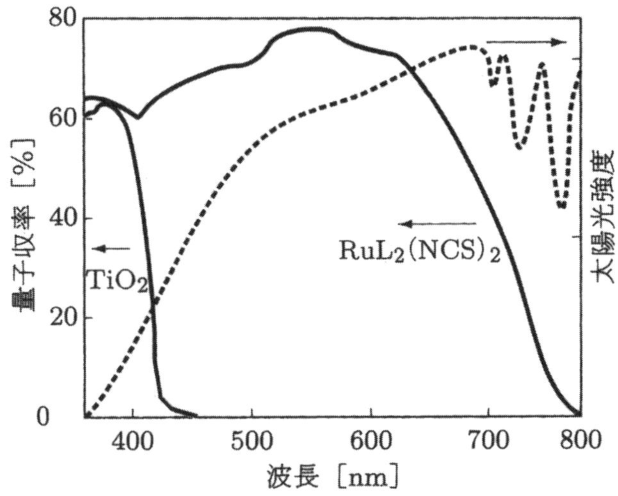

図 12-21　グレッツェル・セルの量子収率

HOOC　COOH　N　Ru　SCN　SCN　HOOC　COOH

ルテニウム（Ru）
錯体色素

グレッツェル・セルに用いられる増感色素の一例

Ⅷ. 光触媒

光触媒は光照射下で触媒作用する物質の総称である。従って、クロロフィルなども光触媒の中に入る。しかし、現在、普通に光触媒と言うときは“半導体光触媒”を指す場合が多い。従って、以下、「光触媒」と記述した場合は、半導体光触媒を意味している。

光触媒は粉末あるいは薄膜で使われる。粉末，薄膜、いずれの場合も、光がよく当たるように、表面積が大きくなるように作られている。

光触媒の応用は、次の２つである。

⑴ 水素生産（エネルギー生産） ⑵ 環境浄化

(1) 水素生産（エネルギー生産）

本多 - 藤嶋効果（酸化チタン TiO_2 電極による水の光分解）は、水中の TiO_2 光触媒粉末に太陽光を照射するだけで起こることが分かって来た。（下図参照）その結果、非常に単純な作業工程で、しかも非常に低コストで、水素生産できる可能性が出て来た。このことは、人類のエネルギー問題を本質的に解決できる可能性が出て来たことを意味している。

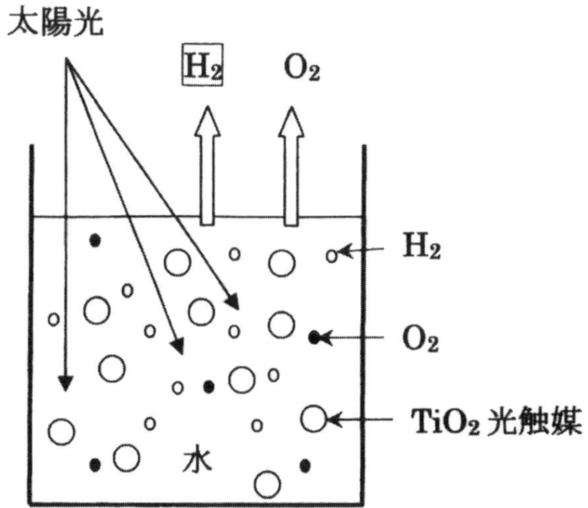

図 12-22　水からの水素生産（本多－藤嶋効果）

TiO_2 光触媒における反応メカニズムを下図に示す。

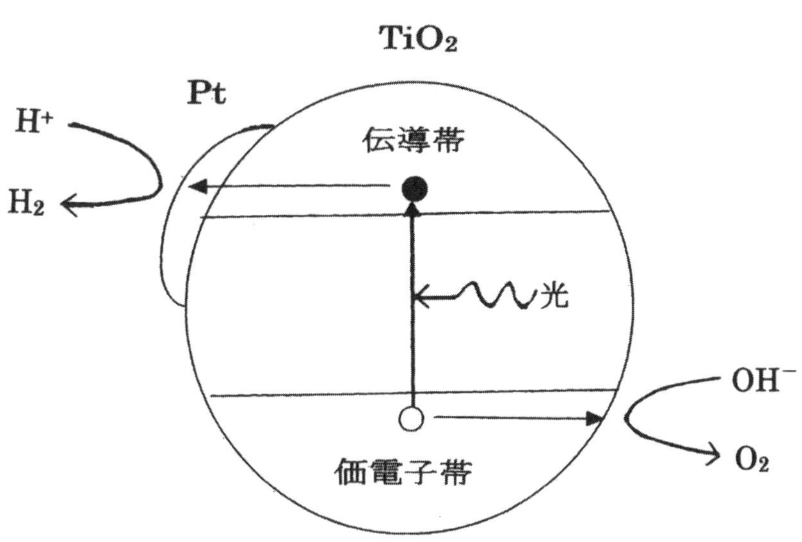

図 12-23　TiO_2 光触媒による水の光分解

●：電子　　○：正孔　　Pt：白金助触媒

（注意）TiO_2 粒子に助触媒 Pt が担持（付着）されている。この場合、助触媒 Pt は還元反応 $H^+ \rightarrow H_2$ を触媒する。

TiO_2 光触媒に光を照射すると、価電子帯の電子は伝導帯に励起され、価電子帯には正孔が生じる。励起電子は助触媒 Pt に行き、H^+ を還元して H_2 を生じる。一方、正孔は TiO_2 粒子の表面に行き、OH^- を酸化して O_2 を生じる。（図 12-23，図 12-17 参照）

[可視光が利用できる光触媒の開発]

TiO_2 は可視光が利用できないという大きな欠点を持っている。そこで、現在、可視光が利用できる光触媒を開発することが切望されている。

現在、次の３つの方向で研究開発が行われている。

(1) TiO_2 のエネルギーギャップ (E_g) を小さくする。
(2) TiO_2 以外の、E_g が小さな半導体を使用する。
(3) Ｚスキーム型光触媒を構築して、E_g を小さくする。

（注意）E_g が小さいだけでは不充分である。さらに、その光触媒が水中で溶解しないことも大切な条件となる！

以下、上記(3)の方向での研究開発について記述しておく。

Ｚスキーム型光触媒は、水素生成光触媒と酸素生成光触媒を組み合わせ、それらの間を電子伝達剤で繋（つな）いでいる。（下図参照）この図を右横から見ると、電子の通り道がＺ型をしているのに気付く。因みに、光合成の電子伝達系がＺ型をしていることは有名である。

Ｚスキーム型光触媒では、水の光分解エネルギー（1.23eV）（図 12-18 参照）を２つの E_g で分担すればよい。従って、個々の E_g は小さくて済み、可視光利用が可能となる。

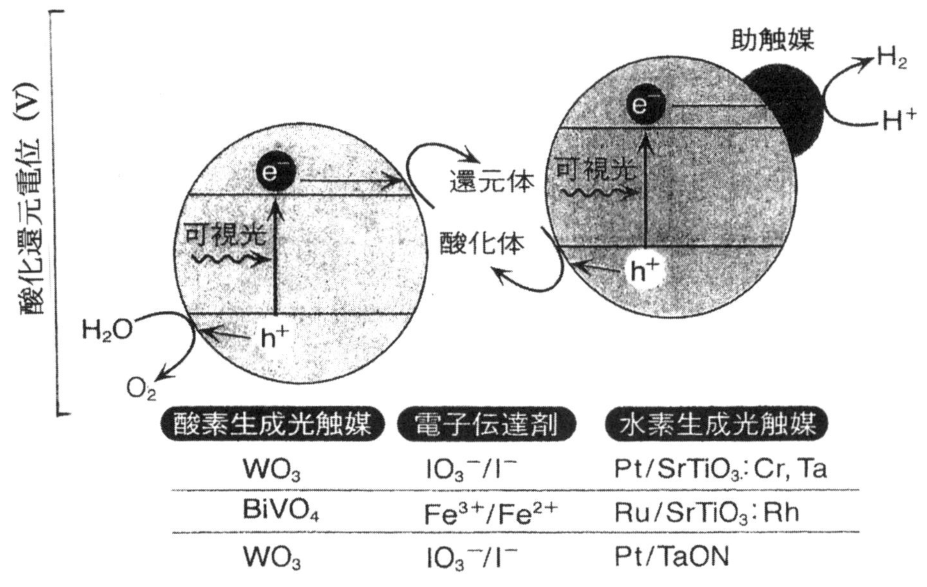

酸素生成光触媒	電子伝達剤	水素生成光触媒
WO_3	IO_3^-/I^-	$Pt/SrTiO_3$: Cr, Ta
$BiVO_4$	Fe^{3+}/Fe^{2+}	$Ru/SrTiO_3$: Rh
WO_3	IO_3^-/I^-	Pt/TaON

図 12-24　二つの光触媒を組合わせたＺスキーム型光触媒による水の可視光分解

本来、光触媒を用いる水素生産の方法は、水素と酸素の混合気体（爆鳴気）が得られるという欠点を持っている。しかし、Ｚスキーム型光触媒では、水素と酸素を別々の反応槽で取り出すことに成功している。（図 12-25 参照）

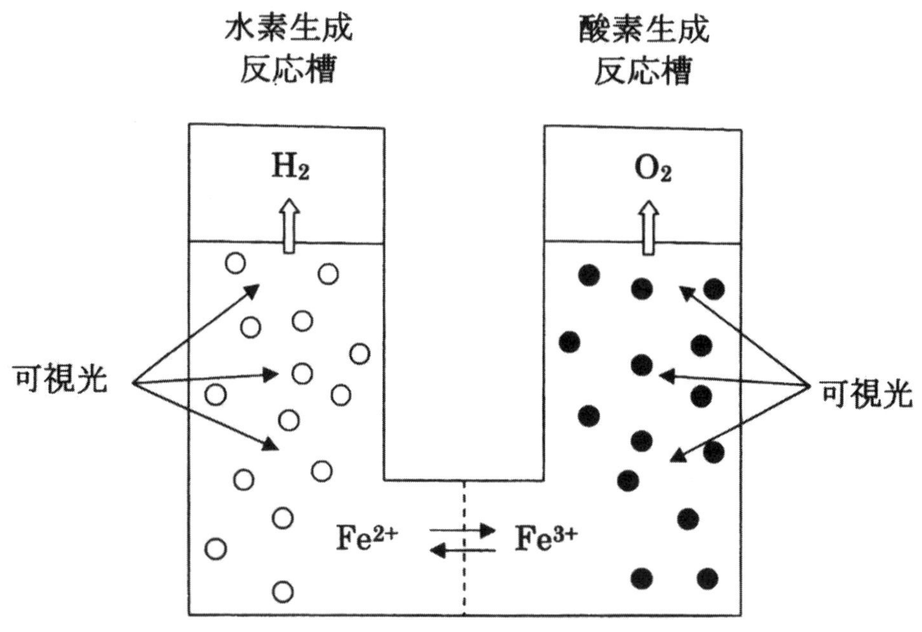

図 12-25　Ｚスキーム型光触媒による水素と酸素の分離生成
○：水素生成光触媒　●：酸素生成光触媒
Fe^{3+}/Fe^{2+}：電子伝達剤　----：多孔質膜

Ｚスキーム型光触媒は、将来、期待できる水素生産系であると言える。

(2) 環境浄化

光触媒は水素生産のみならず、環境浄化でも注目されている。こちらの方は、既に、1990 年代の中頃から実用化が始まり、私たちの生活に密接に関係している。

環境浄化に利用されている半導体は、現在のところ、酸化チタン（TiO_2）だけである。従って、以下、TiO_2 光触媒について説明する。

（ⅰ）TiO_2の強い酸化力

一般に、酸化電位が低い程（正の方向に大きくなる程)、酸化力は大きくなる。（図12-18参照）下図に、TiO_2正孔と、4つの酸化剤の酸化電位を示す。強力な酸化剤とされている$KMnO_4$（1.70V），H_2O_2（1.78V），O_3（2.07V），F_2（2.87V）などと比較して、TiO_2正孔（3.0V）が非常に大きな酸化力を持っていることが分かる。

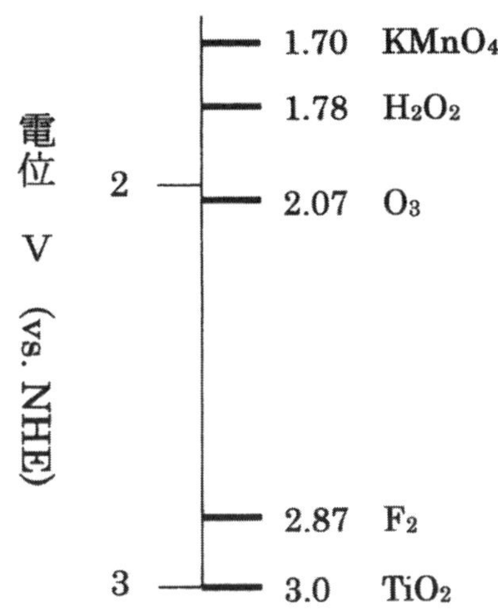

図12-26　TiO_2正孔と酸化剤の酸化電位

従って、TiO_2の正孔の強力な酸化力によって、環境浄化（抗菌，脱臭，浄水，大気浄化，防汚（ぼうお），防曇（ぼうどん）など）が行われる。（もちろん、TiO_2の励起電子の効果も存在するはずである。しかし、その効果は正孔の効果に比べて、非常に小さい。）

（ⅱ）酸化分解

TiO_2による環境浄化においては、汚れ（有機物）や大気汚染物質（NO_x，

SO_x）などが酸化分解される。その際、正孔が酸化分解していると考えられる。しかし、それ以外に、TiO_2 表面に接触している酸素（O_2）や水（H_2O）が、正孔や励起電子と反応して“活性酸素”を生じ、活性酸素が酸化分解に関与している可能性もある。しかし、活性酸素がどのような化学種であるかは、未だ確定されていない。現在、原子状酸素やヒドロキシラジカルなどの可能性が議論されている。

このような酸化分解による環境浄化は、エアコン，空気清浄機，ブラインドなどの脱臭，防汚（ぼうお）に応用されている。

（iii）超親水性効果（ちょうしんすいせいこうか）

TiO_2 表面上の水滴は、光照射によって、広範囲に広がって行く。（下図参照）このような現象は TiO_2 の“超親水性効果”と呼ばれている。光照射によって、TiO_2 表面が疎水性から親水性に変化したことが原因である。

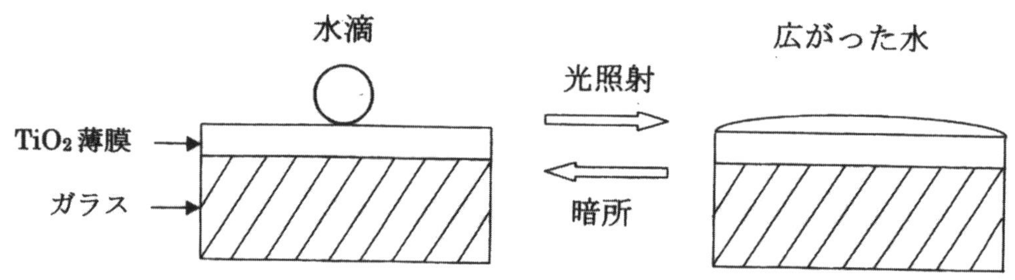

図 12-27　TiO_2 の超親水性効果

[超親水性の発生メカニズム]

TiO_2 表面が超親水性になるのは、TiO_2 表面の構造変化に原因がある。正孔が TiO_2 結晶を構成している酸素に作用し、"酸素欠陥" を作る。酸素欠陥は親水性である。酸素欠陥が増えると、最終的には TiO_2 表面全体が親水性になり、超親水性の性質を示すようになる。

[超親水性効果の応用]

TiO_2 表面に汚れ（有機物）が付着しても、光照射下で水あるいは雨がかかると、汚れと TiO_2 表面の間に水が侵入し、汚れが洗い流される。即ち、TiO_2 の超親水性効果によって、汚れを防ぐことが出来る。

現在、超親水性効果による防汚（ぼうお）は、外装タイル，大型窓ガラス，ビル用塗装剤など、屋外用途の商品に応用されている。

さらに、TiO_2 光触媒の超親水性効果は、曇（くも）らない性質を基材に与えることが出来る。現在、曇らないガラス，曇らない鏡，曇らないサイドミラーなどに応用されている。

（注意）鏡の曇りは、表面に小さな水滴が沢山できて、これらが光を乱反射することによって起こる。TiO_2 光触媒が水滴を無くせば、鏡は曇らなくなる。

［例題 12-1］

フェルミ準位 E_F から 0.05eV だけ上と下のエネルギー準位に、電子が存在する確率を求めよ。ただし、温度は室温（300K）とする。

［解答］

電子がエネルギー準位 E に存在する確率 f（E）は、次のフェルミ－ディラック（Fermi-Dirac）分布関数によって与えられる。

$$f(\mathrm{E}) = \frac{1}{1+\exp\left[\frac{E-E_F}{kT}\right]}$$ …… フェルミ－ディラック分布関数

ここで、f（E）：エネルギー準位 E における電子の存在確率,

E：エネルギー準位，E_F：フェルミ準位，k：ボルツマン定数,

T：絶対温度

また、$k = R/N_A = 8.314\ \mathrm{JK^{-1}mol^{-1}}/(6.02\times10^{23}\ \mathrm{mol^{-1}}) = 1.38\times10^{-23}\ \mathrm{JK^{-1}}$

(1) E_F から 0.05eV だけ上のエネルギー準位 E に、電子が存在する確率を求める。

$\mathrm{E}-\mathrm{E_F}=0.05\mathrm{eV}$

300K における $\mathrm{kT} = (1.38\times10^{-23}\ \mathrm{JK^{-1}})(300\mathrm{K})$

$= 4.14\times10^{-21}\mathrm{J}$

$1\mathrm{eV}=1.6\times10^{-19}\mathrm{J}$（1 章，Ⅲ，(2) 参照）より、$\mathrm{J}=\mathrm{eV}/(1.6\times10^{-19})$

故に、$\mathrm{kT}=[4.14\times10^{-21}\times\mathrm{eV}/(1.6\times10^{-19})] = 0.026\mathrm{eV}$

$$\therefore\ \frac{E-E_F}{kT}=\frac{0.05\,\mathrm{eV}}{0.026\,\mathrm{eV}}= 1.92$$

従って、$f(\mathrm{E})=\dfrac{1}{1+e^{1.92}}=\dfrac{1}{1+6.82}= 0.127 \fallingdotseq 0.13$

故に、E_F から0.05eVだけ上のエネルギー準位に、電子が存在する確率は13%である。

(2) E_F から0.05eVだけ下のエネルギー準位Eに電子が存在する確率を求める。

$E_F - E = 0.05\text{eV}$

$\therefore \underline{E - E_F = -(E_F - E) = -0.05\text{eV}}$　また、$\underline{kT = 0.026\text{eV}}$ より、

$$\frac{E - E_F}{kT} = \frac{-0.05\text{eV}}{0.026\text{eV}} = -1.92$$

従って、$f(\text{E}) = \dfrac{1}{1 + e^{-1.92}} = \dfrac{1}{1 + 0.147} = 0.872 \fallingdotseq 0.87$

故に、E_F から0.05eVだけ下のエネルギー準位に、電子が存在する確率は87%である。

［参考］この問題から分かるように、エネルギー準位が、フェルミ準位 E_F から僅かに上ると電子の存在確率が非常に低くなり（13%）、僅かに下がると非常に高くなる（87%）。

［参考］$E = E_F$ のときは、$f(E) = 1/(1 + e^0)$

ここで、$e^0 = 1$ より　$f(E) = 1/2 = 50\%$

従って、各エネルギー準位における電子の存在確率 $f(E)$ は次のようになる。

$E = E_F + 0.05\text{eV}$ ………… $f(E) = 13\%$

$E = E_F$ ……………………… $f(E) = 50\%$

$E = E_F - 0.05\text{eV}$ ………… $f(E) = 87\%$

この表から、フェルミ準位 E_F は、電子が存在できる最高エネルギー準位であると考えて、差し支えない。

[例題 12-2]

ここに p 型半導体がある。この半導体は、温度 300K において、アクセプター原子の 30%がイオン化していることが分かっている。この半導体のフェルミ準位 E_F は、アクセプター準位 E_A に対してどの位置にあるか。

[解答]

この問題は、図 12-4 に記載してある p 型半導体を参考にしながら解答すると分かり易い !!

電子がエネルギー準位 E に存在する確率は、次の Fermi-Dirac(フェルミディラック) 分布関数 f(E)で与えられる。

$$f(\mathrm{E}) = \frac{1}{1 + \exp\left(\frac{E - E_F}{kT}\right)} \quad \cdots\cdots \text{Fermi-Dirac(フェルミディラック)分布関数}$$

ここで、E_F：フェルミ準位，k：ボルツマン定数，T：絶対温度

アクセプター原子の 30%がイオン化していることから、電子がアクセプター準位 E_A（図 12-4 参照）に存在する確率 $f(E_A)$ は 0.3 である。

従って、次式が成立する。

$$f(\mathrm{E_A}) = \frac{1}{1 + \exp\left(\frac{E_A - E_F}{kT}\right)} = 0.3$$

$$\therefore 1+\exp\left(\frac{E_A-E_F}{kT}\right)=\frac{1}{0.3}=3.33$$

$$\therefore \exp\left(\frac{E_A-E_F}{kT}\right)=3.33-1=2.33$$

両辺の対数をとると、

$$\frac{E_A-E_F}{kT}=\ln 2.33=0.846$$

300K の時、kT = 0.026eV である。（例題 12-1 参照）

故に、$E_A-E_F=0.846\mathrm{kT}=0.846\times 0.026\mathrm{eV}=0.022\mathrm{eV}$

$$\therefore \mathrm{E_F}=\mathrm{E_A}-0.022\mathrm{eV}$$

故に、フェルミ準位 $\mathrm{E_F}$ はアクセプター準位 $\mathrm{E_A}$ より 0.022eV だけ下の位置にある。（図 12-4 参照）

［参考］この問題で分かるように、フェルミ準位はアクセプター準位の近くに存在する！

［例題 12-3］

光触媒によく用いられるアナターゼ型の酸化チタン（TiO_2）のエネルギーギャップ $\mathrm{E_g}$ は 3.2eV である。これを光触媒として使用する為には、何 nm 以下の波長の光を照射する必要があるか。

［解答］

照射光の波長をλ (nm) とすると、E_g との間に次の関係が成立する。

λ (nm) = 1240/E_g(eV)（12 章, V,［発光ダイオードから得られる光の色］参照）

$\therefore \lambda$ (nm) = 1240/3.2 = 388nm

従って、388nm 以下の波長の光を照射する必要がある。

参考文献

【物理化学】

(1) W.J.Moore 著，藤代亮一訳：ムーア物理化学（4 版），1974，東京化学同人
(2) G.M.Barrow 著，大門　寛，堂免一成訳：バーロー物理化学（6 版），1999，東京化学同人
(3) P.W.Atkins 著，千原秀昭，中村亘男訳：アトキンス物理化学（6 版），2001，東京化学同人
(4) D.A.McQuarrie，J.D.Simon 著，千原秀昭，江口太郎，齋藤一弥訳：マッカーリ，サイモン物理化学―分子論的アプローチ―，2000，東京化学同人
(5) 鮫島実三郎著：物理化学実験法（増補版），1977，裳華房
(6) 野田春彦著：生物物理化学，1990，東京化学同人
(7) D.Freifelder 著，野田春彦訳：生物化学研究法―物理的手法を中心に，1979，東京化学同人
(8) 柴田茂雄，加藤豊明著：理工系学生のための基礎物理化学，1987，共立出版
(9) 杉原剛介，井上　亨，秋貞英雄著：化学熱力学中心の基礎物理化学（改訂第 2 版），2003，学術図書
(10) 千原秀昭編：物理化学実験法（第 3 版），1988，東京化学同人
(11) 高橋克明，高田利夫，塩川二朗，平井竹次，松田好晴編：現代の物理化学 I，II，1987，朝倉書店
(12) 齊藤　昊著：はじめて学ぶ大学の物理化学，1997，化学同人
(13) 吉岡甲子郎著：化学通論（修正第 16 版），1989，裳華房
(14) 山内　淳，馬場正昭著：現代化学の基礎（改訂版），1993，学術図書
(15) 東京大学教養学部化学部会編：化学の基礎 77 講，2003，東京大学出版会
(16) 日本化学会編：化学 入門編―身近な現象・物質から学ぶ化学のしくみ―，2007，化学同人
(17) 渡辺　正，北條博彦著：化学・バイオがわかる物理 111 講，2007，オーム社
(18) 小池　透著：やさしい物理化学―自然を楽しむための 12 講―，2010，共立出版

【熱力学】

(19) K.S.Pitzer, L.Brewer 改訂，三宅　彰，田所佑士訳：ルイス，ランドル熱力学，1971，岩波書店
(20) 原島　鮮著：熱力学・統計力学（改訂版），1978，培風館
(21) 藤田　博：初等化学熱力学，1980，朝倉書店
(22) 渡辺　啓著：化学熱力学（新訂版），2002，サイエンス社
(23) 小島和夫著：エネルギーとエントロピーの法則―化学工学の立場から―，1997，培風館

【分子間力】

(24) J.N.Israelachvili 著，近藤　保，大島広行訳：分子間力と表面力（第 2 版），1996，朝倉書店
(25) 西尾元宏著：有機化学のための分子間力入門，2000，講談社
(26) 齋藤勝裕著：絶対わかる化学結合，2003，講談社

【溶液化学】

(27) 日本化学会編：イオンと溶媒（化学総説 No.11），1976，学会出版センター
(28) 大瀧仁志著：溶液化学—溶質と溶媒の微視的相互作用—，1985，裳華房
(29) 鈴木啓三著：水および水溶液，1980，共立出版
(30) 日本化学会編：溶液の分子論的描像（季刊 化学総説 No.25），1995，学会出版センター
(31) 高分子学会編：高分子溶液（高分子実験学，第 11 巻），1982，共立出版
(32) 高分子学会編：高分子と水，1995，共立出版
(33) 有機合成化学協会編：新版溶剤ポケット ブック，1994，オーム社

【生化学】

(34) 水島三一郎，赤堀四郎編：蛋白質化学 2，1954，共立出版
(35) 日本生化学会編：エネルギー代謝と生体酸化（上，下），1976，東京化学同人
(36) 阿南功一，紺野邦夫，田村善蔵，松橋通生，松本重一郎編：基礎生化学実験法 3—物理化学的測定（Ⅰ）—分子量と分離分析，1975，丸善
(37) 藤茂　宏著：光合成（基礎生物学選書 4）：1975，裳華房
(38) 藤茂　宏，宮地重遠，向畑恭男編：光合成の機作，1979，共立出版
(39) 柴田和雄，右衛門佐 重雄，原　富之，宮地重遠編：光生物学，1979，学会出版センター
(40) 石本　真訳：オパーリン生命の起源—生命の生成と初期の発展—，1969，岩波書店
(41) A・I・オパーリン，C・ポナムペルマ，今堀宏三著：生命の起源への挑戦—謎はどこまで解けたか，1977，講談社
(42) 野田春彦，日高敏隆，丸山工作著：新しい生物学—生命のナゾはどこまで解けたか（第 3 版），1999，講談社

【高分子化学】

(43) 高分子学会編：高分子科学の基礎（第 2 版），1994，東京化学同人
(44) 高分子学会編：高分子の物性Ⅲ（高分子実験学講座 5），1958，共立出版
(45) 井上賢三，岡本健一，小国信樹，落合　洋，佐藤恒之，安田　源，山下祐彦著：高分子科学，1994，朝倉書店
(46) 土田英俊著：高分子の科学，1975，培風館
(47) 伊勢典夫，今西幸男，他著：新高分子化学序論，1995，化学同人
(48) 松下裕秀著：高分子化学Ⅱ 物性，1996，丸善

【電気化学】

(49) 坪村　宏著：光電気化学とエネルギー変換，1979，東京化学同人
(50) 渡辺　正，金村聖志，益田秀樹，渡辺正義著：基礎化学コース電気化学，2001，丸善
(51) 泉　生一郎，石川正司，片倉勝己，青井芳史，長尾恭孝著：基礎からわかる電気化学，2009，森北出版
(52) 電気化学協会編：新しい電気化学，1984，培風館

(53) 菊池英一，瀬川幸一，多田旭男，射水雄三，服部　英著：新しい触媒化学（第 2 版），1997，三共出版
(54) 守吉佑介，笹本　忠，植松啓三、伊熊泰郎著：セラミックスの基礎科学，2001，内田老鶴圃
(55) 山口勝也著：詳解半導体工学演習，1972，日本理工出版会
(56) 日本化学会編：先端材料のための新化学 9 半導体の化学，1996，朝倉書店
(57) 高橋　清著：見てわかる半導体の基礎，2000，森北出版
(58) 藤嶋　昭，瀬川浩司著：光機能化学—光触媒を中心にして—，2005，昭晃堂
(59) 安田幸夫校閲；大山英典，葉山清輝著：半導体デバイス工学—デバイスの基礎から製作技術までダッシュ，2004，森北出版
(60) 平松和政編著：新インターユニバーシティ半導体工学，2009，オーム社
(61) 松澤剛雄，高橋　清，斉藤幸喜著：新版・電子物性，2010，森北出版
(62) 工藤昭彦：新しい光触媒による水分解，現代化学，2009 年 5 月，p.30-35，東京化学同人
(63) 佐藤勝昭著：半導体物性なんでもＱ＆Ａ—対話から生まれた半導体教本—，2010，講談社

【辞典類】

(64) 化学大辞典編集委員会編：化学大辞典，1960，共立出版
(65) 大木道則，大沢利昭，田中元治，千原秀昭編：化学大辞典，1989，東京化学同人
(66) 大木道則，大沢利昭，田中元治，千原秀昭編：化学大辞典，1994，東京化学同人
(67) 化学ハンドブック編纂委員会編：化学ハンドブック，1978，オーム社
(68) 久保亮五，長倉三郎，井口洋夫，江沢　洋編：岩波 理化学辞典（第 4 版），1987，岩波書店
(69) 今堀和友，山川民夫監修：生化学辞典（第 2 版），1990，東京化学同人

以 上

著者略歴

稲村　勇　Isamu Inamura　理学博士

1946 年 7 月　島根県松江市に生れる

1965 年 4 月　島根大学文理学部 理科 化学専攻に入学

1969 年 3 月　同上 卒業（4 年生での物理化学研究室における卒業研究：新型ゼオライト合成の試み）

1969 年 4 月　広島大学大学院 理学研究科（修士課程）に入学

1971 年 4 月　広島大学大学院 理学研究科（博士課程）に進学

1974 年 3 月　同上　単位修得退学（1976 年 2 月　ポリプロピレンの粘弾性（レオロジー）研究により理学博士の学位取得）

1974 年 4 月　株式会社クラレに入社（クラレ技術研究所，同中央研究所にて、牛乳カゼインからの人工肉の製造、等々の研究を行った）

1976 年 3 月　株式会社クラレを退社

1976 年 4 月　島根大学文理学部 理科 化学専攻　物理化学研究室に助手として赴任（1979 年 4 月　助教授に昇任）（ここで行った研究のいくつかは、本文に記載）

2012 年 3 月　島根大学総合理工学部（旧文理学部）物理化学研究室を准教授として停年退職

2016 年 2 月　島根県松江市から東京都江東区へ転居し、現在に至る

趣味：謡曲（ようきょく：お能のセリフと歌），民謡，抒情歌，歌謡曲などを語ったり、歌ったり、カラオケしたりすること。

根底から分かる物理化学

2023 年 6 月 14 日　第 1 刷発行

著　者　稲村　勇
発行人　大杉　剛
発行所　株式会社 風詠社
〒 553-0001　大阪市福島区海老江 5-2-2
大拓ビル 5 - 7 階
Tel 06（6136）8657　https://fueisha.com/
発売元　株式会社 星雲社
（共同出版社・流通責任出版社）
〒 112-0005　東京都文京区水道 1-3-30
Tel 03（3868）3275
装幀　2 DAY
印刷・製本　シナノ印刷株式会社

ISBN978-4-434-32212-9 C3040